装配式体育建筑设计与施工

邬新邵　著

中国建筑工业出版社

图书在版编目（CIP）数据

装配式体育建筑设计与施工/邬新邵著. —北京：中国建筑工业出版社，2019.12
ISBN 978-7-112-24786-8

Ⅰ.①装… Ⅱ.①邬… Ⅲ.①装配式构件-体育建筑-建筑设计②装配式构件-体育建筑-建筑施工 Ⅳ.①TU245

中国版本图书馆CIP数据核字（2020）第018051号

本书以坚持市场主导、政府推动为主旨，适应市场需求，充分发挥市场在资源配置中的决定性作用，更好地发挥政府规划引导和政策支持的作用，形成有利的体制机制和市场环境，有序地发展装配式建筑。全书共分五章，主要内容包括：装配式体育建筑概述；装配式体育建筑设计；装配式体育建筑施工；BIM在装配式体育建筑中的应用；设计施工案例分析。

本书可供从事装配式混凝土结构的设计人员和施工人员，以及土木工程相关专业的师生参考使用。

责任编辑：郭 栋 辛海丽
责任校对：赵听雨

装配式体育建筑设计与施工
邬新邵 著
*
中国建筑工业出版社出版、发行（北京海淀三里河路9号）
各地新华书店、建筑书店经销
北京科地亚盟排版公司制版
北京建筑工业印刷厂印刷
*
开本：787×1092毫米 1/16 印张：15 字数：371千字
2020年3月第一版 2020年3月第一次印刷
定价：**62.00**元
ISBN 978-7-112-24786-8
(34978)

前　言

曾经，现代主义大师们有一个梦想——“要像造汽车一样精准地制造房子”。勒·柯布西耶开发了一种名为“Citrohan”（与雪铁龙谐音）的装配式小住宅，理查德·巴克敏斯特·富勒则将自己想创造的房子取名为“福特”。其实，最早的装配式建筑可以追溯到17世纪向美洲移民时期所用的木构架拼装房屋。1851年伦敦建成的用铁骨架嵌玻璃的水晶宫，是世界上第一座大型装配式建筑。第二次世界大战后，欧洲国家以及日本等国房荒严重，迫切要求解决住宅问题，促进了装配式建筑的发展。到20世纪60年代，装配式建筑得到大量推广。随着现代工业技术的发展，建造房屋可以像机器生产那样，成批成套地制造。

我国装配式建筑规划自2015年以来密集出台。2015年11月14日，国家住房和城乡建设部出台《建筑产业现代化发展纲要》，计划到2020年装配式建筑占新建建筑的比例20％以上，到2025年装配式建筑占新建建筑的比例50％以上。2016年2月22日，国务院出台《关于大力发展装配式建筑的指导意见》，要求因地制宜发展装配式混凝土结构、钢结构和现代木结构等装配式建筑，力争用10年左右的时间，使装配式建筑占新建建筑面积的比例达到30％。2016年9月27日国务院出台《国务院办公厅关于大力发展装配式建筑的指导意见》，对大力发展装配式混凝土和钢结构建筑重点区域、未来装配式建筑占比新建筑目标、重点发展城市进行了明确。

与传统建筑相比，装配式建筑的建造速度快，而且生产成本较低，是最适合应用于体育建筑的建造技术。众所周知，传统体育场馆建设周期长，资金投入大，不仅极大地限制了政府对体育场馆建设的热情，更使得社会资本敬而远之。一方面是全民健身国家战略对人均体育用地面积的硬性指标和广大人民群众对体育场馆设施的迫切需求，另一方面是传统体育场馆设施较长的建设周期和巨额的资金投入，如何破解这一矛盾，一直是困扰地方政府的难题。装配式体育建筑是破解这一矛盾的有效途径，而且符合供给侧结构性改革和新型城镇化发展的方向。装配式体育建筑的应用和推广，能够推动我国全民健身事业和体育产业发展。

作者从建筑施工企业的高层领导，到产业新城开发的掌舵者，再到体育场馆行业的拓荒者，在工程建设和体育产业领域积累了一定的专业知识和经验。自2012年以来，本人一直致力于装配式体育建筑的设计与施工的研究、实践，目前在装配式体育建筑领域已获得发明专利2项，实用新型专利技术2项，外观专利2项；在国内外权威刊物发表了装配式体育馆标准化设计探索、装配式建筑设计的BIM应用研究、混凝土桥梁裂缝的分类及其治理方法等近20篇专业论文；出版著作《装配式剪力墙结构设计与施工》；承担多项省级课题研究，担任“湖南省县域全民健身场馆设施调研报告”专题调研组组长、“湖南省体育产业发展空间布局规划”课题研究组副组长、“湖南省全民体育健身中心建设专项规划”课题研究组副组长、“湖南省体育设施专项规划编制技术指南（试行）”起草人。此次出版《装配式体育建筑设计与施工》一书，旨在将自身对装配式体育建筑的一些浅见与读者分享，抛砖引玉，希望能够为我国装配式体育建筑的发展贡献绵薄之力。

目　录

第1章　装配式体育建筑概述

1.1　名词概念

体育建筑是用于体育教育、竞技运动、身体锻炼和体育娱乐等活动之用的建筑，包括建筑物和场地设施等。一般来说，体育建筑由比赛场地、运动员用房（休息、更衣、浴室、厕所等）和管理用房（办公、器材、设备等）三部分组成。

装配式建筑是由预制部品部件在工地装配而成的建筑。按预制构件的形式和施工方法分为砌块建筑、板材建筑、盒式建筑、骨架板材建筑及升板升层建筑五种类型。

装配式体育建筑是由钢结构构件、木结构构件、预制混凝土构件通过可靠的连接方式装配而成的体育建筑，包括装配整体式结构、全装配结构等。在建筑工程中，简称装配式体育建筑。

1.2　规范及评价标准

《体育建筑设计规范》JGJ 31—2003

《装配式木结构建筑技术标准》GB/T 51233—2016

《装配式混凝土结构技术规程》JGJ 1—2014

《装配式钢结构建筑技术标准》GB/T 51232—2016

《装配式混凝土建筑技术标准》GB/T 51231—2016

《装配式建筑评价标准》GBT 51129—2017（表1.2-1）

《装配式建筑评价标准》GB/T 51129—2017　　　　**表1.2-1**

评价项		评价要求	评价分值	最低分值
主体结构（50分）	柱、支撑、承重墙、延性墙板等竖向构件	35%≤比例≤80%	20～30	20
	梁、板、楼梯、阳台、空调板等构件	70%≤比例≤80%	10～20	20
围护墙和内隔墙（20分）	非承重围护墙非砌筑	比例≥80%	5	10
	围护墙与保温、隔热、装饰一体化	50%≤比例≤80%	2～5	
	内隔墙非砌筑	比例≥50%	5	
	内隔墙与管线、装修一体化	50%≤比例≤80%	2～5	
装修和设备管线（30分）	全装修	—	6	6
	干式工法楼面、地面	比例≥70%	6	—
	集成厨房	70%≤比例≤90%	3～6	
	集成卫生间	70%≤比例≤90%	3～6	
	管线分离	50%≤比例≤70%	4～6	

1.3　体育建筑分类及构成

《体育建筑设计规范》(2003 年版) 中对体育建筑的解释是，作为体育竞技、体育教学、体育娱乐和体育锻炼等活动之用的建筑物；对体育馆的解释是配有专门设备而能够进行球类、室内田径、冰上运动、体操、武术、拳击、击剑、举重、柔道等的单项或多项室内竞技比赛和训练的体育建筑。有别于体育场专门提供适于室外比赛项目的场地，体育馆提供的是适于室内比赛项目的场地。

而为室内游泳提供场地的游泳馆（室外的称游泳场），虽同样具备室内场馆的性质，但由于其场地特殊，功能上、设备上有一套专门体系，设计上无法与一般球类体育馆建筑的要求相适应，严格地说不包含在体育馆建筑之内，而是作为体育建筑中的单独类别。

体育馆按容纳观众多少分为：

(1) 特大型体育馆，容纳观众 10000 人以上，如首都体育馆（18000 人）、上海体育馆（18000 人）、北京体育馆（15000 人）。

(2) 大型体育馆，容纳观众 5000～10000 人，如广州天河体育中心体育馆（7900 人）、深圳市体育馆（6500 人）等省市级体育馆。

(3) 中型体育馆，容纳观众 3000～5000 人，如承德市体育馆（2629）、四川温江体育馆（3000 人）、唐山体育馆（4000 人）等地市级体育馆。

(4) 小型体育馆，容纳观众 2000 人以下的县级和厂矿学校体育馆、社区体育馆等。

以上对体育馆的分类仅从座席数量上简单划分。座席数量是反映其规模的一个重要方面，一般来说也是比较可行的一个指标，特别对中小型体育馆是比较合理的（图 1.3-1）。

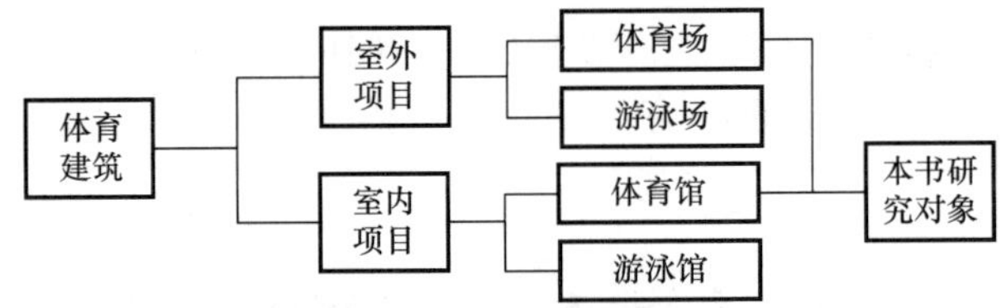

图 1.3-1　体育馆建筑规模分类

体育馆由比赛大厅、服务用房、管理和设备用房三大部分构成，其中的核心部分是比赛大厅，其他用房均为辅助用房。详见图 1.3-2、表 1.3-1。

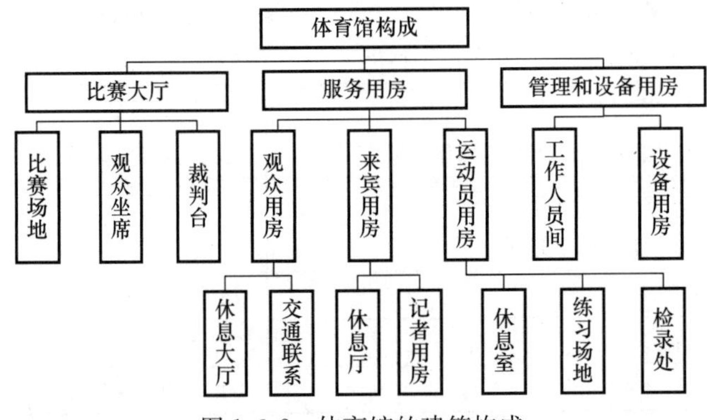

图 1.3-2　体育馆的建筑构成

体育馆比赛人厅面积参数取值　　表 1.3-1

	小型馆（座）		大中型馆（座）					特大型馆（座）
	1000	2000	3000	5000	6000	8000	10000	10000 座以上
比赛厅面积（m^2）	1300	1800	2700	3250	3750	4750	5750	7500
每座平均值（m^2）	0.3	0.9	0.9	0.65	0.62	0.59	0.57	0.56

图 1.3-3 是某体育馆建筑平面布局简图，直观地反映了体育馆的平面构成。从图中可见，比赛大厅是体育馆建筑的心脏，其他一切功能房间都是围绕这一中心进行安排的。

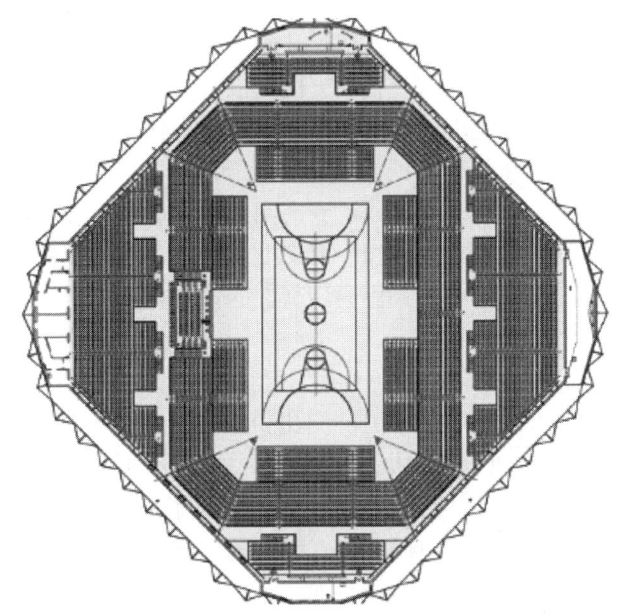

图 1.3-3　体育馆平面布局

1.4　装配式建筑发展情况

1. 国外装配式建筑发展历程

西欧是装配式建筑的发源地，广泛意义上的装配式建筑在很久之前已有应用，但是实践规模都不大。在 17 世纪初，英、德等发达国家就开始了建筑工业化道路的探索，第二次世界大战以后，由于战争的破坏造成住房极度困难，加之各国战后经济的发展以及人口的增长使得建筑工业化成为必然。为了解决工业革命和第二次世界大战后住房紧张问题，欧洲的很多国家特别是西欧的一些国家大力发展预制装配式建筑，掀起了住宅工业化的高潮，20 世纪 60 年代扩展到美国、加拿大以及亚洲的日本等发达国家。伴随着装配式建筑的大力发展，关于预制装配式结构的研究一时成为热潮。欧美国家在 20 世纪七八十年代已形成预制装配式结构的设计、施工以及关键连接部位的力学性能等诸多专利。这些专利研究也促成了预制装配式建筑结构的应用和发展。

西方发达国家的装配式建筑经过几十年甚至上百年的时间，已经发展到了相对成熟、完善的阶段。日本、美国、法国、瑞典、丹麦是最具典型性的国家。各国结合自身国家实际和特点，开拓了不同的发展道路。发达国家和地区的装配式建筑发展大致经历了三个阶段：（1）初期阶段，解决的重点是建立工业化生产体系；（2）发展阶段，解决的重点是提高建筑产品的质量和性价比；（3）成熟阶段解决的重点是进一步降低住宅的物耗和环境负荷，发展绿色住宅并解决多样化、个性化、低碳环保等问题。

法国是世界上最早推行建筑工业化的国家之一。1891 年，巴黎 Ed. Coigent 公司首次在 Biarritz 的俱乐部建筑中使用装配式混凝土构件。至今，装配式建筑在法国已经历了 130 余年的发展历程。早在 20 世纪 50～70 年代，法国就已使用以全装配式大板和工具式模板为主的建筑施工技术，到了 20 世纪 70 年代又向以通用构配件和设备的生产和使用的“第二代建筑工业化”过渡。1978 年住房部提出推广“世构体系”。进入 20 世纪 90 年代，法国建筑的工业化已朝着住宅产业现代化的方向发展。法国构造体系以预制混凝土体系为主，钢、木结构体系为辅。在集合住宅中的应用多于独户住宅。

瑞典是世界上住宅装配化最发达的国家。其于 20 世纪 50 年代和 60 年代开始进行了大规模的住宅建设，并于 20 世纪 70 年代达到高峰期，预制技术在 20 世纪 60 年代取得广泛应用，由私有企业开发了混凝土预制构件的产业化体系并大力发展以通用部件为基础的通用体系。目前瑞典的新建住宅中，采用通用部件的住宅占到了 80%以上，工业化住宅公司生产的独户住宅，已畅销世界各地。

美国的装配式建筑起源于 20 世纪 30 年代，盛行于 20 世纪 70 年代。20 世纪初，美国成立了预制混凝土协会，并由政府及相关部门出资，长期致力于装配式建筑规范和标准的制定，一直推动着装配式建筑的发展。美国装配式建筑的发展道路与其他国家有所不同。美国并不太刻意提“住宅产业化”，但由于其工业化的发展，促使住宅也有着产业化的要求，并且发展水平很高。其预制构件生产的工厂化程度很高，基本实现了规模化、模数化。经过几十年的发展，美国的装配式建筑已达到世界先进水平：一是装配式结构构件的通用化；二是各类预制构件的产业化和商品化供应。美国大城市住宅的结构类型以混凝土装配式和钢结构装配式住宅为主，在小城镇多以轻钢结构、木结构住宅体系为主。

日本装配式建筑的发展在亚洲处于领先地位，其建筑产业化起源于 20 世纪 60 年代，成熟期在 70 年代左右。日本借鉴了欧美装配式建筑的发展经验，结合自身国情和地理位置需要，将装配式建筑的理念成功引用至超高层建筑的防震设计中，在抗震性设计方面取得了突破性进展。最具代表性的就是 2008 年采用预制框架结构建成的东京塔，在几次突发地震中，均实践检验了装配式建筑结构稳定性，且易于抗震的优势。日本的装配式建筑经历了从标准化、多样化、工业化到集约化、信息化的不断演变和完善过程。目前，日本装配式建筑在混凝土结构中所占比例已超过 50%，其装配式建筑部件主要有装配式外墙板、装配式楼梯、装配式阳台和半装配式叠合楼板。

新加坡自 20 世纪 90 年代初开始尝试采用预制装配式住宅，现已发展得较成熟，预制化率很高。其通过平面布置、部件尺寸和安装节点的重复性来实现标准化，以设计为核心设计和施工过程的工业化，现场机械化。装配式构件包括梁、柱、剪力墙、楼板（叠合板）、楼梯、内隔墙、外墙（含窗户）、走廊、女儿墙、设备管井等，整个工程装配率达到 70%以上。新加坡政府编制了详细的设计文件用于指导预制化住宅的设计和施工。同时将成熟的技术出口到中国香港和东南亚各地。

2. 国内装配式建筑发展概况

第一阶段：20 世纪 50～80 年代的创建和起步期

装配式建筑在我国起步较晚，20 世纪 50 年代我国提出向苏联学习工业化建设经验，学习设计标准化、工业化、模数化的方针，在建筑业发展预制构件和预制装配件方面进行了很多关于工业化和标准化的讨论与实践，人们才逐渐了解装配式建筑的概念。50～60 年代开始研究装配式混凝土建筑的设计施工技术，形成了一系列装配式混凝土建筑体系，上海瑶兴大厦的建设中首次使用了预制混凝土块结构。20 世纪 60～70 年代借鉴国外经验和结合国情，引进了南斯拉夫的预应力板柱体系，即后张预应力装配式结构体系，进一步改进了标准化方法，在施工工艺、施工速度等方面都有一定的提高。20 世纪 80 年代提出了“三化一改”方针，即：设计标准化、构配件生产工厂化、施工机械化和墙体改造，出现了用大型砌块装配式大板、大模板现浇等住宅建造形式。

第二阶段：20 世纪 80 年代至 2000 年的探索期

20 世纪 80 年代，装配式建筑在全国范围内的应用进入到了全盛时期，许多地方都逐渐形成了设计、制作、安装的工业化装配式建筑一体化生产模式。采用预制空心楼板的砌体建筑和装配式混凝土建筑成为了建筑体系两种最主要的形式，达到 70%以上的应用普及率。但是到 80 年代中期以后，我国的装配式建筑因成本控制过低、整体性差、防水性能差，质量标准较发达国家低，设计和施工技术研发水平还无法满足社会需求，以及国家建设政策的改革和全国性劳动力密集型大规模基本建设的高潮迭起，使得装配式建筑的发展开始消退，自此步入衰退期，并出现被现浇混凝土建筑所取代的趋势。直至 20 世纪 90 年代中期，全现浇式混凝土建筑体系逐渐取代预制装配式混凝土建筑。装配式建筑结构抗震的整体性和设计施工管理的专业化研究不够，造成其技术经济性较差，是导致装配式建筑发展长期处于停滞状态的根本原因。

第三阶段：2000 年至今的快速发展期

进入 21 世纪以后，预制部品构件由于它固有的一些优点，在我国又重新受到重视，有关预制混凝土的研究和应用有回暖的趋势。同时，国内关于住宅工业化和产业化的政策和措施相继出台。国内的大型房地产开发企业、总承包企业和预制构件生产企业也纷纷行动起来，加大建筑产业化的投入。

近年来，随着经济的迅速发展，国家对建筑产业节能环保的要求日益提高，劳动力成本也在不断增加，有关预制装配式混凝土结构的研究也逐渐被重视。国内的科研、设计、施工等单位对装配式混凝土结构进行了深入的分析和研究。在结构体系方面主要分为装配式剪力墙结构体系和装配式框架结构体系。中国建筑科学研究院、清华大学、同济大学、哈尔滨工业大学、东南大学、北京工业大学等从科研方面进行了一系列研究，主要集中剪力墙连接节点、梁柱节点半刚性连接和抗震试验研究、也进行了预制型钢混凝土梁柱节点抗震性能试验研究。大连理工大学进行了建筑模数化、标准化设计方面的研究工作。

目前，我国预制装配式混凝土结构在构件设计、生产和施工方面的发展不仅优于 20 世纪 80 年代，而且还优于现浇混凝土结构的性能。从全国来看，以新型预制混凝土装配式结构快速发展为代表的建筑产业化进入了新一轮的高速发展期。这个时期是我国装配式建筑真正进入全面推进的时期。很多建筑由于功能和形式的需求在不同程度上采用了预制构件装配的方法，如中国国家体育场“鸟巢”和深圳大学生运动会主体育场“水晶石”为了实现独特的造型，采用了预制钢构件。

新的创新意味着新的挑战，总结我国目前预制装配式结构发展落后于欧美发达国家，并不是相关研究技术差距，更多的是产业化管理体系上的差距。当装配式结构的预制率提高时，如何就构件预制质量、现场构件的安装与定位技术、施工的安全、项目建设的进度计划等管理成为新的挑战。

装配式建筑产业化的发展趋势是结合 BIM 技术实现从建筑设计、构件生产、运输、现场装配施工及后期运营维护管理等全寿命周期的数字化信息无缝传递。装配式建筑未来发展的趋势是必然与 BIM 技术相结合。BIM 技术是建筑工程全寿命周期的核心管理技术，建筑设计多专业协同与建筑全寿命周期的数据管理是 BIM 技术的优势，装配式建筑体系需要的管理系统正是这样管理系统。利用 BIM 技术能有效提高装配式建筑的生产效率和工程质量，使得装配式工程精细化这一特点更容易实现，真正实现以信息化促进产业化。

1.5 装配式建筑技术系统构成

对于建筑技术系统的构成，按照系统工程理论，可将建筑看作一个由若干子系统“集成”的复杂“系统”，主要包括主体结构系统、外围护系统、内装修系统、机电设备系统四大系统，详见图 1.5-1。

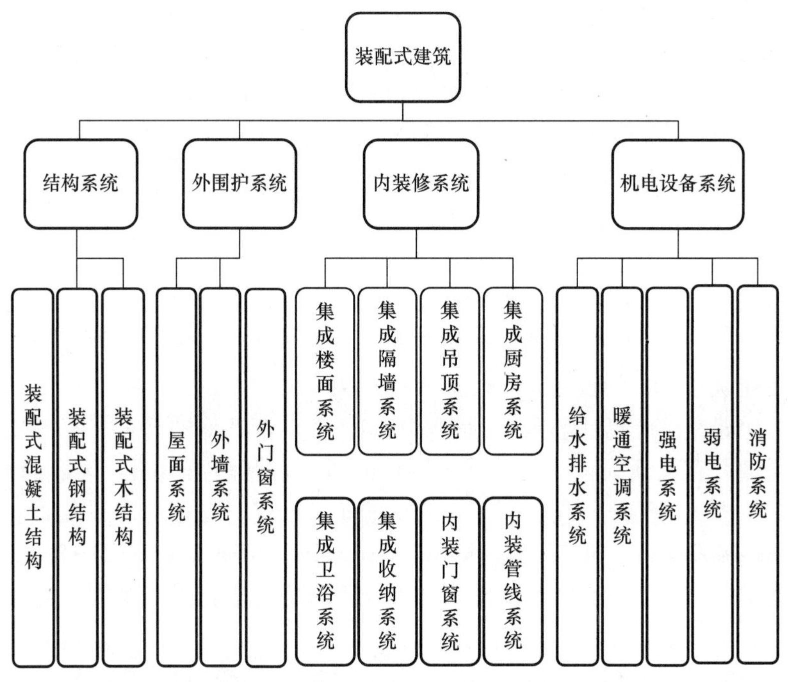

图 1.5-1 建筑技术系统构成与分类框图

1. 主体结构系统

主体结构系统按照建筑材料的不同，可分为混凝土结构、钢结构、木结构建筑和各种组合结构。其中，混凝土结构是建筑中应用量最大、涉及建筑类型最多的结构体系，包括：框架结构体系、剪力墙结构体系、框架-现浇剪力墙（核心筒）结构体系等。钢结构一般用在大跨体育建筑的上部屋盖结构。

2. 外围护系统

外围护系统由屋面系统、外墙系统、外门窗系统等组成。其中，外墙系统按照材料与构造的不同，可分为幕墙类、外墙挂板类、组合钢（木）骨架类等多种装配式外墙围护系统。

3. 内装修系统

内装修系统主要由集成楼地面系统、隔墙系统、吊顶系统、厨房、卫生间、收纳系统、内装门窗系统和内装管线系统 8 个子系统组成。

4. 机电设备系统

机电设备系统包括给水排水系统、暖通空调系统、强电系统、弱电系统、消防系统和其他系统等。

1.6　经典装配式体育场馆

1. 罗马·奥林匹克小体育馆 (Rome Olympic Stadium)

体育馆平面为圆形，面积为 2800m^2，36 根 Y 形斜立柱，支撑着半圆形屋顶（图 1.6-1）。半圆形屋顶的直径从 Y 形柱顶计算为 59.2m；Y 形柱柱底与地面相接所围成的圆形的直径为 78.5m，半圆形屋顶室内最高点为 21m。基础为环状，由预应力混凝土制成，其宽度为 2.5m，外圈直径为 81.5m，半圆形屋顶由 1620 个菱形钢丝网水泥壳体槽板并列组成，其上现场浇筑 40mm 厚的混凝土层，与槽板形成一个整体；构件表面喷涂白色涂料，起到装饰统一的作用。

(a)

(b)

图 1.6-1　罗马·奥林匹克小体育馆

2. 拉斯阿布阿布德体育场 (Ras Abu Aboud Stadium)

作为 2022 年卡塔尔世界杯 12 个新建球场之一，拉斯阿布阿布德体育场（图 1.6-2）位于卡塔尔首都多哈东南部的海滨地区，占地 45 万 m^2，可以容纳 4 万人。“这个体育场是由西班牙一家建筑师事务所设计的，使用集装箱作为主要建筑模块的灵感，来源于卡塔尔的最大港口多哈港。整个场馆将由 990 个集装箱模块组合而成，共有七层。”

这个体育场是可方便拆卸的模块化建筑，被拆除后它既可以在其他地方重新搭建起来举办别的赛事，也可以化整为零重新拼成若干个小场馆方便人们使用，甚至还能完全拆散开来改造成经济适用房、难民安置房等。而原来体育场的位置，则可以快速复原为一片绿色公园，让人们不会发现有任何建筑的痕迹。

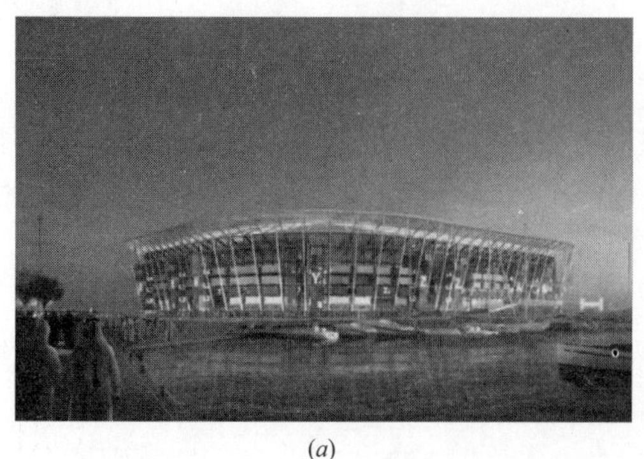

(a)

(b)

图 1.6-2 拉斯阿布阿布德体育场

3. 法国巴黎王子公园体育场 (Paris Prince Park Stadium)

Jean Bouin 体育场包括了 20000m² 左右的外立面镂空建筑表皮构件和镶嵌玻璃的防水屋顶构件，最后将这些构件全部拼装在一起，形成起伏变化的整体外观效果。UHPC 的特殊和超高性能使这个看似具有巨大挑战和复杂的设计得到了简化，UHPC 构件很好地将功能性，包括遮阳、挡雨、采光、防水、结构受力和建筑美学结合在一起。尤其是创造性地将玻璃镶嵌在 UHPC 屋顶构件中，从而使安装过程一步到位。外立面的镂空构件和镶嵌玻璃的防水屋顶构件的面积分别为 9500m² 和 11500m² 左右，构件数量分别为 1600 个和 1900 个左右。立面镂空构件为长边 8.2m、短边 2.4m 左右的三角形，镂空率为接近 60%。

图 1.6-3 法国巴黎王子公园体育场（1）

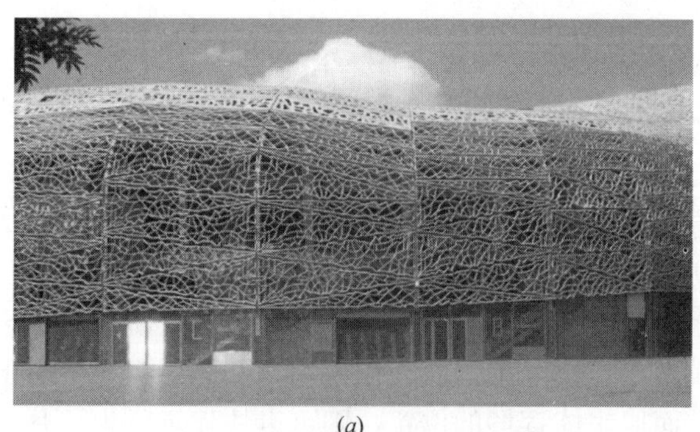

(a)

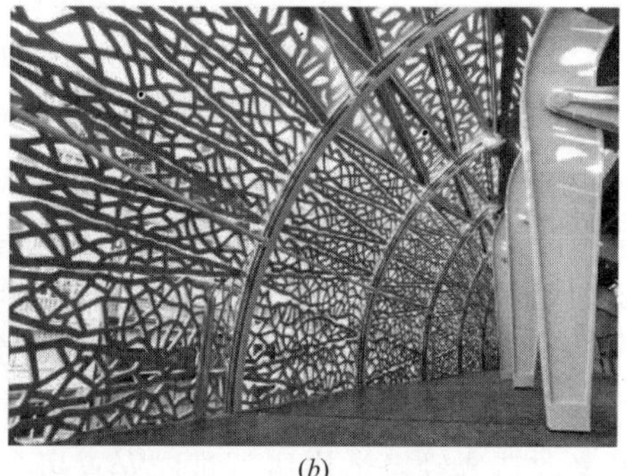

(b)

图 1.6-4 法国巴黎王子公园体育场（2）（一）

(c)

(d)

(e)

图 1.6-4　法国巴黎王子公园体育场（3）（二）

1.7　优点优势

装配式建筑的优势在于精益，关键在于集成。只有将建筑的全部看作一个整体和有机的系统，各部品构件通过机械自动化精确加工制造，集成为完整的建筑体系，才能体现工业化大生产的优势，实现提高质量、提升效率，减少人工、减少浪费的目的；从而引领工程建设从“模糊、拼凑”旧模式转变到“精益和集成”的新天地。党中央国务院高度重视装配式建筑的发展，从调结构、转方式和推动供给侧结构性改革的战略高度赋予装配式建筑新的发展机会。我们要在这个行业的春天里，不忘初心、砥砺前行，积极科学地发展装配式建筑，建设高品质、绿色、低碳的人居空间。

梁思成先生在 1962 年 9 月的人民日报撰文中写道，“第二次世界大战中，造船工业初次应用了生产汽车的方式制造运输舰只，彻底改变了大型船只个别设计、个别制造的古老传统，大大地提高了造船速度。”

从这里受到了启示，建筑师们就提出了用流水线方式来建造房屋的问题，并且从材料、结构、施工等各个方面探索研究。“预制房屋”成了建筑界研究试验的中心问题。在这篇文章中，梁先生提出了“三化理论”，即“设计标准化、生产工厂化和施工机械化”，并将我国建筑初期的建筑工业化实践概括为：“从拖泥带水到干净利索”。

半个世纪前，梁先生已经用“干净利索”四个字，高度凝炼了我们今天积极推进装配式建筑的“初心”，那就是“高品质、短工期、重环保”。

1.7.1　提高品质

装配式建筑用标准化工序取代粗放管理，将设计、生产、施工按照工业化生产的严格工艺要求来完成。其特征是通过用机械化作业取代手工作业，用工厂化生产取代现场作业，用地面作业取代高空生产，用产业化工人取代劳务工人（农民工）。其本质是通过建筑业生产方式的转变实现建筑品质、性能的提升。主要体现在以下几个方面：

（1）系统性集成，提升性能。协同建筑、结构、机电、装修的各专业性能要求，保证建筑功能、结构体系、机电布置、装修效果相匹配，从而全面提升建筑性能。

（2）精益化建造，保证质量。装配式建筑提高了结构精度，协同各专业接口标准，统筹精准预留预埋，保证安装的精准、正确。减少了渗漏、开裂等质量通病，确保按工业产品的标准交付优质的房屋。

（3）全体系集成，避免浪费。通过设计—加工—装配各个环节的协同工作，避免了资源重复投入或返工拆改造成的资源浪费，进而保证质量。

（4）开放空间，长寿命建筑。装配式建筑能够通过主体结构构件、建筑内装、管线设备三部分装配化集成技术，实现内装修、管道设备与主体结构的一体化。使其具备结构耐久性，室内空间在全寿命周期内可根据需要灵活多变，装修及设备管线可更新，使其兼备低能耗、高品质和长寿命的优势。

图 1.7-1　传统式建筑

图 1.7-2　装配式建筑

1.7.2　缩短工期

装配式建筑的一个显著特点就是能有效加快施工进度，缩短工程建设工期，提升房屋开发建设期的抗风险能力，提高投资方的资金周转率，提升盈利水平。主要体现在以下几个方面：

（1）标准化设计，提高工效。工业化的关键在标准化，如梁思成先生所说：“要大量、高速地建造就必须利用机械施工；要机械化施工就必须使建造装配化；要建造装配化就必须将构件在工厂预制；要预制就必须使构件的类型、规格、尺寸尽可能少，并且要规格统一，趋向标准化。”

（2）一体化协同，缩短时间。通过协同建筑、结构、机电、装修的各专业，避免多专业错漏碰缺等通病导致的二次返工，拖延工期。

（3）机械化作业，加快进度。装配式建筑由于采用了机械化的装配施工，机械化代替人工的生产方式的革命必然会带来进度的加快和效率的提升。

（4）施工过程受环境影响小。传统模式是在工地将各种建筑材料通过现浇湿作业的方式完成，这种方式导致了建设速度和质量受外界环境的影响大。而工厂化的生产和现场少量的现浇能有效避免环境的影响，提高劳动效率，缩短工期。

（5）“产业工人”提高劳动生产率。工厂预制，现场装配的新型建筑生产方式，可以将建筑工地上的“农民工”转变为工厂内的“产业工人”，通过生产关系的转变提高效率，促进“绿色可持续发展”。

图 1.7-3　传统建筑现场

图 1.7-4　装配式建筑现场

1.7.3　有利环保

由于没有现场的大兴土木，现场作业的粉尘、噪声、污水大大减少，同时也没有以往大量的模板、脚手架和湿作业，工人也大幅度减少。根据 2007 年以来装配式建筑工程实践案例的统计，采用装配式建筑的新型建造方式，可以在施工过程中节水 80%、节材 20%、节时 40%、节工 50%、减少建筑垃圾 90%（图 1.7-5）。实践证明，装配式建造过程可很好地实现“四节一环保”，符合国家的节能减排和绿色发展的总目标。

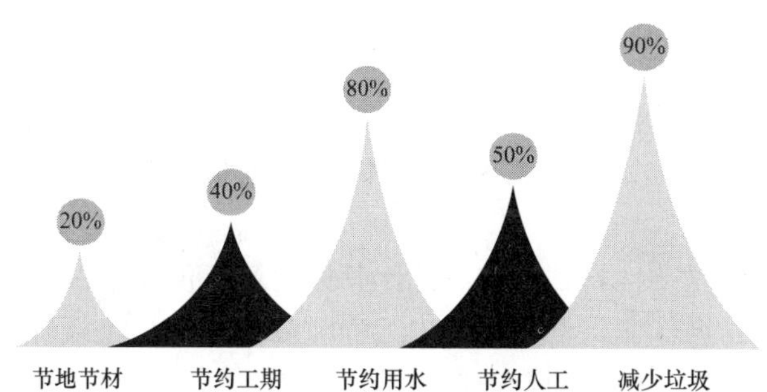

图 1.7-5　装配式建筑各项节能占比

第 2 章　装配式体育建筑设计

2.1 设计概述

2.1.1 装配式建筑设计流程

装配式建筑的建设应考虑实现标准化设计、工厂化生产、装配化施工、一体化装修和信息化管理，全面提升建筑品质，降低建造和使用成本。

与现浇混凝土建筑的建设流程相比，装配式建筑的建设流程更全面、更精细、更综合，增加了技术策划、工厂生产、一体化装修、维护更新等过程，强调了建筑设计和工厂生产的协同、内装修和工厂生产协同、主体施工和内装修施工的协同。装配式建筑建设参考流程详见图 2.1-1。

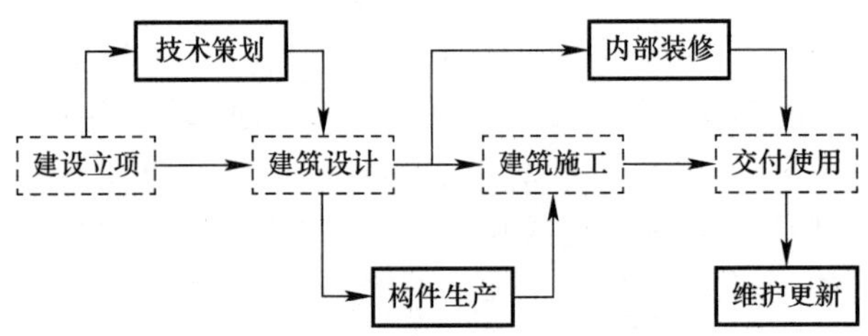

图 2.1-1　装配式建筑建设参考流程

在建筑物设计初期，结构工程师可能提出数套概念设计方案，经过对这些方案的不同规则的一致性、成本分析、结构分析和结构体系功能评价，仅有一套方案最终进入设计流程。

出于体育馆建筑的复杂性，其结构设计比其他建筑更值得关注。在设计过程中，建筑师和结构工程师之间的合作非常重要。结构工程师应尽量满足建筑师的要求，同时建筑师也应当考虑结构的安全性、体系的合理性和结构成本。

通常情况下，当建筑师定下概念建筑设计方案后，结构设计也就开始了其概念设计阶段。在这个阶段，建筑师和结构工程师之间有许多交流、讨论和妥协。结构概念设计阶段，最重要的事情就是决定结构设计形式、结构系统和构件尺寸，而且必须满足建筑空间的分割要求和功能要求。为获得最优解，对相对比较有优势的设计进行评价。一般说来，应该为开发商和建筑师提供几套方案进行考虑。一旦推荐方案获得通过，就应当进入设计深化阶段。

2.1.2 装配式集成和标准化设计

1. 集成设计

装配式建筑混凝土结构、钢结构和木结构的国家标准都强调装配式建筑的集成化。所谓集成化就是一体化的意思，集成化设计就是一体化设计。在装配式建筑设计中，特指建筑结构系统、外围护系统、设备与管线系统和内装系统的一体化设计。

集成化不能简单地理解为设计集成化的部品部件，如夹心保温外墙板、集成式厨房等。

其实，集成化是很宽泛的概念，或者说是一种设计思维方法，集成有着不同的类型。

(1) 多系统统筹设计（A 型）

多系统统筹设计，并不是非要设计出集成化的部品部件，而是指在设计中对各个专业进行协同，对相关因素进行综合考虑、统筹设计。例如，在水电暖通各个专业的管线设计时，进行集中布置，综合考虑建筑功能、结构拆分、内装修等因素。图 2.1-2 是多系统统筹设计的图例，各专业竖向管线集中布置，减少了穿过楼板的部位。

(2) 多系统部品部件设计（B 型）

多系统部品部件设计是将不同系统单元集合成一个部品部件。例如，表面带装饰层的夹心保温剪力墙板就是结构、门窗、保温、防水、装饰一体化部件，集成了建筑、结构和装饰系统（图 2.1-3）；再比如，集成式厨房包含了建筑、内装、给水、排水、暖气、通风、燃气、电气各专业内容（图 2.1-4、图 2.1-5）。

图 2.1-2 各专业竖向管线集中布置

图 2.1-3 剪力墙夹心保温板

图 2.1-4 集成式厨房

图 2.1-5 框架结构梁墙一体化构件

(3) 支持型部品部件设计（C 型）

所谓支持型部品部件，是指单一型的部品部件，如柱子、梁、预制楼板等，虽然没有与其他构件集成，但包含了对其他系统或环节的支持性元素，需要在设计时予以考虑。例如，预制楼板预埋内装修需要的预埋件（图 2.1-6）、预制梁预留管线穿过的孔洞（图 2.1-7）。

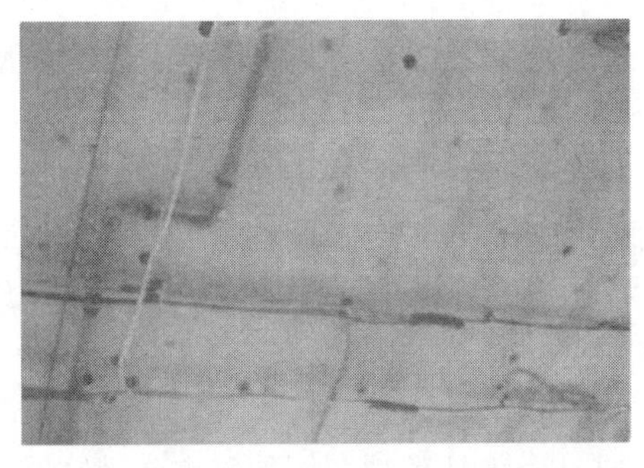

图 2.1-6　预制楼板预埋内装修需要的预埋件

图 2.1-7　预制梁预留管线穿过的孔洞

（4）集成的原则

1）实用原则

集成化必须带来好处。集成化的目的是保证和丰富功能、提高质量、减少浪费、降低成本、减少人工和缩短工期等，既不要为了应付规范要求或预制率指标勉强搞集成化，也不能为了作秀搞集成化。集成化设计应进行多方案技术经济分析比较。

2）统筹原则

不能简单地把集成化看成仅仅是设计一些多功能部品部件，集成化设计中最重要的是相关因素综合考虑，统筹设计，找到最优方案。

3）信息化原则

集成设计是多专业多环节协同设计的过程，不是一两个人拍脑袋就行，必须建立信息共享渠道和平台，包括各专业信息共享与交流，设计人员与部品部件制作厂家、施工企业的信息共享与交流；信息共享与交流是搞好集成设计的前提。其中，BIM 就是集成设计的重要帮手。

4）效果跟踪原则

集成设计并不会必然带来效益和其他好处，设计人员应当跟踪集成设计的实现过程和使用过程，找出问题，避免重复犯错误。

2. 标准化设计

（1）从工程设计的全过程看标准化设计内容，主要包括：

1）方案阶段的标准化设计应着重于建筑功能的标准化和功能模块的标准化，确定标准化的适用范围、内容、量化指标和实施方案；

2）初步设计阶段的标准化设计应着重于建筑单体或功能模块标准化，并就建筑结构、围护结构、室内装修和机电系统的标准化设计提出技术方案，并进行量化评估；

3）施工图阶段的标准化设计应着重优化建筑材料、做法、工艺、设备、管线，并对构件部品的标准化进行量化评价，并进行成本的优化；

4）构件部品加工的标准化设计应着重提高材料利用率、提高构件部品的质量、提高生产效率、控制生产成本；

5）施工装配的标准化设计应着重提高施工质量、提高施工效率、保障建筑安全。

（2）从装配式建筑全系统看标准化设计内容，主要包括：

从建筑全系统看，标准化设计主要包括平面、立面、构件和部品四个方面。其中，平面标准化是实现其他标准化的基础和前提条件。

1）建筑平面标准化

建筑平面标准化通过组合实现各种功能的户型。平面设计的标准化是通过平面划分，形成若干标准化的模块单元（简称标准模块），然后将标准模块组合成各种各样的建筑平面，以满足建筑的使用需求；最后通过多样化的模块组合，将若干个平面组合成建筑楼栋，以满足规划和城市设计的要求。

2）建筑立面标准化

建筑立面标准化通过组合实现立面多样化。建筑立面是由若干立面要素组成，通过多维集合，利用每个预制墙所特有的材料属性，再通过层次和比例关系来表达建筑立面的效果。装配式建筑的立面设计，要分析各个构成要素的关系，按照比例变化形成一定的秩序关系，一旦形成预期的秩序，立面的划分也就确定下来，建筑自然也就获得了自己的形式。在立面设计中，材料与构件的特性往往成为设计的出发点，也是建筑形式表达的重要手段。

装配式建筑的立面设计，可以选择几种不同尺寸的预制外墙标准构件，可选择装饰混凝土、清水混凝土、涂料、面砖或石材反打等不同的工艺，进行排列组合，就能够形成千变万化的效果。预制阳台也是立面的重要元素，可以通过进深、面宽、空间位置的变化，提供多种选择。由于部品部件和构件部品在工厂预制，一些个性化要求高或现场难以实现的构件，在工厂制作难度低、质量高，很容易满足建筑的个性化要求，建筑师完全可以将这样的一些构件进行个性化的创作，形成独特的效果，打破装配式建筑“千篇一律”的刻板印象，满足城市对建筑形式的多样化和个性化需求。

3）预制构件标准化

装配式建筑的构件设计可以采用信息化手段进行分类和组合，建立构件系统，对优化房屋的设计、生产、建造、维修、拆除、更新等流程，对提高工程项目管理的效率大有帮助。构件分类系统库能够使建筑设计和建造流程变得更加标准化、理性化、科学化，减少各专业内部、专业之间因沟通不畅或沟通不及时导致的“错、漏、碰、缺”，提升工作效率和质量。

以标准构件为基础进行建筑设计，可以优化房屋的设计、生产、装配的标准流程，并使得整个工程项目管理更加高效。在方案修改过程中，替换相应的构件；构件之间的逻辑关系并不发生根本性的改变。在技术设计环节中，可以从构件分类系统库里选取真实的构件产品进行设计，可以大大提高设计准确性和效率。当构件分类系统库中的构件不能满足相应的建筑要求时，可以通过市场调研，和相关企业合作研发新构件，在通过相关专业规范验证和产品技术论证，存入构件分类系统库中，以备下次使用。在新构件研发之初，也会通过实际工程项目来验证其合理性。在施工环节中，由于构件分类系统库中的构件都是成熟的建筑产品，施工企业提取相应的技术图纸进行标准化的建造与装配。在生产环节中，生产单位按照相配套的技术图纸和产品说明书进行标准化的生产。在管理过程中，管理人员参照构件分类系统库里每个构件相匹配的技术图纸和产品说明书，来管理工程项目中的设计、生产、装配和建造环节。

4）建筑部品标准化

建筑部品标准化实现了生产、施工高效精确。建筑部品标准化要通过集成设计，用功能部品组合成若干“小模块”，再组合成更大的模块。小模块划分主要是以功能单一部品部件为原则，并以部品模数为基本单位，采用界面定位法确定装修完成后的净尺寸；部品、小模块、大模块以及结构整体间的尺寸协调通过“模数中断区”实现。在此原则基础上，采用部品标准化的设计方法。

2.1.3 装配式设计与传统设计不同

装配式建筑与一般建筑相比，在设计流程上多了两个环节：建筑技术策划和部品部件深化与加工设计。装配式建筑设计应符合建筑全寿命期的可持续性原则，满足建筑体系化、设计模数标准化、生产工厂化、施工装配化、装修部品化和管理信息化等全产业链工业化生产的要求。

策划是装配式建筑建造过程中必不可少的部分，也是与一般建筑设计项目相比差异最大的内容之一。以往的实践中，对此重视不足，或者就没有做技术策划，结果导致建设过程中出现许多问题难以解决。技术策划应当在设计的前期进行，主要是为了能够全面、系统地统筹规划设计、部件部品生产、施工安装和运营维护全过程，对装配式建筑的技术选型、经济可行性和施工安装的可行性进行评估，从而选择一个最优的方案，用于指导建造过程。所以，技术策划可以说是装配式建筑的建设指南。

部品部件深化设计是装配式建筑设计独有的设计阶段，其主要作用是将建筑各系统的结构构件、内装部品、设备和管线部件以及外围护系统部件进行深化设计，完成能够指导工厂生产和施工安装的部品部件深化设计图纸和加工图纸。

目前，国内外围护系统中的幕墙设计相对比较成熟，形成了以专业幕墙设计单位和幕墙生产厂家提供深化设计服务的格局；以湿法作业为主的传统装修也有相对成熟的设计服务；而结构构件的深化加工设计、装配式内装的深化设计、设备和管线装配化加工和安装的深化设计还处于起步阶段，尤其是结构构件的深化设计，具备此设计能力的设计单位不多，做得比较好的更少，这是制约装配式建筑发展的一个瓶颈。

部品部件和预制构件的深化设计，是装配式建筑设计区别于一般建筑设计的重要环节，具有高度工业化特征，更加类似于工业产品的设计，因而具有独特的制造业特征。要想做好深化设计，必须了解部品部件和预制构件的加工工艺、生产流程、运输安装等各环节的要求。因此，大力加强深化设计的能力、培养深化设计的专门人才是装配式建筑发展紧要的任务。

在部品部件深化设计之后，部品部件生产企业还应根据深化设计文件，进行生产加工的设计，主要根据生产和施工的要求，进行放样、预留、预埋等加工前的生产设计。

1. 设计方法及程序不同

与传统建筑设计方法不同，装配式建筑对建筑构件的拆分是非常重要的工作，其影响到建筑外观效果，建筑使用功能，工厂生产效率，运输效率及工程安装进度等工程建设的各个环节。需要在构件拆分合理性，构件模数化构件经济性等各方面做出平衡，在施工过程中处理好各方协同工作。传统建筑设计需要在现场临时解决众多问题，而装配式建筑设计则需要把这些问题前置化，设计考虑的因素相对要宽泛很多，若延用传统设计方法，则一定会在现场出现诸如构造拼接不合理、存在渗漏隐患等质量问题。

2. 设计基本原则不同

装配式建筑应遵循少规格、多组合的原则。采用标准化、系列化设计方法，做到基本单元、连接构造、构件配件及设备管线的标准化与系列化。从装配式建筑设计的技术策划阶段到构件深化设计阶段的全过程，设计人员要有“建筑是由预制构件与部品部件组合而成”的设计观念，结合建筑的功能要求进行标准化设计，选用尺寸符合模数的主体构件和内装部品，在优化合并同类构件的同时进行多样化的组合，以实现装配式建筑不同使用功能和审美的需求。

3. 目标体系差异

传统建筑与装配式建筑预期目标不同主要体现在两个方面。首先，大部分传统建筑设计项目是全新的，从任务书开始设计项目，设计以功能为导向，追求基本功能的满足和空间环境的宜居性。而现有的装配式项目不仅需要着眼功能和宜居，也需要关注设计对工厂化生产和装配式施工的影响。装配式设计关注轴线尺寸统一化与户型标准化，是为了减少建筑构件种类，提高建造效率，实现建筑功能性与经济性的统一。

4. 涉及阶段区别

由于构件工厂生产、现场装配的要求及内装装配化的要求必须将设计向全过程延伸。从设计的初始阶段即开始考虑构件的拆分及精细化设计的要求，并在设计过程与结构、设备、电气、内装专业紧密沟通，实现全专业全过程的一体化设计。

5. 设计效率不同

由于上述原因，我们在对传统设计单位设计的施工图进行装配式工艺设计中，会遇到大量的适应装配式建筑的修改，这个调整的时间甚至比重新设计还长，更重要的是这样的调整往往需要沟通、协调、妥协，往往耽误大量时间同时还不能满足装配式的构造节点的要求，进而也会对后续施工进度和工程质量造成影响。解决这个问题需要在初步设计阶段，即充分介入设计的各环节，再来安排具有丰富装配式建筑设计经验的工程师充分考虑后续的工艺拆分、运输吊装、节点构造等内容进行施工图设计，实践证明这种工作方式是保证工程质量并提高工程进度的有效方法。

2.2　体育建筑形体及围护体系设计

2.2.1　建筑形体设计

1. 体育馆建筑造型发展历程

对我国体育馆建筑造型的发展做一个简要的回顾，将整个历程大致分为初生期、探索期、发展期、加速期、繁荣期五个阶段。通过分析我国体育馆建筑造型的发展历程，总结规律，旨在为接下来的阐述与分析进行铺垫（表 2.2-1）。

我国体育馆建筑造型发展历程　　表 2.2-1

时期	特点	示意图	代表实例	备注
20 世纪 60 年代以前	对称 ↓ 庄重	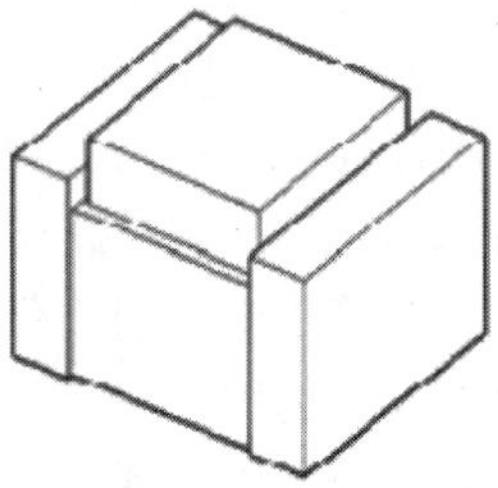	 重庆体育馆	普通公共建筑样式，缺乏体育馆自身特点
20 世纪 60 年代初～70 年代末	单一 ↓ 质朴	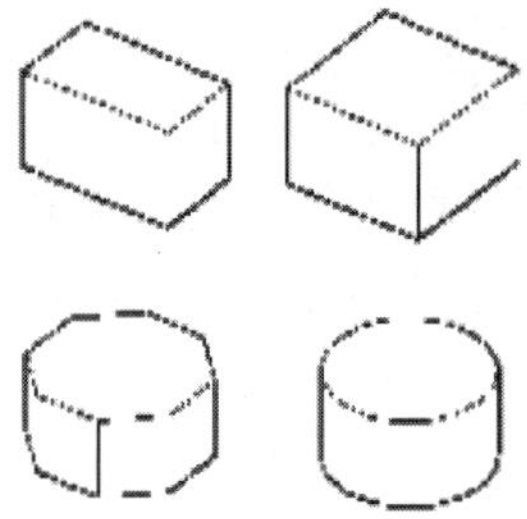	 北京工人体育馆	造型单一，简洁明快，纯粹几何特征，细节少
20 世纪 80 年代	简洁 ↓ 变化	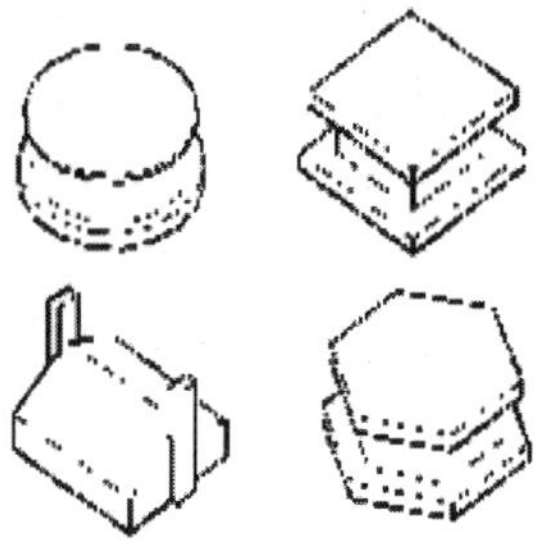	 深圳体育馆	直面形体居多，屋顶在造型中的地位有所体现
20 世纪 90 年代	变幻 ↓ 灵活	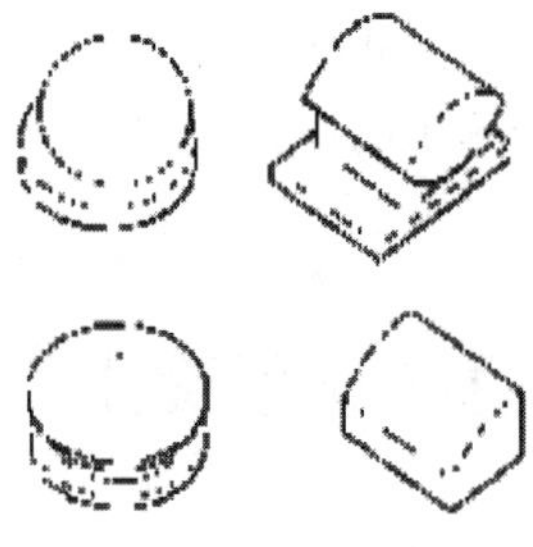	 天津体育馆	曲面形体居多，屋顶形式进一步加强
21 世纪初始	个性 ↓ 丰富	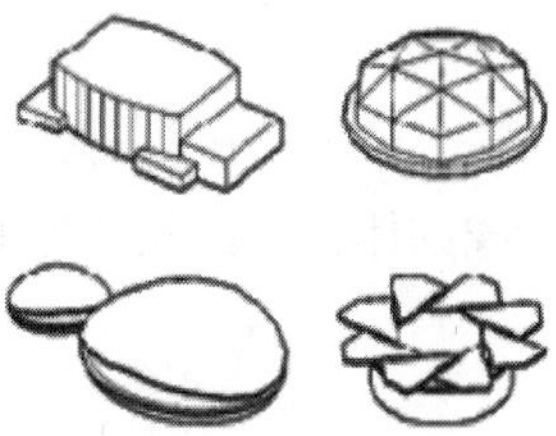	 青岛颐中体育馆	造型处理丰富多变，突出个性形象

2. 影响体育馆建筑形体的因素

形体构成作为体育馆建筑形象的关键因素，在造型设计中起决定作用。本书通过对影响体育馆建筑造型中形体构成的各种因素进行探讨，归纳符合当今时代要求的体育馆建筑形体构成途径，主要包括功能因素中的比赛厅规模、比赛厅内部空间形状及辅助用房与比赛厅位置关系对体育馆建筑形体构成有较大影响。屋盖结构是体育馆建筑形体实现的基础，是体育馆建筑技术中最重要的因素，本书选择技术因素中的屋盖结构对形体构成的影响进行探讨。对于环境因素而言，本书选择对体育馆建筑造型中形体构成影响最大的地形地貌与区域建筑环境进行探讨（图 2.2-1）。

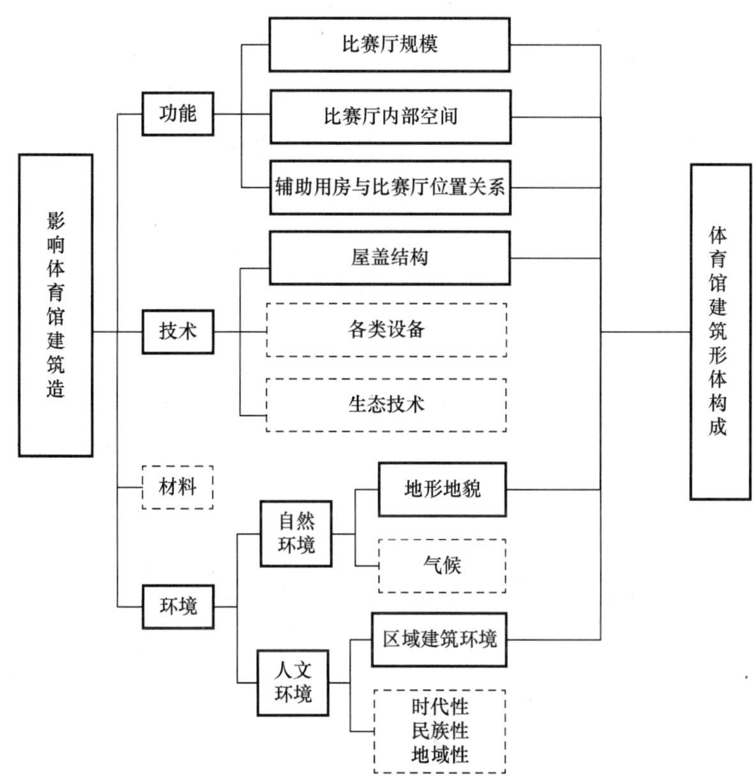

图 2.2-1　影响体育馆建筑形体构成的主要客观因素

注：图中实线框表示本节讨论的各相关内容，虚线表示虽为影响体育馆建筑造型的主要客观因素，但限于篇幅，不予讨论。

3. 形体概念设计（图 2.2-2、图 2.2-3）

在概念设计阶段，由于计划任务书仅给出了工程项目的建设意向，对其进行详细描述或特征定性的可能性不大，所以在概念设计阶段存在许多不确定性信息，分析和判断这些信息就需要对这些信息进行科学的处理。以往的概念设计主要是依靠工程师的工程经验进行判断修正，使每一步的概念设计逐步完善，我们可以对这个过程进行以下的描述。

一般认为，概念设计阶段是由不断趋于满意的循环过程构成的，基于这个过程的工程设计具有以下三个特点：

（1）分析——深入理解问题的过程；

（2）综合——生成解决方案的过程；

（3）评估——判断和比较比选方案的过程。

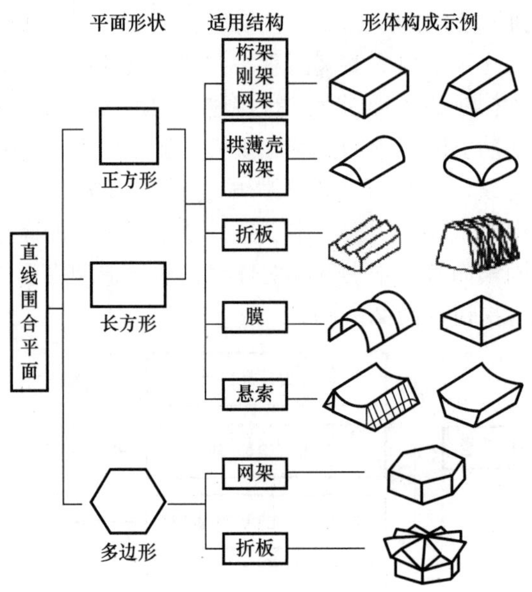

图 2.2-2 平面和形体设计一

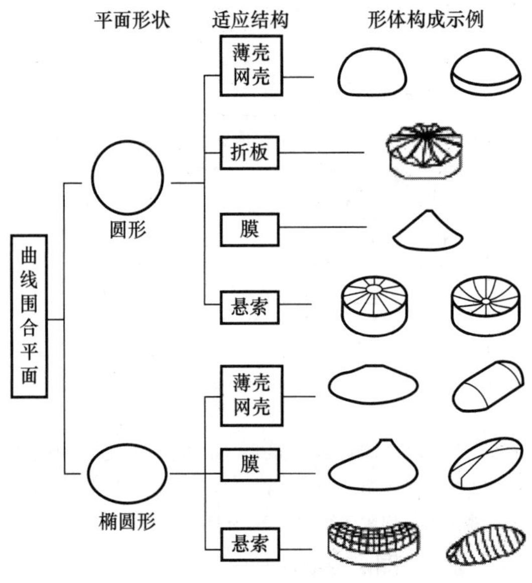

图 2.2-3 平面和形体设计二

这三个过程是一个逐步趋于完善的循环，图 2.2-4 可清晰地反映出这一循环的特点。分析过程的特性是信息的模糊性，仅有一些不完整数据及其生成的一些较为准确的陈述可供设计师使用。综合阶段运用各种知识和不准确的经验用纸图的方式表达，这一阶段的特点是设计人员的灵感起支配作用，从而产生了建筑物和设计意图的图形表达方式。在评价阶段，设计人员用相对严格的功能模型和计算手段对方案比选，从而确定其经济上的合理性和技术上的可行性。这个过程是一个选择循环过程，直到方案达到各方满意为止。

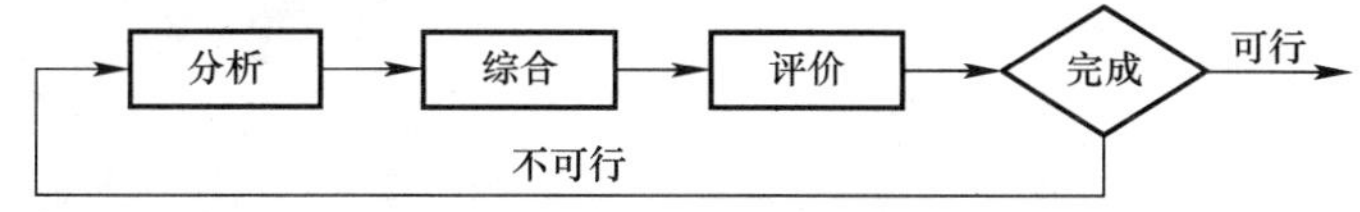

图 2.2-4　概念设计阶段循环过程

2.2.2　内部空间设计

比赛厅内部空间受比赛场地形状、观众席排布方式、结构形式、室内净高要求等多方面影响，主要由比赛厅平面形状和比赛厅剖面形状所限制。

比赛厅平面形状由场地形状（在内或一侧）与观众席形状（在外或一侧）共同形成，有正方形平面、长方形平面、多边形平面、圆形平面、椭圆形平面、不规则平面等类型。通常正方形平面多用于中小型体育馆，外形简洁，结构简便，看台多以场地两侧布置，室内空间简洁规整；长方形平面与正方形类似，适用于场地两侧或一侧布置看台的中小型场馆，看台视线良好，容量比正方形平面大，室内空间简洁有序；多边形平面多以正六边形或八边形平面呈现，适用于大中型场馆，结构简单，平面简洁，室内空间灵活多变；圆形及椭圆形平面适用于大中型体育馆，视线好，结构较为复杂，室内空间赋有富有动感；不规则形平面，如三角形、花瓣形等，平面及结构都比较复杂，对室内空间塑造个性较强，但平面适应性要求较高。

比赛厅剖面形状主要根据看台布置方式以及屋顶形式决定。看台布置方式按对称与否分为对称布置和非对称布置，按看台与比赛场地结合情况分为单边布置、对边布置、多边布置及环绕布置等。根据看台布置方式不同，体育馆比赛厅剖面空间呈倒置的梯形或称“碗形”，比赛厅对称布置看台时，剖面形状为对称的倒梯形，若观众席为非对称或仅单边布置，则出现非对称的形状（如倒置的直角梯形）或不规则形状。比赛厅屋顶对室内空间的塑造有很大的影响，从屋面形式考虑，体育馆建筑比赛厅屋顶可分为水平形、侧倾形、上凸形与下凹形，其中水平形屋顶平行于地面，室内空间均匀稳重；倾斜式屋顶向一侧倾斜，室内空间富有动感；上凸形屋顶向上突起，室内空间开阔；下凹形屋顶向下凹陷，室内空间紧凑。此外，比赛场地一般室内净高应满足 12.5m，综合馆室内净高应满足 15m。无论选用何种形式的屋顶，都要满足必须的净高要求。

空间构成是现在建筑造型设计重要的组成部分，建筑空间通常分为内部空间与外部空间，本书主要研究体育馆建筑的外部造型设计，从而在本节主要论述体育馆建筑外部空间构成途径。长期以来，体育馆建筑设计中重视自身形体、突出纪念性，而忽视建筑外部空间设计。事实上，体育馆建筑的外部空间是联系体育馆建筑主体与周边环境的纽带，不仅实用性突出，而且起着协调景观、美化环境的作用。体育馆建筑体量巨大，形体构成在造型设计中最主要的地位，体育馆建筑形体设计也不能只顾彰显自身个性，而忽略了各种因素的制约与影响，对于体育馆建筑空间构成而言，内部与外界的影响更加明显。体育馆建筑如何在保持自身特色，在重视形体的基础上创造出适宜的外部空间形式，是我们要认真面对的问题。

图 2.2-5　丹麦欧登塞 Thorvald Ellegaard 体育馆

图 2.2-6　荷兰 De Smeltkroes 体育馆

建筑外部空间主要是建筑本体以外的开放的空间，其形成需要一定的界面进行限定，这种界面既可以是建筑形体上的面，也可以是地面或单独的墙体，甚至是一排树木，只要能够起到围合空间作用的要素，都可以成为限定空间的界面。建筑外部空间设计就是以建筑形体及其他外部环境构成要素，如地形地貌、山水植被、景观小品等，进行空间组合，在满足场所使用功能的同时，使在其体量、尺度、造型、肌理等方面都能适合人的生理和心理要求，并在视觉感受效果上引起审美愉悦。进一步说，建筑外部空间构成既注重空间形式与尺度，又注重界面机理。建筑外部空间构成的影响因素颇多，人作为空间的使用者，其行为、需求等对建筑外部空间构成起重要影响，它具有一定的功能要求。同时，技术及材料亦会对空间的构成提出限制，所以，建筑外部空间构成受技术及材料因素影响；并且外部空间构成与环境密不可分，必然受到环境因素，包括自然环境及区域建筑环境的影响。体育馆建筑外部空间设计同样具有上述特点，本书分别从功能因素、技术因素、材料因素、环境因素及主观因素等方面探讨体育馆建筑外部空间构成途径。

2.2.3　建筑平面设计

装配式体育建筑的总平面设计应在符合城市总体规划要求，满足国家规范及建设标准要求的同时，配合现场施工方案，充分考虑构件运输通道、吊装及预制构件临时堆场的设置。装配式建筑的平面设计除了要满足使用功能的要求外，还应采用标准化的设计方法全面提升建筑品质、提高建设效率及控制建造成本。

体育建筑中要达到建筑与结构的协调设计，首先要遵守“适用、经济、绿色、美观”的基本原则，然后在此基础上采用一定方法配合建筑创作，实现建筑的表现力。

图1　南京奥林匹克体育场实景

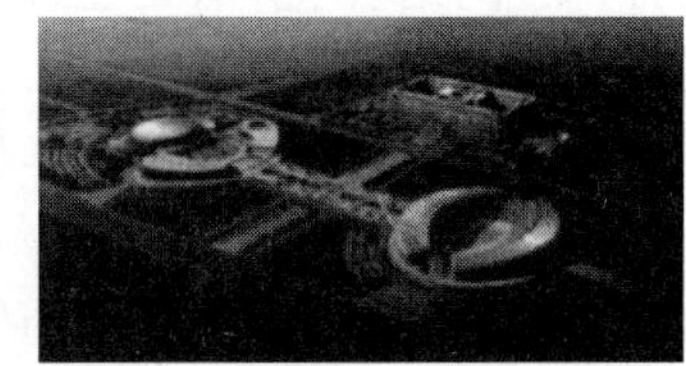

图2　济南奥林匹克体育中心效果图之一（右下方为主体育场）

图3　济南奥体中心体育场效果图之二

图 2.2-7　平面设计案例（一）

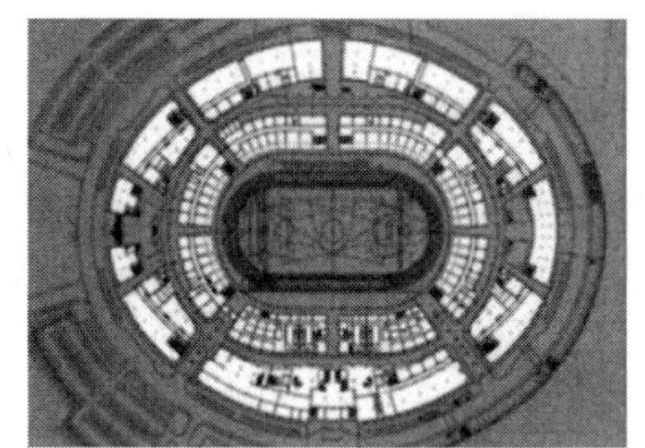
图4　济南奥体中心体育场首层平面

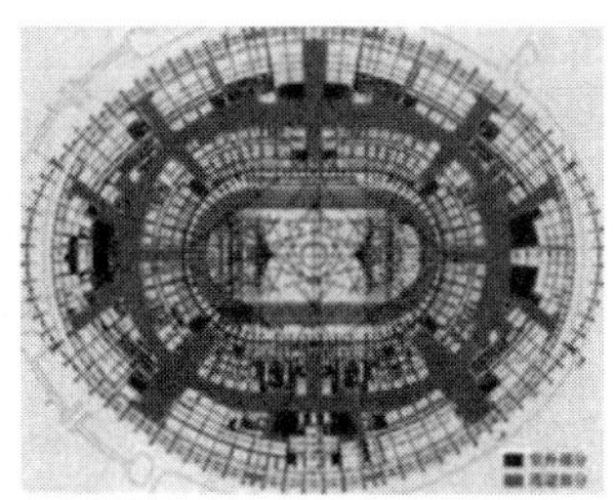
图5　济南奥体中心体育场首层内部通道布局

图6　济南奥体中心体育场首层防烟区域划分示意图

图 2.2-7　平面设计案例（二）

现代体育场根据体育赛事（体育工艺）的特殊需求，在设计上逐渐形成了“上下分流”的建筑布局模式，即围绕中央竞赛场地在首层（也有的设在地下层）安排与体育赛事相关的主要功能部分（非观众部分），而观众使用部分则结合看台布置被安排在上部楼层，从而使不同功能流线因垂直分区而互不交叉干扰，不仅解决了不同功能人群的交通流线问题，同时，也为大量人员的安全疏散创造了良好条件。

现代大型综合性体育场出现了规模大型化、功能复杂化、运营商业化等发展趋势，而在上述建筑布局模式引导下，体育场的首层平面功能变得更加复杂，不仅房间数量增多，面积也变得更大。

大型体育场的观众流线设计，特别是安全疏散设计至关重要。建筑设计师、业主和消防监督部门必须考虑如何使看台上的大量观众顺利到达最终的安全区域——室外地面。设置高架大平台既可使看台观众在到达室外地面之前有充足的集散和缓冲空间，也防止了观众人流与其他人流在紧急疏散时互相干扰。而在平时，大平台则作为观众进出体育场的主要集散空间，因此，观众大平台的设计被许多大型体育场采用。为了容纳数万名的观众，大平台需要有较大的面积，导致位于下部的首层平面规模也随之增大。例如，作为 2005 年全国十运会主会场的南京奥体中心主体育场，其观众大平台被扩展成为联系整个体育中心所有场馆的高架大平台，面积达到约 10 万 m^2，在平台下部设有大量的各种功能用房和赛后运营房间。

国家体育场（鸟巢）和天津奥林匹克体育场等国内新建的一些大型体育场，都具有相当大的首层平面，如正在建造中的济南奥体中心体育场，其首层平面的总投影面积达到约 6.4 万 m^2，在整个体育场总建筑面积所占的比重超过了 40％。

体育场与体育馆最大的区别在于前者由于比赛性质的要求不是一个封闭的空间，后者一般形成一个封闭的空间，对视听和安全性方面有更高的要求；前者以容纳人数多见长，后者以全天候比赛为主。体育馆有三大特点，一、是大跨度的观众厅。如：上海体育馆，可容纳观众 1.8 万人，总面积 1.67 万 m^2，高 33m，圆形屋顶直径达 110m。二、是结构形式与建筑造型紧密结合，选用何种结构也基本确定了建筑形状；结构形式在很大程度上决定了建筑的总体外观效果，如天津体育中心体育馆，屋盖直径为 135m 球壳结构，矢高 35m，决定了该馆整体上的飞碟形状。三、是结构类型较多，因而建筑造型也丰富多彩，Engel 系统地对各种结构形式进行了归类划分，总体结构类型有 19 种，其中用于大跨空间结构的结构类型就有 11 种，占接近 60％，由此衍生出来的单一结构形式有 78 种，用于大跨空间结构的就达 40 种，充分说明了空间结构形式的多样化和研究的离散性。体育建筑在结构上具有不同的受力特点，在建筑工程上具有不同的造型特色。由于以上特点，决定了体育馆屋盖的形式必须是跨越性较好的结构体系，如刚架结构、桁架结构、拱式结构、薄壳结构、网架结构、悬索结构、薄膜结构等。观众厅是体育馆的主要功能空间，也是体育设计的主要内容，技术要求高、内容复杂，设计成败会直接影响到体育馆的正常使用和工程造价，其平面形状和空间要求将决定体育馆的结构选型。一般来说，观众厅常见的平面形状有以下几种：

（1）正方形平面。外形简洁，结构简便，是常用的平面形式。

（2）长方形平面。外形简洁、结构简单，场地纵向两侧看台视线好、容量大，基本上能按最佳视线位置安排座席，适用于看台边线为长方形，场地纵轴两侧或一侧为主看台的中小型馆。

（3）多边形平面。包括三角形、六边形及八边形等形式，六边及八边形观众厅视觉质量好，结构形式简单，外形完整、平面简洁，适合于大中型体育馆。

（4）圆形、椭圆形平面。外形美观，受力合理，是大中型观众厅适用的形式，如上海体育馆，天津体育中心等。

（5）不规则平面。如花瓣形观众厅，这类体育馆平面、结构形式较其他形状复杂，可能形成不合理受力。

体育馆设计中最主要的两个部分是屋盖系统和下部支撑结构系统。体育场馆有其自身特点具体表现在：

（1）结构跨度大。由于要适应多功能使用，因而竞赛场地尺度大，观众座席要求舒适，从而使比赛大厅跨度增加，因而在建筑结构选型上多采用轻质高强的特殊大跨结构。

（2）观众容量大。随着人们物质生活的改善，现代比赛的规模越来越大，首都体育馆和上海体育馆观众容量达 1.8 万人。这样，在客观上对技术和安全提出了更高的要求。

（3）厅堂体积大。体育比赛大厅净高达 12.5m 以上，面积一般在 1000m^2 以上，体积在 10000m^3 以上，这就对结构设计提出了更为严格的要求。

从以上的这些特点可以看出，体育馆的厅堂设计不仅要求美观的外形，较大的跨越能力，还对屋盖结构的安全性能和受力性能提出了更高的要求。大跨空间结构的卓越工作性能不仅仅表现在三维受力，而且还在于它能通过合理的曲面形体来有效抵抗外荷载的作用。当跨度增大时，空间结构就愈能显示出它们优异的技术性能。所以大跨空间结构是体育馆厅堂设计的首选结构形式。

一般形式上的大跨空间结构包括以下这些结构形式：（1）网架结构；（2）网壳结构；（3）悬索结构；（4）张拉整体结构；（5）开合屋盖结构；（6）折叠结构；（7）膜结构。

以上这些形式只是大跨空间结构的粗线条划分，是很直观的空间结构分类方法；实际上这七种结构形式又能从其形式特征上分为许多种类，这些形式在实际应用中根据不同的构成、不同的适用范围衍生出各种形式的空间结构体系。可以说，空间结构的形式是多姿多彩的，人们为实现跨越空间进行了很大的努力；后面的四种形式是最近几年空间结构衍生出来的新的结构形式。

由于空间结构种类繁多，结构概念和受力性能相异，对设计和施工的要求也各不相同，很难找出一个合理的、统一的法则进行结构概念陈述。

2.2.4　装配式建筑围护体系

1. 什么是外围护系统

人类需要建筑，是需要一个遮风挡雨防晒御寒的空间，这个空间是由外围护系统——屋盖和墙体——“围成”的。建筑基础也好，主体结构也好，无论多么重要，都是为外围护系统提供支撑的，是为了外围护系统而存在的。建筑最基本、最重要的功能是由外围护系统实现的；建筑的艺术魅力很大程度上也依靠外围护系统来展现。

装配式建筑的国家标准关于外围护系统的定义是：“外围护系统是指由建筑外墙、屋面、外门窗及其他部品部件等组合而成，用于分隔建筑室内外环境的部品部件的整体”。关于装配式建筑的定义是：“结构系统、外围护系统、设备与管线系统、内装系统的主要部分采用预制部品部件集成的建筑”。如此，装配式建筑的外围护系统的主要部分应当采用集成的预制部品部件。

装配式体育建筑的外围护系统非常重要，是设计、生产与施工的重点与难点，也是用户关注的问题集中点，以及影响成本的重要环节。

2. 外围护系统类型

凡是可用于现浇混凝土建筑和其他非装配式建筑的外围护系统都可用于装配式建筑。不过，装配式建筑强调外围护系统的集成化和预制化，所以不能简单地照搬现浇混凝土建筑和其他非装配式建筑的外围护系统的常规做法，例如，不宜采用砌筑外墙砌块的湿作业方法。装配式建筑应当选择和设计预制化和集成化的外围护系统。

本章主要讨论预制化和集成化为主的外围护系统，故对常规玻璃幕墙、金属幕墙、石材幕墙、砌块填充墙等不作介绍。但集成化的单元式幕墙或装配化程度高的幕墙，则在介绍范围内。

装配式建筑外围护系统可按照部位、结构功能、材料、集成方式、立面关系等进行分类。

装配式外围护系统按建筑部位分为：屋盖围护系统，墙体围护系统和屋盖、墙体一体化围护系统。

（1）屋盖围护系统

大多数装配整体式混凝土建筑屋盖采用现浇混凝土；即使采用叠合屋盖，叠合层也是现浇的，因此与现浇混凝土建筑屋盖基本没有区别。

全装配式混凝土结构、装配式组合结构、钢结构和悬索结构的屋盖系统会用到装配式构件，包括：预制混凝土屋面板、预应力空心板、预应力双 T 板、压型保温复合钢板等。

北京奥林匹克公园国家会议中心（图 2.2-8）为 29 届奥运会提供击剑、射击、硬地滚球、轮椅击剑比赛场馆。该场馆屋面系统采用新型的 MEGA-ROOF 直立锁边金属屋面建筑系统，屋面构造由下向上依次为：压型钢底板、吸声层、隔汽层、保温层、隔声层、二次防水层、抗噪层、铝镁锰合金屋面板，具有吸声、隔声、保温抗噪及防水功能。该系统完全取消螺栓、铆钉连接方式，屋面无任何贯穿性连接，从而成为理想的装配式金属屋面系统。

图 2.2-8　北京奥林匹克公园国家会议中心屋面

（2）墙体围护系统

装配式建筑墙体围护系统或由结构柱梁（剪力墙板）构成，或由非结构构件如外挂墙板、GRC 墙板构成，或由单元式幕墙构成，整体飘窗、阳台板等也属于围护系统构件。

1）混凝土剪力墙结构外墙

装配式混凝土剪力墙结构外墙围护系统由剪力墙、连梁、窗户、窗下墙和阳台等构件构成，其结构拆分有三种方式：整间板方式、窗间墙板方式和三维墙板方式。

整间板方式集成化程度较高，可实现门窗一体化。但最大的问题是按照现行规范，接缝在边缘构件部位（纵横墙交接处）都需要后浇混凝土连接，如此外墙围护系统每跨都有现浇部位，施工麻烦且成本高、用工多；窗间墙板和立体墙板方式虽然不能实现门窗一体化，但外墙系统只有连梁与剪力墙连接部位有很少的后浇混凝土，外围护系统规则完整。

剪力墙外墙保温、装饰一体化可采用夹心保温板方式，外叶板做成装饰一体化，也可以采用无龙骨干挂保温装饰板方式。

2）混凝土柱、梁结构“围合”

混凝土柱、梁结构体系，包括框架结构、框剪结构、筒体结构；外围护系统采用柱、梁围合窗户方式形成。如果柱、梁断面尺寸小，导致窗洞过大，可在楼板设置腰板或挂板，或采用带翼缘的柱、梁，以减少窗洞面积。装饰一体化可采用清水混凝土、装饰混凝土、涂刷涂料、石材反打、面砖反打等方式。

3）预制混凝土外挂墙板

预制外挂墙板也叫 PC 墙板，是安装在主体结构上，起围护、装饰作用的非承重构件。混凝土柱梁体系建筑和钢结构建筑都适用。

4）GRC 墙板

GRC 墙板即玻璃纤维增强的混凝土墙板，适用于混凝土柱梁体系建筑、钢结构和木结构建筑。

由于玻璃纤维增强，GRC 抗弯强度可达到 $18N/mm^2$，是普通混凝土的 3 倍，由此可做成薄壁构件，一般厚度为 15mm，板表面可以附着 5～10mm 厚的彩色砂浆面层。GRC 具有壁薄体轻、造型随意、质感逼真的特点。一般用于大型公共建筑的外围护结构。扎哈·哈迪德设计的长沙梅溪湖文化中心，这座非线性建筑外围护结构主要采用内色砂岩质感的 GRC。

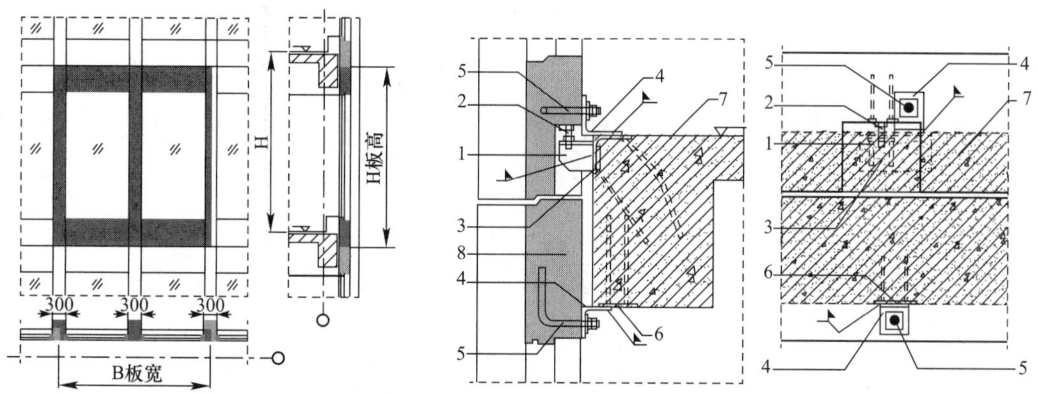

图 2.2-9　预制外墙挂板节点图

GRC 有非常强的装饰性，保温一体化可采用内壁附着方式，见图 2.2-10。综合成本约低于混凝土夹心保温板，但重量减轻了很多。

图 2.2-10　长沙梅溪湖文化中心 GRC 墙板屋面板

5）UHPC 墙板

超高性能混凝土（UHPC）也称作活性粉末混凝土，是最新的水泥基工程材料，主要材料有水泥、石英砂、硅灰和纤维（钢纤维或复合有机纤维）等。其强度比 GRC 要高，抗弯强度可达 $20N/mm^2$ 以上，抗弯强度不会像 GRC 那样随时间衰减，壁厚 10～15mm，应用范围与 GRC 一样，耐久性比 GRC 好，但造价比 GRC 高。

6）ALC 板

ALC 板即蒸压加气混凝土板，是由经过防锈处理的钢筋网片增强，经过高温、高压、蒸汽养护而成的一种性能优越的轻质混凝板，具有保温隔热、轻质高强、安装便利的特点，可用于外围护系统。

国家标准和行业标准对 ALC 板的适用范围没有规定。ALC 板在日本可以用于 6 层楼以下建筑外墙和高层建筑凹入式阳台的外墙（图 2.2-11）。

7）蒸压加气轻质纤维增强水泥板

蒸压加气轻质纤维水泥板以纤维和水泥为主要原材料制作，具有壁薄体轻、造型随意、质感逼真的特点适用于低层混凝土结构、木结构和钢结构建筑的围护系统；其装饰功能非常强，保温构造为填充式，是一种非常成熟的保温方式。

图 2.2-12 是装配式钢结构别墅，外围护系统为蒸压加气轻质纤维增强水泥墙板系统。

图 2.2-11　凹入式阳台 ALC 轻体外墙

图 2.2-12　蒸压轻质纤维增强水泥板外围护墙板

8）压型钢板保温复合板

压型钢板保温复合板是压型钢板与保温板复合的墙板，具有重量轻、施工便利和造价低等特点，在国内一般用于钢结构、工业厂房外围护结构；但在美国的办公楼与住宅墙体中也经常使用。

9）木结构外墙

木结构外墙不仅适用于木结构建筑，也适用于低层和多层混凝土柱梁体系建筑及钢结构建筑。

木结构墙体具有很好的装饰性，不用装饰就是景观。

单元式木结构外墙是指采用木骨架与具有保温、隔声、防火性能的材料组合而成的外墙板，具有很好的集成性，可以实现围护、保温、装饰一体化。

10）单元式幕墙

单元式幕墙是指由各种墙面板与支承框架在工厂制成的，完整的幕墙结构基本单位，包括玻璃幕墙和金属幕墙，是直接安装在主体结构上的外围护墙。适用于混凝土柱梁体系建筑、钢结构和木结构建筑。

（3）屋盖墙体一体化围护系统

装配式建筑的屋盖与墙体是一体的，没有明显界限。如悉尼歌剧院钢筋混凝土空间薄壁结构（图 2.2-13）、扎哈·哈迪德设计的一些非线性建筑、基督城结构教堂人字形坡屋顶落地等。

2.2.5　新型装配建筑材料

材料是建筑实现的最基本的物质基础，脱离材料的设想都是空谈。材料对体育馆建筑而言同样十分重要，无论是承重结构还是维护结构都离不开对材料的分析与选择，材料对体现建筑技术与艺术都有十分重要的作用。一般的建筑材料主要有两方面因素需重点考虑，一是材料本身的物理性能，二是材料外观质地给人的视觉感受。体育馆建筑的发展离

图 2.2-13　悉尼歌剧院钢筋混凝土空间薄壁围护系统

不开建筑材料的更新，一方面材料自身性能如刚度、强度、保温、隔热、防水等性能的提高，使体育馆建筑结构选择空间更大，增强了造型可塑性，另一方面材料质地如质感、色彩、纹理、硬度、可塑性等指标的发展，让体育馆建筑材料变化更新，其造型整体及细节的视觉表现力不断增强。不同建筑材料各有性能，选择不同材料对体育馆建筑造型最终的表现各有不同，本文总结体育馆建筑常用材料，包括混凝土、金属、木材、砌体、膜材、玻璃等的性能、特点及其在体育馆建筑中的适用性。

1. 混凝土

混凝土是常见的建筑材料，抗压性能较强，抗拉性能较弱，在实践中使用的钢筋混凝土是利用钢筋的抗拉性能改善混凝土整体强度，使其既有抗压性能，又有抗拉强度。钢筋混凝土广泛用于体育馆建筑的承重结构中，对于规模不大的体育馆比较经济，但钢筋混凝土自重大，可实现跨度有限，对于大规模体育馆，尤其是在较大跨度的屋盖结构中运用，就显得比较吃力。随着混凝土生产及制作技术的发展，各种添加剂如减水剂、早强剂、防冻剂、膨胀剂等和各类添加材料如纤维、织物等的加入，都从一定程度上提高了混凝土的物理性能，产生了很多新品种，从而增大其适用范围。体育馆建筑中的混凝土呈现出的是粗犷与力度美、雕塑感与体量感，而混凝土最突出的特点就是它的可塑性，配合钢筋骨架，易形成各种造型，如日本香川县立体育馆（1964 年）采用如船一般的造型，自然而优雅，充分体现了混凝土的可塑性（图 2.2-14）。

图 2.2-14　日本香川县立体育馆

2. 金属

金属材料中的钢材是体育馆建筑使用最广泛的材料之一，单位用钢量是衡量建筑经济性的重要指标。钢材抗拉与抗压性能都较好，相比其他材料，抗拉性能突出。钢材被大量用于体育馆建筑的结构中，可做成如具有一定截面形状及尺寸的型钢，如圆钢、方钢、扁钢、角钢、工字钢、槽钢等，或做某些屋盖结构如网架、网壳等普遍使用的连接杆件，还可以做成钢索等。其他金属材料如铝合金板材等也普遍用于体育馆建筑外表面的围合。此外，金属在工厂经过铸型、碾磨等过程，可以获得精致的成品，常用在体育馆建筑细部构件及表皮构件上，表现出具有现代感、工业化的技术美，是精致、细腻、轻盈的建筑材料。如中国国家体育馆，结构采用双向张弦钢屋架结构，屋面呈波浪形上下起伏，具有动感，配合立面金属杆件的有序排列，现代感十足（图 2.2-15）。

图 2.2-15　中国国家体育馆（2008）

3. 木材

木材是传统的建筑材料，与其他材料相比，最显著的特征是其富有弹性，同时作为天然的环保材料，有着其他材料缺乏的亲和力，但其缺点也较为显著，如存在原生缺陷（木节或自然损伤而形成的缺陷），易腐朽、变色和虫蛀，抗火能力低等。通常体育馆建筑使用的木材有天然木材和集成木材两种，其中天然木材是有机各向异性材料，顺纹方向与横纹方向的力学性质有很大差别，顺纹抗拉和抗压强度均较高，横纹抗拉和抗压强度较低，材料构件受自身尺寸的影响大，适合作为体育馆建筑普通的细部构件材料或装饰构件材料，但不适合作为屋顶结构材料；而集成木材是将小尺寸的板材通过粘结加压的方式组合而成的新型木材，其强度、耐久性、耐腐蚀、耐火能力等均有较大提高，并且成型材料在形状与尺寸上有一定的发挥余地，适合体育馆建筑结构使用。此外，木材使用得当，能很好地体现体育馆建筑的文化内涵或地域特征。日本大馆市树海体育馆采用以木拱型曲面体系作为支撑结构，以钢材作为连接节点，创造出巨大的室内空间（图 2.2-16、图 2.2-17）。

4. 砌体

砌体材料主要包括石材、砖材或其他砌块材料，有取材方便（石材可天然开采，砖材用黏土烧制，其他砌块可用矿渣等制作），价格低廉，具有良好的耐火性和耐久性，同时具备一定的保温、隔热性能等优点，但其缺点也较为突出，如砌体相比钢和混凝土强度低，用料大，自重大，抗拉和抗剪强度都很低，抗震性能较差，并且施工劳动量大。对于体育馆建筑而言，砌体材料可以作为维护结构填充材料，而不适合做大跨度结构材料（图 2.2-18）。

图 2.2-16　日本大馆市树海体育馆

图 2.2-17　日本大馆市树海体育馆室内

图 2.2-18　砌体结构墙体

5. 膜材

膜材是由基布和涂层组成的柔性材料。膜材料的种类繁多，常用的膜材包括 PVC、Teflon、ETFE 等。PVC 膜较为廉价，制作容易，有较强的抗皱抗折能力，但其强度较低、易老化、自洁性能差，为改善其性能，可在其表面上特殊的涂层来提高性能。Teflon 膜有着强度高、自洁、耐久等性能良好等优点，但造价较高，不易折叠，制作工艺较为繁琐。ETFE 膜具有优良的抗冲击性能、导电性能、热稳定性和耐化学腐蚀性，而且机械强度高，加工性能好，但造价较高，维护费用也高。膜材在体育馆建筑中通常配合加强构件如钢架、钢柱或钢索等，通过一定方式形成空间形状的膜结构呈现。膜材能够将强烈的阳光漫射到体育馆室内，形成良好的自然采光条件，众多体育馆，特别是高校体育馆纷纷采用膜材作为屋顶覆盖材料，既造型美观又节省能源，如上海交通大学体育馆（2007 年）和复旦大学正大体育馆（2005 年）（图 2.2-19、图 2.2-20）。

6. 玻璃

玻璃是一种脆性材料，抗压性能好、抗拉性能差。通过一定的技术手段与措施能够有效地改善玻璃自身的物理缺陷，除了常见的平板玻璃外，还有多样特种玻璃，如适合作为体育馆建筑维护结构材料的钢化玻璃、夹丝玻璃、高性能中空玻璃，以及装饰性较强的压花玻璃等。其中钢化玻璃强度高，抗弯曲强度、耐冲击强度是普通平板玻璃的 3～5 倍，

图 2.2-19　上海交通大学体育馆

图 2.2-20　复旦大学正大体育馆

安全性能好；夹丝玻璃防火性能优越，可遮挡火焰，高温燃烧时不炸裂，高性能中空玻璃可以阻隔太阳紫外线射入到室内，有较好的节能效果，隔热、保温性能较好；压花玻璃表面有花纹图案，可透光，但却能遮挡视线，即具有透光不透明的特点，有优良的装饰效果。玻璃因其透明的机理效果，在体育馆建筑表面合理范围的使用，能够十分有效地削弱其巨大敦实的沉重感，并带给人们华丽、时尚的感觉。深圳宝安体育馆（2002 年）立面上大面积采用玻璃幕墙与花岗岩墙面形成鲜明对比，使其整体感觉通透、轻盈（图 2.2-21）。

图 2.2-21　深圳宝安体育馆

体育馆建筑造型不能脱离建筑材料的支撑，选取适当的建筑材料对建筑造型的实现与表现都有着不可忽视的作用。

2.3　装配式体育建筑主体结构设计

2.3.1　结构概念设计

目前常用于体育馆建筑的大跨度屋盖结构主要有三类：(1) 平面结构体系；(2) 空间结构体系；(3) 组合结构体系。三种结构体系组成了一个适应面较宽的系列，其中以空间结构体系应用最广。这是因为它受力好、跨度大，且能充分发挥材料性能，能够适应各种建筑平面和空间的要求，具有较好的经济效果（图 2.3-1）。

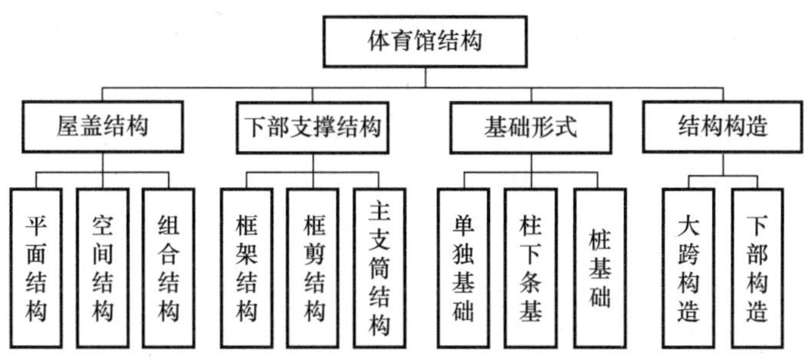

图 2.3-1　体育馆结构构成图

下部支撑结构的形式与上部大跨度结构体系有很大关联，从某种意义上说，大跨空间结构的体系形式将直接决定下部支撑系统的结构形式。下部支撑系统的结构形式一般有如下几类：(1) 钢框架结构；(2) 钢筋混凝土框架结构，这是最常用的结构形式；(3) 钢筋混凝土框架-抗震墙结构；(4) 主支钢筋混凝土筒结构；(5) 巨型框架或巨型拱结构，主要用于混合结构中。

结构概念设计是指结构工程师根据业主的要求，结合建筑方案、建筑环境分析，在现有经济技术的基础上，通过草图构思、模型初步分析等手段，将产生的多种结构设计方案表现在建筑方案中的过程。所以，结构概念设计阶段应包括建筑师和结构工程师对方案的构思、初步筛选、发展与完善、经济比较等步骤。

建筑师在初步构思完成后，经与结构工程师初步协商，确定该方案的结构技术可行性，结构工程师是在建筑师有一定的建筑构形的基础上进行初步构思筛选的，这一过程更多的是凭借结构工程师的经验与直觉，有时也可让业主参与到这个过程中。初步筛选的目的是为了淘汰一些没有明显发展前途或偏离设计目标的设计概念，所以所保留设计概念的范围可适当宽一些，以利于进一步深化和提炼。

在这一过程中，有的建筑构思可能就被否决而进入下一轮的再构思，这一阶段称之为初步概念设计阶段。

设计构思进行到一定程度后，可以对草图进行多方案的进一步筛选，此阶段多采用经验性评价方法和数值解析类比评价方法相结合，对其具体的技术合理性和经济性进行客观的评价，这一阶段可以称之为概念设计阶段。在这一过程中，评价项目的总数不宜过多，应抓住重点，考虑那些重要的、基本的要求项目。

在概念设计阶段完成后，建筑师和结构工程师以及后续各专业的工程师可集中精力对概念进一步深化和发展，可通过细部比较、效果图、模型等更直观、具体、有效的形式进行表现。然后，再对该方案反复进行进一步的技术分析，使方案达到初步设计阶段要求或直接进入施工图阶段。这一过程可以称之为深化概念设计阶段。这三个过程可用图 2.3-2 表达。

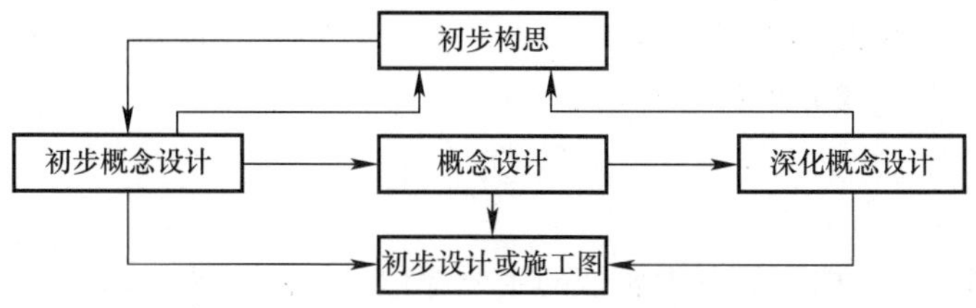

图 2.3-2　概念设计阶段主要过程

在概念设计的产生过程中，从初步概念设计阶段到概念设计阶段以及深化概念设计阶段，着重从技术性能、材料、造型形态、抗灾害损失方面进行评价，并注重创造性、科学性、可行性和社会性等评价原则，总的特点是由浅入深、由表及里、由粗到精、由无形到有形，所采用的方法和手段也依不同的阶段有不同的选择，其过程呈发展、完善的趋势。不同的工程结构在概念设计阶段其概念设计方法和特点也各不相同。

从以上论述可见，结构概念设计是和建筑概念设计是同步进行的，所以结构概念设计实际上是建筑概念设计的延伸，不能将建筑概念设计和结构概念设计完全割裂开去做，需要建筑师和结构工程师的密切配合才能完成。随着工程建设规模的增加和工程复杂程度的加大，在概念设计阶段，建筑师和结构工程师及设备工程师之间的关系应该更加密切，这是圆满完成工程设计的前提。在概念设计阶段，建筑师和结构工程师都是为着一个目的进行工作的，只是侧重点不同而已。结构工程师关心更多的是结构的安全性和抵御灾害的能力，建筑师则更关心建筑的协调性和环境适应性。可以说，在概念设计阶段，需要结构工程师不仅具有分析的能力，而且也应该具备综合的能力，关注的对象应该是结构的适用性和建设的可行性。

2.3.2 主要装配结构体系

1. 装配式钢结构

钢结构是天然的装配式结构，但并非所有的钢结构建筑均是装配式建筑，尤其是算不上好的装配式建筑。那么什么样的钢结构建筑才能算得上是好的装配式建筑呢？必须是钢结构、围护系统、设备与管线系统和内装系统做到和谐统一，才能算得上是装配式钢结构建筑。

（1）优点：

1）没有现场现浇节点，安装速度更快，施工质量更容易得到保证；

2）钢结构是延性材料，具有更好的抗震性能；

3）相对于混凝土结构，钢结构自重更轻，基础造价更低；

4）钢结构是可回收材料，更加绿色环保；

5）精心设计的钢结构装配式建筑，比装配式混凝土建筑具有更好的经济性；

6）梁柱截面更小，可获得更多的使用面积。

（2）缺点：

1）相对于装配式混凝土结构，外墙体系与传统建筑存在差别，较为复杂；

2）如果处理不当或者没有经验，防火和防腐问题需要引起重视；

3）如设计不当，钢结构比传统混凝土结构更贵，但相对装配式混凝土建筑而言，仍然具有一定的经济性。

（3）节点：目前装配式钢结构的梁柱节点主要采用栓焊连接，推荐采用螺栓连接节点，螺栓连接（免焊连接）的好处是：

1）安装速度快；

2）更加容易控制施工质量；

3）现场焊缝是钢结构容易发生腐蚀的主要部位（油漆现场处理不当），全螺栓连接可以避免此类部位，并可以做到油漆全部由工厂涂装，大大提高了钢结构的防腐蚀性能。

2. 装配式混凝土结构

装配式混凝土结构是指将建筑的部分或全部构件在工厂预制完成之后运送到施工现场，将构件通过坚固的连接方式组装而建成的混凝土结构建筑。连接方式主要为干式与湿式两种，而其结构形式可以是框架结构、剪力墙结构、框架-剪力墙结构等。干式连接是通过预埋件焊接或螺栓连接、搁置、销栓等方式；湿式连接是钢筋连接、后浇混凝土或灌浆结合为整体。

（1）装配式钢筋混凝土框架结构体系

装配式钢筋混凝土框架结构体系采用“竖向构件预制，水平构件叠合，梁柱节点现浇”的设计理念，这种体系可达到等同现浇的目的。体系构成：预制钢筋混凝土柱，预制预应力混凝土叠合梁或者预制普通叠合梁，预应力空心叠合板或者预应力实心板，外墙采用含梁外墙或者外挂墙，预制柱竖向通过灌浆套筒技术连接，梁柱节点通过键槽现浇连接形成。

设计主要依据有《预制预应力混凝土装配整体式框架结构技术规程》JGJ 224—2010、《装配式混凝土结构技术规程》JGJ 1—2014、《装配式混凝土建筑技术标准》GB/T 51231—2016、《装配式混凝土框架结构建筑构造》和《装配式混凝土框架结构连接节点构造》等国家规范、标准图集和企业标准图集。

装配式框架结构体系的主要特点：

1）装配式框架结构具有建造速度快、质量易于控制、节省材料、构件外观质量好、耐久性好以及减少现场湿作业、有利环保等优点。

2）楼板采用叠合体系。叠合板既可以采用大跨度预应力空心板，也可以采用预应力实心板，综合成本显著降低。

（2）装配式剪力墙结构体系

装配式剪力墙结构体系采用“竖向承重构件以预制为主，少量边缘构件现浇；水平构件全部叠合，隔墙与梁整体预制”的设计理念。体系构成：预制钢筋混凝土剪力墙（外墙为承重、保温、装饰一体化）、预制带梁内外隔墙、预应力叠合楼板、预制阳台板、空调板、预制楼梯、整体卫浴等部品部件。预制剪力墙竖向通过灌浆套筒技术连接，与叠合楼盖一起形成装配整体式剪力墙结构体系。

设计主要依据有《装配式混凝土结构技术规程》JGJ 1—2014、《装配式混凝土结构连接节点构造》G310—1～2、《装配式混凝土剪力墙结构建筑构造》（中民筑友建筑标准设计图集 Q/JZ-CMZY-01-2015）、《装配式混凝土剪力墙结构连接节点构造》（中民筑友建筑标准设计图集 Q/JZ-CMZY-02-2015）等国家规范、标准图集和企业标准图集。

装配式剪力墙结构体系的主要特点：

1）外围剪力墙与外保温层整体预制，外叶板和保温层通过连接件与内叶板连接为整体。

2）预制构件竖向连接通过灌浆套筒连接，保证结构的整体性。

3）外围非剪力墙部分梁、隔墙、外保温层整体预制，水平预留钢筋锚入现浇剪力墙；200mm 厚内叶板中间填充泡沫，减轻建筑体重量。

4）楼盖体系叠合。梁与内隔墙板整体预制，墙面光滑免抹灰。

5）叠合楼板采用预应力技术，作为防开裂构造钢筋，减少楼板在运输及吊装过程中的开裂风险。

2.3.3 装配式屋盖结构体系

体育建筑上部屋盖一般采用钢结构组合结构，大跨度屋盖结构体系主要为满足观众厅开阔的空间视角要求和比赛场地的无阻挡要求，对于训练馆则是要满足训练所需的体育项目的要求。无论是比赛馆还是训练馆，都要使建筑物形成一个封闭的室内空间，使比赛或训练不受风雨等气候的限制。由于体育比赛和训练的特殊性，要求场地的开阔和无阻挡，所以，大跨屋盖结构是体育馆设计中的首选形式（图 2.3-3、图 2.3-4）。

图 2.3-3 大跨屋盖结构图

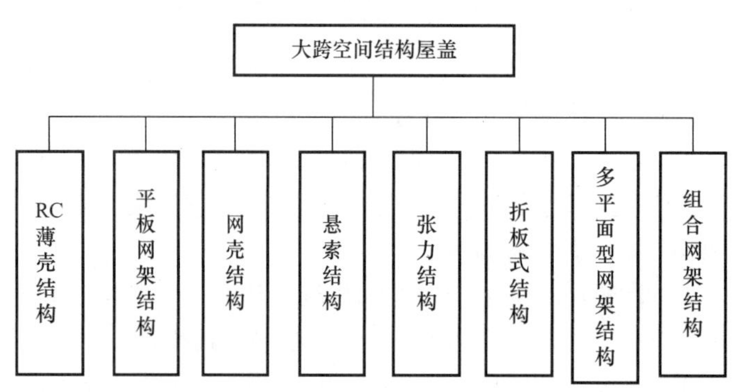

图 2.3-4 大跨空间结构屋盖形式

体育馆建筑结构可分为承重结构与维护结构，对体育馆建筑而言，承重结构又包括屋盖结构与下部支撑结构。体育馆建筑作为大空间建筑，其屋盖结构是建筑形体实现的基础，并且对建筑空间和建筑形象的塑造具有极大的影响力，本文主要总结体育馆建筑常用的屋盖结构技术及其适用性。体育馆建筑基本屋盖结构包括桁架结构、刚架结构、拱结构、薄壳结构、网架结构、网壳结构、折板结构、悬索结构及膜结构等。

装配式钢结构建筑是指建筑的结构系统由钢构件、部品通过可靠的连接方式装配而成的建筑。装配式钢结构建筑具有安全、高效、绿色、环保、可重复利用的优势，尤其是具有良好的抗震性能、施工安装速度快、建造质量好、施工精度高、布局灵活、使用率高等特点和优势。钢结构建筑主要应用于工业建筑和民用建筑。

1. 钢筋混凝土板壳体系

（1）钢筋混凝土折板结构

折板结构与筒壳结构是同时出现的，是薄壁空间体系的一种形式（图 2.3-6）。它是以一定角度整体联系的薄板结构。众所周知，平薄的钢筋混凝土板在跨越大空间时强度和刚度都是有限的，如果将其折叠或弯曲，使之高度增加，就可大大提高其惯性矩，从而可使其跨越能力得到很大提高。折板结构的受力特性与薄壳相近，虽然从跨越尺度上远不如薄壳，但却有直线结构的优点，如构造简单、施工方便、模板消耗量少。折板结构的几何形状对结构性能、建筑功能、施工工艺的影响是很大的。几何形状包含折板的折叠类型，即折叠方式是平面还是曲面（图 2.3-5），而折板的排列方式确定结构作用是线形还是表面形的。

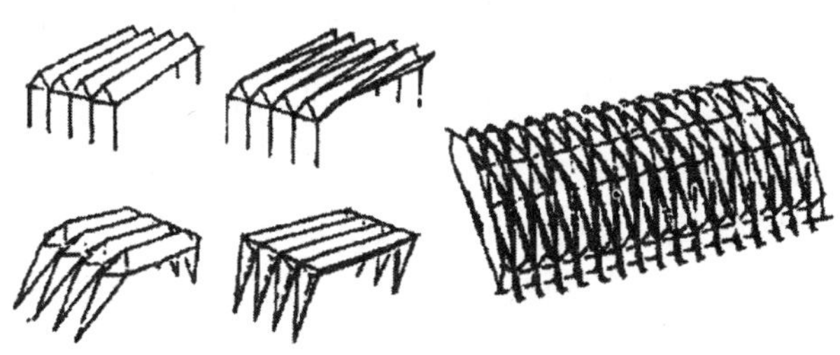

图 2.3-5　折板平面和曲面形状

图 2.3-6　美国伊利诺伊大学体育馆

折板截面决定结构采用现浇工艺还是预应力预制工艺。通常混凝土折板的跨度在 12～46m 的范围内，如几何形状选择适当，平面直线形折板跨度可做到 77m。

（2）钢筋混凝土薄壳结构

壳体是指由两个曲面限定的曲面结构，两曲面间的距离，即壳体的厚度远小于其他方向尺寸（图 2.3-7）。在实践中最常用的是等厚度壳体。

壳与梁板结构相比，梁的跨高比大约为 20～24，是混凝土壳体跨厚比的 1/20，壳体结构比梁式受弯结构材料性能发挥充分。薄壳的形式要适应规定的比例尺寸，具有荷载承载力而产生最小的弯曲，并能符合施工工艺的要求。其几何形状可用数学公式推导得出，也可根据经验方法求得。壳体不一定需要连续的整体表面，它可以由预制的加肋和带薄板的壳体单元或由网格构件组合而成。大跨混凝土壳一般需施加预应力以减少拉裂和控制其挠度，预制装配式壳结构有时也需施加顶应力。

图 2.3-7　典型钢筋混凝土板壳类体育馆——日本静岗体育馆

薄壳空间结构的曲面形式按其形成的几何特点可分为三类：旋转曲面，是由一平面曲线作母线绕其平面内的轴旋转而成的曲面，如球形曲面、旋转抛物面、旋转双曲面等；平移曲面，是由一竖向母线沿另一竖向曲导线平移所形成的曲面，如工程中常见的椭圆抛物面双曲扁壳；直纹曲面，一段直线的两端各沿固定曲线移动形成的曲面，如双曲抛物面、柱面与柱状面、锥面与锥状面等。

2. 网架结构体系

空间结构领域的一个重要发展，是平板网架的出现和演变。自第一个网架体系——德国 Hero 体系 1940 年创世以来，许多厂商预见到这种结构的潜在市场，相继推出自己的体系。20 世纪 70 年代以来，平板网架结构在我国迅速普及，到目前已兴建数千个，覆盖面积达 4500 余万平方米，体育设施约占 30％（图 2.3-8、图 2.3-9）。

图 2.3-8　中国农业大学体育馆

图 2.3-9　山西大同大学体育馆

平板网架是由简单的、小尺寸的杆件按照一定的网格图形构成的杆系结构。一般所说的平板网架是双层网架，它有上下两层相互平行的格构梁，并用垂直或倾斜腹杆相连接，承受与格构梁平面相垂直的荷载。由于这种相互连接，作用于结构某一部分的集中荷载，不仅为直接负载的杆件承受，而且也为远离加荷点的其他杆件承受。因而，直接负载杆件的应力减小，较远杆件的应力增大，使整个结构中应力分布比较均匀（图 2.3-10）。

这种结构的优点是：（1）由于三维受力，能充分发挥材料特性，因而较平面结构节省材料；（2）应用范围广，支撑条件灵活；（3）网架结构的上、下弦之间是由一定规律的腹杆所组成，雨水管道、空调管道、工艺管道均可从上、下弦之间的空间穿过；（4）网架结构整体空间刚度大，稳定性能及抗震性能好，安全储备高，对于承受集中荷载、非对称荷载、局部超载、地基不均匀沉降等有利；（5）网格尺寸小，上弦便于设置轻屋面，下弦便于设置悬挂吊车、大型照明等；（6）造型美观大方、形式新颖；（7）采光方便，可设置点式采光、块式采光、带式采光；（8）便于定型化、工业化、工厂化、商品化生产，便于施工，现场安装无需大型起重设备；（9）网架结构如采用螺栓连接，便于拆卸；（10）结构组成灵活多样但又有高度的规律性，便于采用，并可适应各种建筑方面的要求；（11）节点连接简便可靠；（12）用料经济，能用较少的材料跨越较大的跨度。

图 2.3-10　上海体育馆网架结构

3. 网壳结构体系

网壳和平板网架通称为空间网格结构或空间杆系结构。网壳结构的出现早于网架结构，在国外，传统的肋环型穹顶已有 100 多年的历史。中国第一批具有现代意义的网壳是在 20 世纪 50 年代和 60 年代建造的，但数量不多（图 2.3-11、图 2.3-12）。

图 2.3-11　上海卢湾体育馆

图 2.3-12　天津体育馆

网壳是指用较短的杆件，以一定的规律和足够的密度组成网格，按实体壳的形状进行布置的空间构架，它兼具杆系结构和壳体结构的性质。与平板网架不同，它的承载特点和薄壳相似，主要承载方式是薄膜应力。作用力通过壳面内两个方向的拉力或压力以及剪力逐点传递。除薄膜应力外，还存在弯曲内力。

网壳结构的主要优点是自重轻，施工速度快，建筑造型美观，因而在发达国家和一些伊斯兰国家广泛采用。网壳覆盖跨度更大，相比网架结构耗钢量低，但施工比网架结构复杂。如穹顶网壳的最大跨度，单层时可达 131m，双层（桁架式）时可达 236.5m。

网壳结构结构有以下优点：①具有优美的建筑造型，无论是建筑平面、外形和体型都能给设计师以充分的自由；②受力合理，可以跨越较大的跨度，节约钢材；③能够以较小的构件组成很大的空间，这些构件可以在工厂预制实现工业化生产，安装简便快速，不需要大型设备，因此综合经济指标好。

用金属杆件构成的网壳，可以有多种结构形状，最常采用的是：①穹顶网壳（或称球面网壳）；②筒形网壳（或称为圆柱面网壳）；③椭圆抛物面网壳；④双曲抛物面网壳四种（图 2.3-13）。网壳的种类和特征，主要决定于高斯曲率，它是曲面上两个主曲率 K_1 和 K_2 的乘积。如果两个主曲率符号相同，高斯曲率为正数；如果只在一个方向弯曲，高斯曲率为零；如果两个主曲率符号相反，高斯曲率为负。

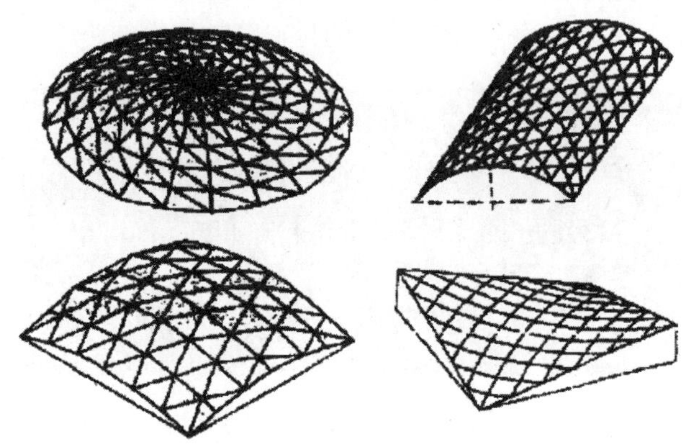

图 2.3-13　空间网壳结构的几种主要类型

正高斯曲率曲面，可视为环绕它的竖轴旋转而成，如各种穹顶。零高斯曲率曲面由弧形母线沿直线导线平移而成，如各种筒壳。负高斯曲率曲面，是双曲线母线沿抛物线导线平移而成，它的双向曲率一个方向为下凹，另一方向为上凸，如双曲抛物面壳。

（1）穹顶网壳结构

穹顶是典型的同向曲面结构，在所有方向上、任何一点的曲率相同。这种结构的内力与拱有些相似，在理想情况下，主压力从拱顶开始沿径向肋或正交肋传到支座系统。当有水平环箍作用时，表面犹如一张薄膜，因此它的结构厚度要比简单拱小得多。由于球面是不可展平的（除非它可以延伸或皱缩，否则便不能把它展平成平面），在荷载作用下壳面不裂开就不会变平，因此球壳具有内在的有效性，可使自重降到最小。但应当注意到，只有当球壳承受沿拱的薄膜压力、尽可能把弯矩限制到最小时，其自重才能最小（图 2.3-14）。

图 2.3-14　上海梅赛德斯-奔驰文化中心

实际工程中，大多数穹顶是单块球面网壳，覆盖圆形平面。常用的类型有 6 种：肋环型网格、环肋斜杆型（Schwedler）网格（又称施威德勒网格）、三向（双向）格构、扇形三向（Kiewitt）网格（又称格凯威特型网格）、葵花形三向网格、短程线型网格（图 2.3-15）。

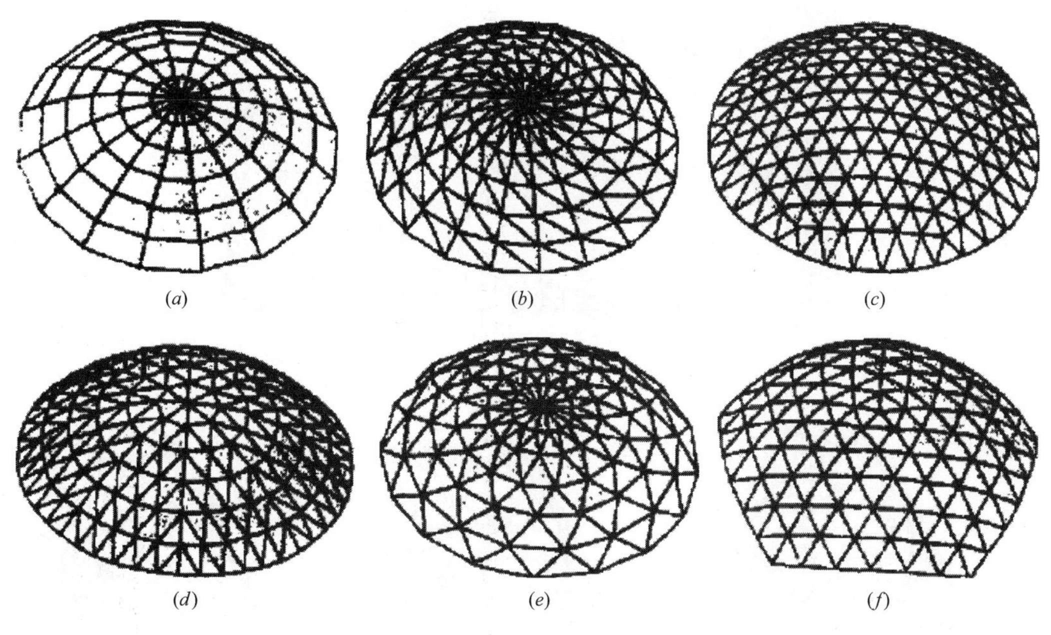

图 2.3-15　球面网壳网格

（2）筒形网壳

筒形网壳是当今广泛应用的一种空间结构，从构成形态上看是单曲结构，适应于覆盖工业厂房、仓库、游泳池、网球馆、飞机库等矩形平面。以前的筒网壳多为单层结构，现在应用 Mero 或 Triodetic 体系的双层筒网壳（双向矩形格构），净跨可达 100m。筒网壳的网格图形同穹顶网壳极为相似，最早的筒网壳结构由横向半圆拱肋和纵向水平肋组成，用斜撑加强其刚度。之后出现了一种改进的体系，它由两组相互平行的拱肋所组成，拱肋相互斜交，构成空间斜放格构，网格为菱形，借助于纵向布置的次檩条系统保证其稳定性，形成全三角形格构。这种格构在所有方向上具有相同的刚度，结构处理极为简单、刚度较高、应力分布均匀。与穹顶不同的是，筒壳的结构表面是可展平的。因而，如采用由等边三角形组成的三向网格系统，则整个结构的杆件是等长的，并可用简单的连接件把它们连接起来。分析表明，采用单层筒形网壳最经济的平面应为近似正方形。设计实践中，长宽比很少大于 2，矢高跨度比通常不小于 0.2，在均布荷载作用下，以单层三向格构式应力分布最为均匀：在非对称荷载下，它的挠度也比其他形式的筒网壳小（图 2.3-16）。

在筒网壳类型中，三向格构（即菱形格构）是最有效的结构体系，适合于覆盖中等跨度或大跨度。它的外形比较美观，用钢量少、制作方便、安装简单（图 2.3-17）。

图 2.3-16　同济大学大礼堂

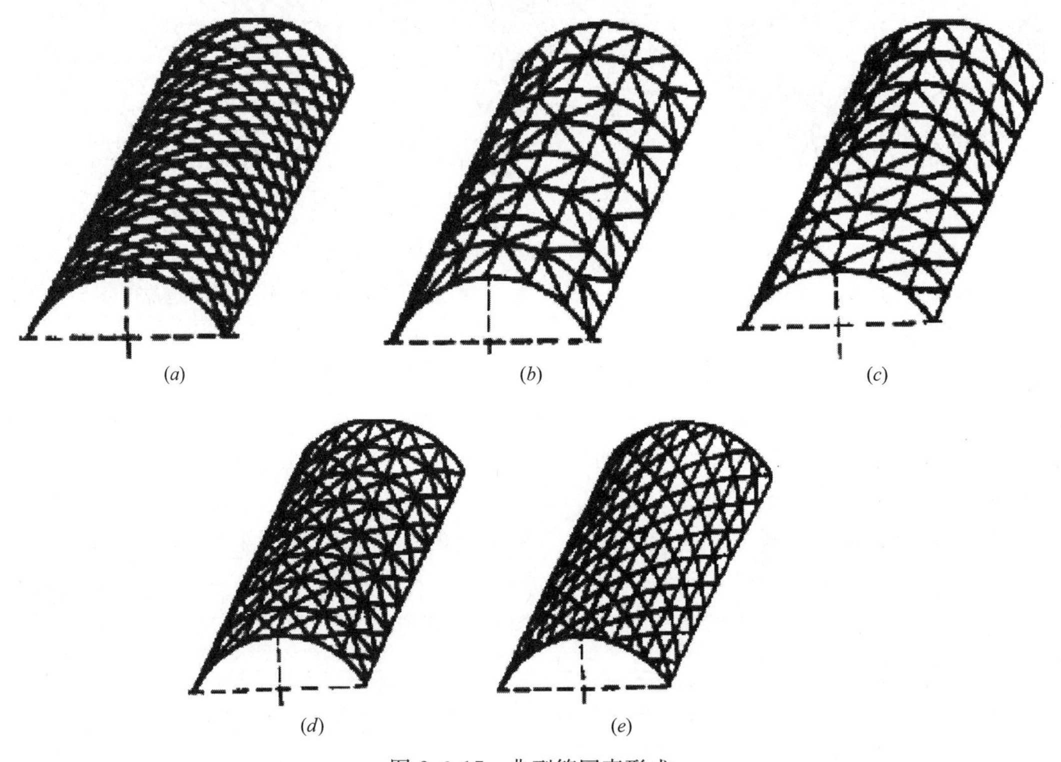

图 2.3-17　典型筒网壳形式

(a) 联方网格型；(b) 弗普尔型；(c) 单斜杆型；(d) 双斜杠型；(e) 三向网格型

(3) 双曲扁壳（图 2.3-18）

这是一种平移曲面，其高斯曲率为正，它是以一竖向抛物线作为母线，沿另一条相同的上凸抛物线平行移动而成。这种曲面与水平面相交截出椭圆曲线，所以也称作椭圆抛物面。一般这种曲面都比较扁，矢高与底面最小边长之比不大于 1/5。在正方形、长方形、正三角形和正六边形平面下，双曲扁壳可被看做穹顶网壳的一部分，它的角部直接支撑于基础或柱子上。这种网壳同穹顶网壳一样，可用杆件组成单层或双层结构，网壳的周边增设加劲结构加以支撑，加劲结构可为边肋、拱架、桁架和立柱，它们分别适用于四角支承和周边支承。此类杆系网壳较少见于体育建筑。

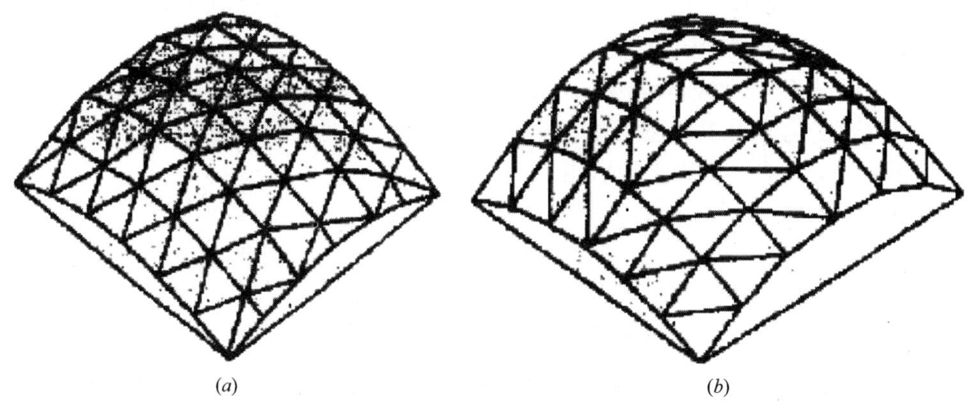

(*a*)　　(*b*)

图 2.3-18　双曲扁壳示意图

(4) 双曲抛物面网壳

如果将一竖向下凹的抛物线沿着上凸的抛物线平行移动就可以构成双曲抛物面。这种网壳是最常见的负高斯曲率壳，形似马鞍，也称马鞍形壳。这种曲面与竖直面相交截出抛物线，与水平面相交截出双曲线，所以称为双曲抛物面。它也可以由一根直线沿着两根相互倾斜但又不相交的直线平行移动而形成直纹曲面，因此可用两族相交并在平面投影成菱形的直线来定义。双曲抛物面网壳最大的优点是可用直线形杆件构成互反曲面。因此，单层网壳可以用直梁构成，双层网壳可由直线形桁架构成。双曲抛物面可以用来覆盖方形、矩形、菱形和椭圆形平面的建筑物。如果将其作为单元进行组合，还可以形成无数形式各异的方案。

双曲抛物面网壳网格的布置也有两种方法：一是采用三向网格，其中两个方向沿着直纹下交设置，杆件可为直线形（图 2.3-19*a*）；另一种是沿主曲率方向设置的两向正交网格，必要时可加设斜杆（图 2.3-19*b*）。网壳底面对角线之比不宜大于 2，单层双曲抛物面网壳的跨度不宜大于 50m。各种形式的网壳做成双层时，如果是以两向或三向交叉桁架单元组成，其网格可参照采用单层网壳的方式布置；如果是以四角锥、三角锥的锥体单元组成，其上弦或下弦也可采用类似的网格。正方形平面上双曲抛物面和水平面的交线是双曲线，如果在与 X 和 Y 轴成 45°方向（对于正方形平面）沿壳面画线，即可发现这是一条直线。双曲抛物面可以由一组直线构成。这一特点对工程实践非常重要。

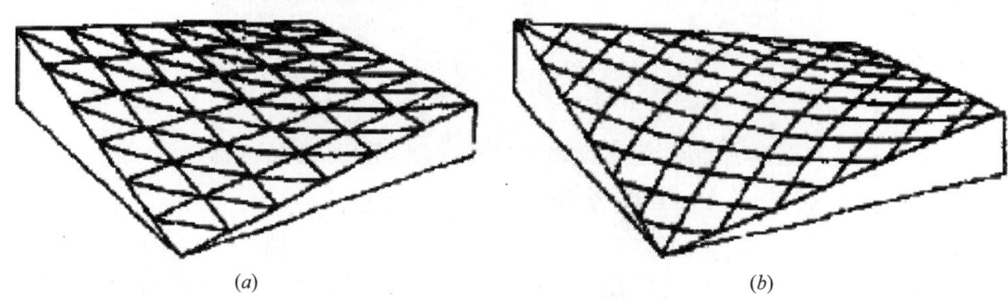

(*a*)　　(*b*)

图 2.3-19　双曲抛物面网壳的杆件形式

四川德阳市体育馆为 HP 双层钢网壳结构构，屋盖投影平面呈菱形，边长为 75m，对角线长 106m。

单层网壳的节点构造一般相对简单，因为它所连接的杆件（4 杆或 6 杆）几乎在同一个平面上。但它必须保证网壳表面内杆件的刚性连接，节点本身也应有足够的刚度，以防止在网壳表面法线方向发生瞬时屈曲。

双层网壳的节点，依网壳类型的不同而异。这类节点，不仅需要考虑它们能充分传递施加于杆件端部的力和力矩，还要考虑装配的简易性和必要的装配精度，以及造价和外观因素。平板网架的节点，原则上均适用于双层网壳。

4. 张力结构体系

张力结构是 20 世纪 50 年代以来迅速发展的结构形式，广义上可以分为悬索结构、悬膜结构和空气支承结构。

（1）悬索结构

悬索结构是以受拉钢索为主要承重构件的结构体系。这些钢索按一定的规律组成各种不同的形状，钢索一般采用高强度钢丝束、钢绞线或钢丝绳。悬索具有内在的柔韧性和结构灵活性，它能承受拉力，但不能承受弯曲和扭曲。悬索的悬挂形式可以调整，以适应不同的荷载而产生相应的张力。悬索的索状张力线常见的几何形式有多边形、抛物线形、椭圆形等。悬索屋盖都采用高强度材料，施工时几乎不需要模板，特别是对大跨度建筑，可以节省装配件和支座的费用。悬索结构的美学因素和经济因素是其广泛应用的前提。

工程实践表明，悬索结构构成多种平面形状的能力较其他结构类型更强，为创造新颖美观的建筑体型提供了必要条件。拉应力是索的唯一内力，因而悬索结构能够最大限度地发挥钢材的力学性能：悬索结构的边缘构件一般为钢筋混凝土构件，以受压为主要特征，因而发挥了混凝土构件的承压特性。大跨度屋盖结构的自重随着跨度的增大而急剧增加，因而使不少结构的跨度受到限制。悬索结构自重较小，可获得比其他结构类型更大的经济跨度。悬索结构的下凹曲线可满足体育馆建筑的基本功能要求而使内部空间缩小，节约照明、采暖和空调能耗。我国已建成的悬索结构体育馆有北京工人体育馆、浙江人民体育馆等十余个体育馆（图 2.3-20）。

图 2.3-20　浙江省杭州市黄龙体育中心

悬索结构有四种类型：（1）自由悬挂索系；（2）索拉桁架；（3）索网；（4）索网架。这些类型在总体上既可以是自平衡的，也可是非自平衡的。自平衡系统是借助支撑结构的几何形状，使钢索的拉力在内部得到平衡，非自平衡系统则需借助于地锚和拉线，以支撑结构抵抗钢索拉力。

1）自由悬挂索系

自由悬挂索系也称为单层索系（图 2.3-21），当建筑平面为矩形或梯形时，屋盖由简单悬挂在两个垂直面上的若干平行或不平行的单索组成；对于圆形平面，单索可径向地悬挂在受压外环梁和受拉中心环之间。

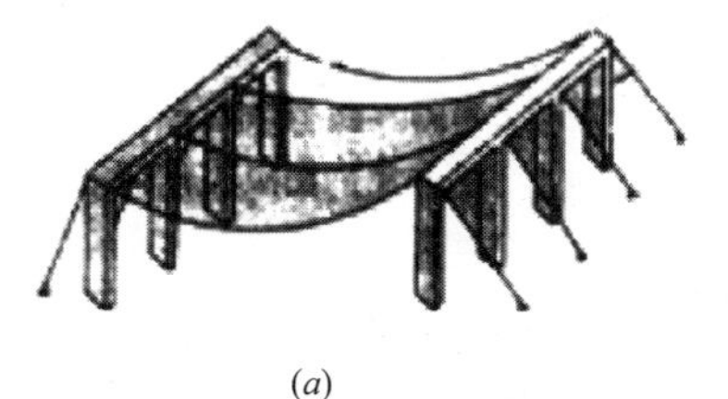

(a)

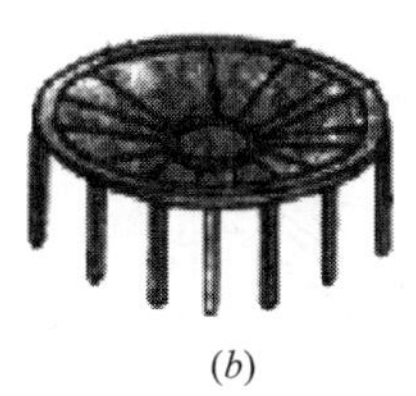

(b)

(c)

图 2.3-21　单层索系示意图

2）索拉桁架

如果在单层索系中增加一层钢索，可获得较轻的、刚度较大的双弦悬索系统，即索拉桁架（图 2.3-22），由于钢索由一层变成两层，所以也称为双层索系结构。

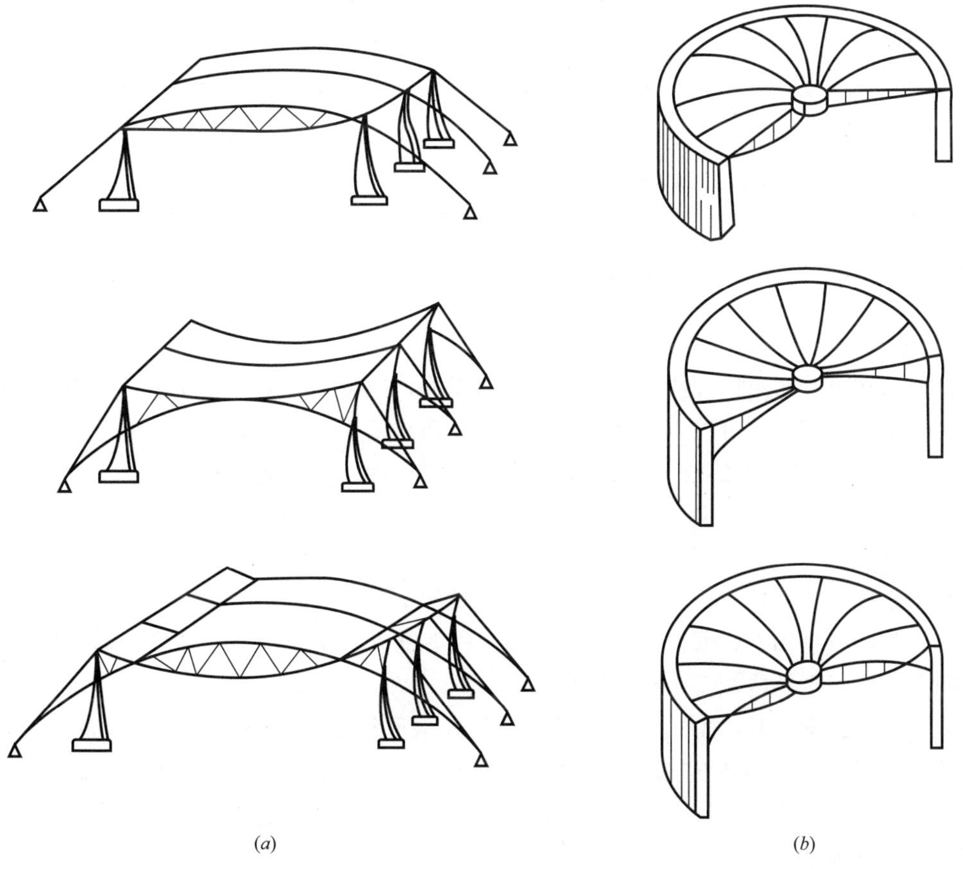

(a)　(b)

图 2.3-22　双层索系示意图

3）索网

由两组正交的、曲率相反的拉索直接叠交组成，其中下凹的一组是承重索，上凸的一组是稳定索（图 2.3-23），通常情况下对稳定索加预应力，从而使承重索张紧，以提高屋面刚度。

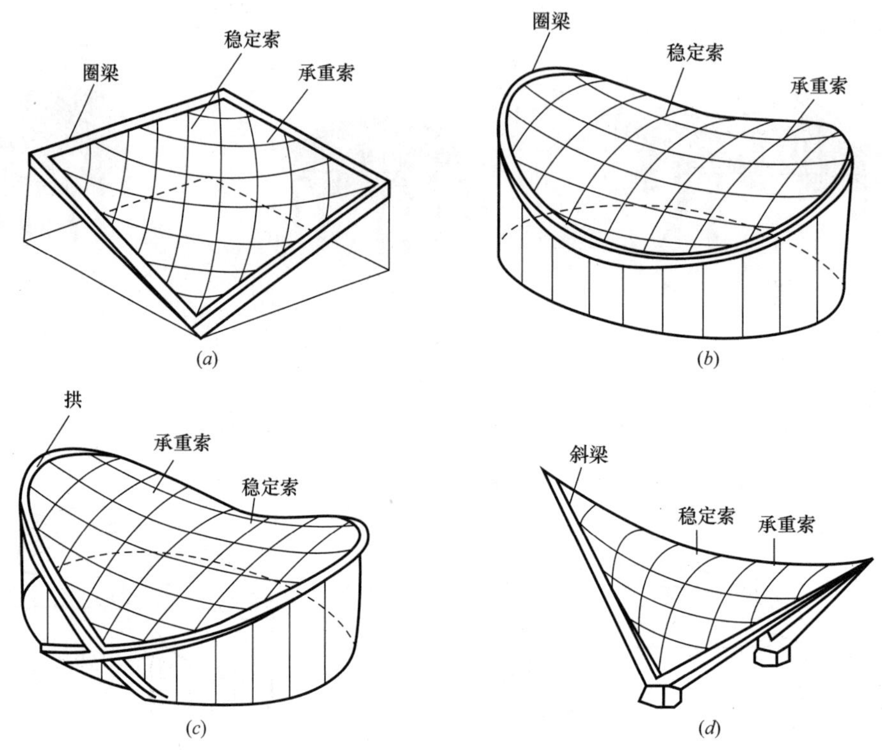

图 2.3-23 索网示意图

4）索网架

这种结构可看作由拉杆或压杆连接的双层索网，也可看作多向交叉索桁架系统，刚度通常大于单层索网。它可以有几种不同的类型，但从结构效能和几何图形分析，只有双向和三向双凸面、双凹面和双凸凹面系统具有实际可行性。索网架的几何形状决定这种结构只适用于圆形或椭圆形平面。

（2）悬膜结构

悬膜结构是另一种张拉结构，是由双轴受拉的金属薄板膜壳和钢筋混凝土周边支撑结构组成。其特点是用金属薄板（厚 2～6mm）代替钢索，从而构成各种高斯曲率的悬挂膜壳。膜壳既是承重结构，又是维护结构。

悬膜结构的优点是：①用一种材料同时起到承重和维护两种功能，使屋面结构简化，材料消耗下降；②结构高度较小，垂度一般为 1/50～1/25，因而可降低建筑物高度；③结构造型多样化，在建筑设计上有较大的选择余地；④工程施工的工厂化程度高，有助于缩短工期和降低成本。

悬膜结构可分成两类，即钢带结构和膜壳结构，两者的区别仅在于受力图形的不同。

钢带结构是由单条钢板带组成，可把轧钢厂生产的钢板直接用于工程而不必二次加工，现场施工时钢板带边缘不需连接，从计算简图看，这种结构同非连续悬索系统相近似。在钢带结构中，还有编织钢带结构和马鞍形预应力双层钢带结构。

（3）薄膜结构

薄膜结构是由充气结构演变而来的，结构自重和外部荷载由建筑内部的正压空气或钢索、杆件所支承膜面，从而形成具有一定刚度并能覆盖大跨度结构体系。膜结构既能承重又能起围护作用，与传统结构相比，重量仅为一般屋盖重量的 1/10～1/30。目前，膜结构是大跨度屋盖中一种比较有效的结构体系。薄膜结构有三大特征：

① 自重轻。常规风、雪等外部荷载和一般跨度下，膜壳结构自重一般为 0.5～2kg/m^2，加上钢索和支承环梁一般为 2～10kg/m^2，而传统屋盖的结构自重一般为 30～80kg/m^2。

② 透光性强。美国杜邦公司研制的一种 Teflon 半透明薄膜材料，单层透光率为 8%～18%，双层透光率约为 5%。在同照情况下，室内照度最大可达 7000lx（冬季 2000lx，雨天 500lx），完全能取代人工照明。

③ 施工周期短。由于结构层轻薄、简单，一座 200m^2 以上的气承结构，工期可比其他结构缩短 1/2 左右。

图 2.3-24　丹麦欧登塞 Thorvald Ellegaard 体育馆

1）织物气膜结构

这类结构中，膜壳用纤维织物——塑料复合材料拼接而成，其中可以加入钢索成为加劲膜材。随着结构跨度的增大，薄膜张力也随之增大。目前非加劲膜结构的最大跨度可做到：筒壳 57m，扁壳 74m，球壳 64m。跨度更大时，通常需增加钢索系统以增加膜结构的适应性，钢索则成为主要受力系统，薄膜起维护功能，只在索网网格内承受局部张力。索网系统能够使气承结构适应更大的跨度，并减小结构拱度。

2）薄钢板气膜结构

不锈钢薄板是高强度、高韧性、抗腐蚀材料，可焊性良好，拼装和提升容易。这种屋盖，均为凸透镜式结构，由全焊接高气密性的双层膜壳组成，无加劲钢索。

3）钢索-杆件支撑膜结构

由于气承结构要使室内空间增压，需要一套鼓风设备以及维持其运转的正常能耗，从节能角度看是一个缺陷。美国纽约盖格尔公司（Geiger Associates）研究设计出一种支撑织物膜壳的新型轻结构，称钢索穹顶体系（Cable Dome System）。这种结构摆脱了室内增压的需要，显示出强劲的竞争力。已应用于旧金山和匹兹堡两个大型体育馆（直径相应为235m 和 207m）和其他一些国外工程中。

5. 组合结构体系

组合空间结构是由单纯的大跨结构体系如板壳、网架、网壳和张拉结构等得到广泛应用的同时发展而成的，它是由上述几种单纯结构形式经过合理布置并且有机结合而成的，即将刚性构件（如梁、拱、桁架、网架、网壳等）与柔性拉索灵活结合起来的结构形式。组合结构充分利用各种不同结构在性能、造型、综合经济指标等方面的优势，达到丰富大跨度建筑造型、有效利用建筑空间的目的（图 2.3-25）。

图 2.3-25　四川体育馆

组合结构不仅传力合理、技术先进，而且更能满足建筑多样化、多功能的要求，更能丰富建筑的形式、传达建筑的文化内涵，因此正在越来越多地受到重视并得到广泛的应用。从 1958 年建成的美国耶鲁大学冰球馆到 1990 年建成的北京奥林匹克体育中心游泳馆、体育馆，设计师运用组合空间结构的多样性，丰富了建筑创意，融建筑的技术与艺术于一体，给大众留下了深刻的印象。

杂交空间结构从形式上看，只要两种或更多种单纯空间结构单元组成，就能成为组合空间结构，但实际上，组合结构在考虑建筑形式新颖的同时，更需考虑结构的合理性和技术的经济性。一般来说，杂交结构中常常以巨大的刚架、拱、悬索或斜拉结构形成巨型骨架，勾划出建筑造型的主轮廓。以巨型骨架、侧边构件或周边承重结构作为支座，在其上布置平板网架、网壳、悬索、膜结构等屋盖，形成风格各异的屋面，从而使建筑物外形轻巧、造型丰富。组合空间结构的生成原则应考虑如下优点：

（1）既要满足建筑功能的需要，又要强调建筑造型的特色，寓主题于形式之中，使建筑艺术与结构技术完美地统一于一体。

（2）结构受力均匀合理、刚柔相济，动力性能相互协调，材料强度得到充分发挥。

（3）结构刚柔相济，并具有良好的整体稳定性。充分发挥柔性结构的抗震性和刚性结构的抗风性，两者结合，有利于结构的动力性能和结构的整体稳定性。

（4）尽量采用预应力等先进的技术手段，以利改善结构的力学性能，节省材料，使结构更加轻巧。

（5）施工要简单，造价合理。

组合结构的骨架结构和屋盖结构可以进行不同的组合，形成多种结构方案。

2.3.4 装配式支撑结构体系

体育建筑下部支撑结构一般采用混凝土框架结构、框剪结构，在部分体育馆结构设计中采用设置柱间支撑，以有效地抵抗水平作用。在杂交结构中，也采用周边框架支撑部分水平构件荷载，而单独设置巨型框架或巨型拱承担大部分水平荷载；在有些体育馆建筑中，大跨屋盖结构则完全支撑于这些巨型框架或巨型拱上，下部框架结构只支撑楼层和看台构件并起维护作用。体育建筑的下部支撑结构可采用现浇混凝土结构和装配式混凝土结构，本节重点介绍装配式混凝土结构（图 2.3-26）。

图 2.3-26　2011 年世界大学生运动会深圳宝安体育场

装配式混凝土结构指由预制混凝土构件通过各种可靠的连接方式装配而成的混凝土结构，包括装配整体式混凝土结构和全装配混凝土结构。其中，装配整体式混凝土结构是由预制混凝土构件通过后浇混凝土、水泥基灌浆料等可靠连接方式形成整体的装配式结构，而全装配混凝土结构是由预制混凝土构件通过连接部件、螺栓等方式装配而成的混凝土结构。作为混凝土结构的一种，装配式混凝土结构的建造工艺有别于现浇混凝土结构，但对其设计仍需满足国家现行标准《混凝土结构设计规范》GB 50010 的基本要求，此外，尚需注意采取有效措施加强结构的整体性，并确保连接节点和接缝构造可靠、受力明确，且结构的整体计算模型应根据连接节点和接缝的构造方式及性能确定。由于我国属于多地震国家，对螺栓、焊接等“干式”连接节点的研究尚不充分，对于高层建筑的应用以装配整体式混凝土结构为主，包括装配整体式混凝土框架结构、装配整体式混凝土剪力墙结构、装配整体式框架-现浇剪力墙结构和装配整体式框架-现浇筒体结构等结构类型。装配整体式混凝土结构的可靠性、耐久性和整体性等性能要求等同现浇混凝土结构，也称为“等同现浇”的设计方法。

装配整体式混凝土结构中，结构预制构件有叠合板、叠合梁、预制柱、预制剪力墙、预制楼梯和预制阳台等，非结构构件则有预制外挂墙板、预制填充墙、预制女儿墙和预制空调板等。预制构件设计时，需要遵循少规格、多组合的原则。预制构件的连接部位一般设置在结构受力较小的部位，其尺寸和形状的确定原则主要有：应满足建筑使用功能、模数、标准化的要求，并应进行优化设计；应根据预制构件的功能、安装和制作及施工精度等要求，确定合理的公差；应满足制作、运输、堆放、安装及质量控制要求。预制构件的设计计算包括持久设计状况、地震设计状况和短暂设计状况。其中，对持久设计状况，主要对预制构件进行承载力、变形、裂缝控制验算；对地震设计状况，需对预制构件进行承载力验算；对制作、运输、堆放、安装等短暂设计状况下的预制构件验算，应符合国家现行标准《混凝土结构工程施工规范》GB 50666 和《装配式混凝土结构技术规程》JGJ 1 的有关规定。此外，叠合梁、叠合板等水平叠合受弯构件，需按照施工现场支撑设置的具体情况，进行整体计算或二阶段受力验算。

目前国内广泛应用的装配整体式的混凝土结构，其连接节点的构造具有以下三个特点：连接节点区域钢筋构造与现浇混凝土结构的要求一致，都需要满足混凝土结构的基本要求；连接节点区域的混凝土后浇部分或纵向受力钢筋采用灌浆套筒连接、浆锚搭接连接等连接方式；结构设计遵循“强接缝弱构件”的原则；一般采用叠合式楼盖系统，以加强楼盖整体刚度。其中，钢筋套筒灌浆连接是装配整体式混凝土结构中竖向构件的主要连接方式之一，是指在预制混凝土构件内预埋的金属套筒中插入钢筋并灌注水泥基灌浆料而实现的钢筋连接方式。另外，在装配整体式混凝土结构设计和施工时，应注意不能机械化地照搬现浇混凝土结构的构造措施，应充分考虑装配结构特点，并形成与之相适应的现场施工组织管理模式。

我国在装配式混凝土结构的设计、制作、施工和验收等方面已形成相对完善的标准规范体系，可有效指导装配式混凝土结构的建造。装配式混凝土结构相关的国家现行技术标准有《装配混凝土建筑技术标准》GB/T 51231、《装配式混凝土结构技术规程》JGJ 1、《建筑抗震设计规范》GB 50011、《混凝土结构设计规范》GB 50010、《混凝土结构工程施工规范》GB 50666、《混凝土结构工程施工质量验收规范》GB 50204、《钢筋套筒灌浆连接技术规程》JGJ 355 以及《高层建筑混凝土结构技术规程》JGJ 3 等。

1. 装配式混凝土结构体系

（1）装配整体式混凝土框架结构

全部或部分框架梁、柱采用预制构件建成的装配整体式混凝土结构，简称装配整体式框架结构。

装配整体式框架结构特点：

1）由叠合板、叠合梁、预制柱、预制楼梯以及后浇节点组成；

2）预制柱钢筋采用灌浆套筒连接；

3）梁钢筋在节点区内采用锚固板锚固；

4）楼板采用预应力筋叠合楼板或空心楼板叠合板；

5）预制楼梯采用一端固定铰支座，另一端滑动铰支座的构造。

（2）装配整体式框架-现浇剪力墙结构

全部或部分框架梁、柱采用预制构件，剪力墙采用现浇方式建成的装配整体式混凝土结构，简称装配整体式框架-现浇剪力墙结构。

（3）装配整体式框架-现浇剪力墙结构特点

1）由叠合板、叠合梁、预制柱、预制楼梯以及后浇节点组成；

2）预制柱钢筋采用灌浆套筒连接，梁钢筋在节点区内采用锚固板锚固；

3）剪力墙均采用现浇方式施工；

4）楼板采用预应力筋叠合楼板或钢筋桁架叠合板；

5）预制楼梯采用一端固定铰支座，另一端滑动铰支座的构造。

（4）最大适用高度

装配整体式结构房屋的最大适用高度（m）　　表 2.3-1

结构类型	非抗震设计	抗震设防烈度			
		6 度	7 度	8 度（0.2g）	8 度（0.3g）
装配整体式框架结构	70	60	50	40	30
装配整体式框架-现浇剪力墙结构	150	130	120	100	80
装配整体式剪力墙结构	140（130）	130（120）	110（100）	90（80）	70（60）
装配整体式部分框支剪力墙结构	120（110）	110（100）	90（80）	70（60）	40（30）

注：房屋高度指室外地面到主要屋面的高度，不包括突出屋顶的部分。

（5）作用及作用组合

装配式结构的作用及作用组合应根据国家现行标准《建筑结构荷载规范》GB 50009、《建筑抗震设计规范》GB 50011、《高层建筑混凝土结构技术规程》JGJ 3 和《混凝土结构工程施工规范》GB 50666 等确定。

2. 装配式混凝土结构的整体分析方法

在各种设计状况下，装配整体式结构可采用与现浇混凝土结构相同的方法进行结构分析。当同一层内既有预制又有现浇抗侧力构件时，地震设计状况下，现浇抗侧力构件在地震作用下的弯矩和剪力按弹性方法计算的风荷载或多遇地震标准值作用下的楼层层间最大位移与层高 h 之比的限值宜按表 2.3-2 采用。

楼层层间最大位移与层高之比的限值　　表 2.3-2

结构类型	限值
装配整体式框架结构	1/550
装配整体式框架-现浇剪力墙结构	1/800
装配整体式剪力墙结构、装配整体式部分框支剪力墙结构	1/1000
多层装配式剪力墙结构	1/1200

3. 构件设计

装配整体式结构的基本构件主要包括柱、梁、剪力墙、楼（屋面）板、楼梯、阳台、空调板、女儿墙等，这些主要受力构件通常在工厂预制加工完成，待强度符合规定要求后进行现场装配施工。

叠合楼盖由预制底板和上部后浇混凝土叠合层组成，两阶段成形，两阶段受力，其预制底板应对制作、运输、堆放、吊装等短暂设计状况进行预制构件验算，叠合楼盖应对持久设计状况进行承载力、变形、裂缝控制验算，尚应通过合理的构造措施保证楼盖的整体性。

预制底板厚度不宜小于 60mm，后浇混凝土叠合层厚度不应小于 60mm。预制底板作为叠合板的一部分，其配筋应满足持久设计状况下承载能力极限状态、正常使用极限状态的设计要求。除此之外，尚应对生产、施工过程短暂设计状况进行设计，主要考虑的工况包括脱模、堆放、运输、吊装、混凝土叠合层浇筑等，应按《混凝土结构工程施工规范》GB 50666—2011 第 9.2 节选取相应的等效荷载标准值，并根据各工况下预制底板的吊点、临时支撑等设置情况简化受力模型，验算预制底板正截面边缘混凝土法向压应力、正截面边缘混凝土法向拉应力或开裂截面处受拉钢筋应力。

装配式剪力墙结构中的预制构件类型主要包括：剪力墙外墙板、剪力墙内墙板、内隔墙板、外挂墙板、梁、柱、楼板、楼梯等。预制剪力墙板宜采用一字形，当有可靠的设计、生产和施工经验时，也可以采用L形、T形或U形等形状的构件。梁、板、楼梯等构件设计同装配式框架结构，但应注意框架梁、楼面梁在构造上与剪力墙结构连梁的区别。当剪力墙外墙板采用夹心墙板时，内页墙板应按剪力墙进行设计，外页墙板厚度不应小于50mm，保温层的厚度不宜大于120mm，外页墙板与内页墙板应通过拉结件可靠连接。

4. 预制构件节点设计

预制装配式混凝土结构中预制构件的连接是通过后浇混凝土、灌浆料和坐浆材料、钢筋及连接件等实现预制构件间的接缝以及预制构件与现浇混凝土接合面的连接，满足设计需要的内力传递和变形协调能力及其他结构性能要求。

连接节点的选型和设计应注重概念设计，并通过合理的连接节点与构造，保证构件的连续性和结构的整体稳定性，使整个结构具有必要的承载能力、刚性和延性，以及良好的抗风、抗震和抗偶然荷载的能力，避免结构体系因偶然因素出现连续倒塌。

节点连接应同时满足使用阶段和施工阶段的承载力、稳定性和变形的要求。在保证结构整体受力性能的前提下，应力求连接构造简单、传力直接、受力明确；所有构件承受的荷载和作用，应有可靠的传向基础的连续传递路径。承重结构中节点和连接的承载力及延性不宜低于同类现浇结构，亦不宜低于预制构件本身，应满足“强剪弱弯，强节点弱构件”的设计理念；预制构件的连接部位应满足耐久性和防火、防水及可操作性等要求。

节点、接缝压力可通过后浇混凝土、灌浆或坐浆直接传递；拉力应由各式连接筋、预埋焊接件传递。不同的接缝具有不同的剪力传递途径：

(1) 对于剪力墙竖缝剪力，弹性阶段（裂缝前），主要靠界面粘结强度及混凝土键槽或者粗糙面的抗剪强度传递，弹塑性阶段（开裂后），主要为连接筋、销键等传递。当混凝土界面的粘结强度高于构件本身混凝土的抗拉、抗剪强度时，可视为等同于现浇混凝土，新旧混凝土可直接参与剪力传递。

(2) 剪力墙水平接缝及框架柱接头，轴压应力和弯矩产生的压应力的静摩擦力，是主要的剪力传递方式，连接筋、销键是保证节点、接缝具有较高剩余抗剪强度和延性的关键要素。

(3) 框架梁、连系梁接头，主要靠界面粘结强度及混凝土键槽或者粗糙面的抗剪强度、销键、连接筋及弯矩压应力的静摩擦力共同传递剪力。

对于装配式混凝土结构节点、接缝，应进行受剪承载力计算。当节点、接缝灌缝材料（如结构胶）的抗压强度、粘结抗拉强度、粘结抗剪强度均高于预制构件本身混凝土的抗压、抗拉及抗剪强度时，节点、接缝配筋又高于构件配筋时，可不进行节点、接缝连接的受剪承载力计算，只需按常规要求验算构件本身斜截面受剪承载力即可。

装配式混凝土结构节点、接缝受压、受拉及受弯承载力，可按现行国家标准《混凝土结构设计规范》GB 50010的相应规定计算，其中节点、接缝混凝土等效抗压强度，可取实际参与工作的构件和后浇混凝土中的较低值。当节点、接缝所配钢筋及后浇混凝土强度高于构件，且符合构造规定时，可不必进行节点、接缝的受压、受拉及受弯承载力计算。

5. 预应力装配式混凝土结构体系

预制预应力混凝土框架结构体系结合了预制混凝土结构与预应力混凝土技术的优势，具有构件自重小、结构整体性好、变形恢复能力强等优点，在大开间住宅、公共建筑与工业建筑中具有广阔的应用前景。该体系由预制柱、预应力叠合梁和现浇节点核心区组成，并采用后张、连续、曲线预应力筋。

目前，随着建筑功能和使用要求的不断提升，大开间、大荷载混凝土结构需求剧增，使得常规预制混凝土框架结构的应用受到一定程度的限制。装配整体式预应力框架结构体系将预制混凝土结构与预应力混凝土技术相结合，具有刚度大、自重小、抗裂性能好等优点，弥补了预制框架结构应用范围上的不足。

装配整体式预应力混凝土框架结构体系由预制柱、后张预应力叠合梁和现浇节点核心区组成。其中，预制框架柱竖向钢筋采用灌浆套筒连接；预制框架叠合梁中预埋曲线形波纹管，梁柱节点通过现浇混凝土连接；最后通过后穿预应力筋、张拉、灌浆施加预压力，形成装配整体式预应力混凝土框架结构体系，如图 2.3-27 所示。

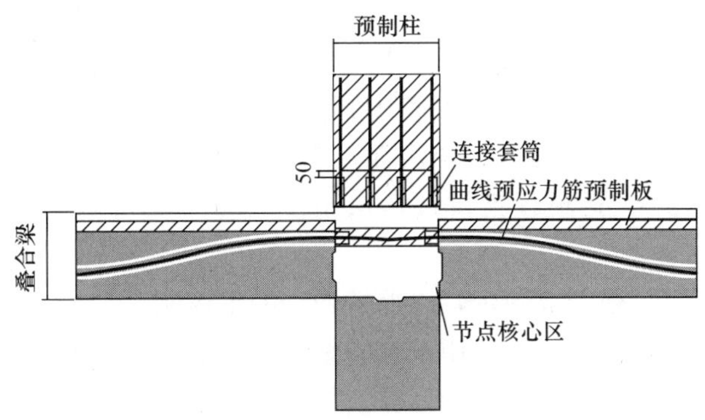

图 2.3-27　装配整体式预应力混凝土框架节点

该体系中预应力筋穿过梁柱节点区域连续布置，在节点域和距梁端 1 倍梁高范围内，预应力筋布置在梁截面上部，且为无粘结直线布置；在框架梁其余部分预应力筋则采用有粘结曲线布置，并在跨中靠近梁截面的下部。采用此种后张、连续、部分粘结的曲线形预应力筋既能避免在框架梁端塑性铰受力复杂区域预应力筋提前发生屈服，又更符合预制梁的受力性能，同时能起到提高结构整体性的作用。

6. 施工缝、变形缝的设置

由于建筑外围环境温度的变化，结构内力不可避免地要受到影响。温度降低比温度上升对结构起着更大的作用。温度上升使结构产生压力，温度下降会使结构产生拉力，混凝土结构的干缩加重了这个拉力的作用。在施工中，混凝土凝固时的温度是日后外围温度上升和下降的计算界限。因此，冬季施工浇注的混凝土对减小温度压应力有利。

体育馆建筑下部支撑结构一般为钢筋混凝土结构，由于建筑物体型一般较大，都会突破钢筋混凝土规范中的不设缝的相关规定。因为屋盖结构一般为大跨空间结构，不宜设置施工缝和变形缝，所以，下部支撑结构一般均作无缝设计，这样才能保证其受力分析的整体性。

体育馆建筑一般均作无缝设计，无缝设计一般分为主动手段和被动手段。采取被动手段的前提是认为混凝土收缩不论体量大小总会发生，只能被动承受，但可以通过设置后浇带等措施，使之影响变小。主动手段是在结构构件中施加一定的预应力，产生一定的预压力而以主动方式抵消混凝土温度应力和收缩应力，或在混凝土中加微膨胀剂，使混凝土结构在凝固后发生预膨胀，以抵消由于混凝土收缩而产生的变形。

做好结构体系的外保温也有利于减小温度应力。外装修中如果能够合理地利用外装修材料，使之不但能起到装饰作用，还能起到保温隔热作用，就能有效地减少结构构件在施工完成期和使用期的温度差别，是一种比较有效的处理方法。另外，使用保温隔热材料也符合国家关于节能建筑的要求。

7. 屋盖支撑梁及相关柱构造

体育馆建筑中，空间网格结构一般都是周边支撑的，支座固定在屋盖周边的框架梁上。支撑梁根据屋盖平面形状的不同围成相应的平面形式，屋盖的所有作用力都要通过周边框架梁进行传递。

网架结构中，周边框架梁承受来自屋盖的竖向荷载和地震作用时的水平作用的传递，框架梁不但在竖向受弯，还在水平向受弯，在设计中一定要考虑这个问题。由于空间结构覆盖面积很大，尽管屋面一般采用轻型覆盖材料，但传到框架梁上的作用力还是很大。设计中一般要对这段梁采用预应力，使之能很好地承受屋盖空间传来的巨大作用力，减小梁的变形和开裂。上节已经叙述过，在体育馆结构中，主体结构一般不设温度缝按整体计算，屋盖支撑梁当然更不能做有缝设计，采用预应力后还可防止温度应力对支撑梁的危害。

网壳结构中，支座一般做成固定，以保持网壳的整体刚度，所以支座附近的屋盖支撑梁、柱实际上是网壳结构的延续。作用于这些梁的力有水平力、竖向力，有的甚至还有弯矩。网架结构在使用荷载作用下，没有水平力作用于支撑梁上，网壳结构即便在常态下，也有很大的推力作用于支撑梁柱上，这就使得支撑网壳结构的梁柱要有更大的空间侧向刚度和足够的侧向变形能力，所以在网壳类体育馆设计中，一般情况下要在屋盖支撑梁和柱中加预应力。

8. 体育建筑中的短柱

在地震力的反复作用下，柱的破坏形态随着柱高宽比（H/b）的不同而不同。当 $H/b>6$ 时称为长柱，当 $4<H/b<6$ 的柱称为中长柱，当 $H/b<4$ 的柱称为短柱。长柱的破坏是典型的弯曲型，其塑性铰产生在柱顶和柱根，高宽比越大，塑性铰范围越小；中长柱的破坏特征不稳定，当柱的纵筋直径大、箍筋少时，容易沿柱产生纵向劈裂，这是由于纵向钢筋丧失握裹力的粘结型破坏；短柱延性差且脆性大，其破坏形态往往是剪切型的斜裂缝破坏，破裂波及全柱，而且非常突然，导致建筑物坍塌。高宽比小于 2 的短柱极易产生脆性剪切破坏，这样的超短柱只能用加强措施或必要的构造手段解决。

体育馆建筑很容易形成短柱。由于体育馆结构的柱支撑面积大，所受弯矩比一般高层建筑大，所以柱断面相对也比较大，如果功能要求上下两层梁间的距离小，形成短柱的机会要比一般规则建筑大。比如在与看台梁交接的框架柱上、为调整立面造型或功能时支撑梁下的框架柱，都有可能形成短柱。

体育馆结构中的短柱在功能要求不能改变的条件下，可以通过对柱增加预应力、增加其抗弯能力，从而达到减小柱断面的目的。对矩形柱也可以将柱在其平面内分成四个小柱，四根小柱可以共同承受压力，但在水平力作用下，共同承受弯矩，这种做法对施工的要求很高。

在结构构造措施上，对短柱只能用增加箍筋的方法增加其延性。最有效的办法还是在结构上解决，如增加混凝土抗震墙以减小结构的整体侧移。

9. 悬挑构件和斜撑柱

体育馆建筑在建筑布局上有很大的灵活性，从而造成了结构的复杂性。为解决建筑上的灵活性，悬挑构件和斜撑柱成为主要结构构件。

图 2.3-28 所示结构的主框架中就同时出现了这两种构件作为屋面支撑梁的主支撑构件。第 3 层看台结构层在框架柱外形成一环形结构层，这部分看台由外挑梁支撑，由于大部分看台斜梁与外挑大伸臂梁不能交汇以平衡外伸臂梁弯矩，使网壳支承柱承受到较大弯矩，因此在第二层柱根部设置斜柱支撑以减小外伸臂梁弯矩，并通过在层 3 内外环梁内设置预应力以抵抗由悬挑梁轴拉力产生的环梁拉应力。从图中可见，如果没有斜柱支撑，伸臂挑梁的跨度可达 9m。

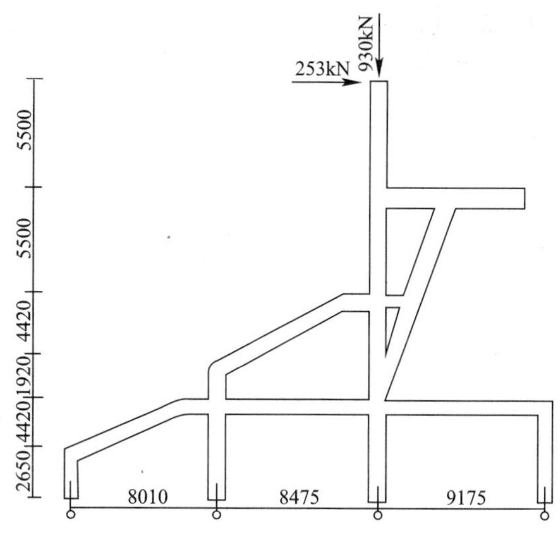

图 2.3-28　福建省体育馆主框架结构简图

对大尺度悬挑构件，在设计中一定要计算其竖向地震作用，对钢筋混凝土构件还应该在构件上下都配置计算受力钢筋。对斜柱，为了平衡其水平分量必须设置抗拉钢筋，为防止混凝土产生裂缝，受拉钢筋的设计强度最好不高于 10kN/cm^2。如果有条件，上述两类构件最好均施加预应力以减少其受拉开裂。

10. 清水混凝土预制看台的应用

鄂尔多斯市体育中心体育场位于内蒙古自治区鄂尔多斯市，主体采用钢筋混凝土框架-剪力墙结构体系，看台座席数 6 万座，分低区、高区看台，所有看台采用清水混凝土预制看台系统（图 2.3-29）。

此项目的二层看台现浇阶梯梁平面布置复杂，平面投影呈折线形，设计院结构专业没有定位图，提供的计算模型导出图（图 2.3-30、图 2.3-31）可以作为参考，但不能作为指导深化设计的依据，所以此现浇阶梯型折线梁的空间定位设计是项目进展的关键节点。如此，导致预制看台的平面分块无法确定，与之相关联的工作不能往前推进，给深化设计带来很大阻碍。

图 2.3-29 鄂尔多斯市体育中心-体育场

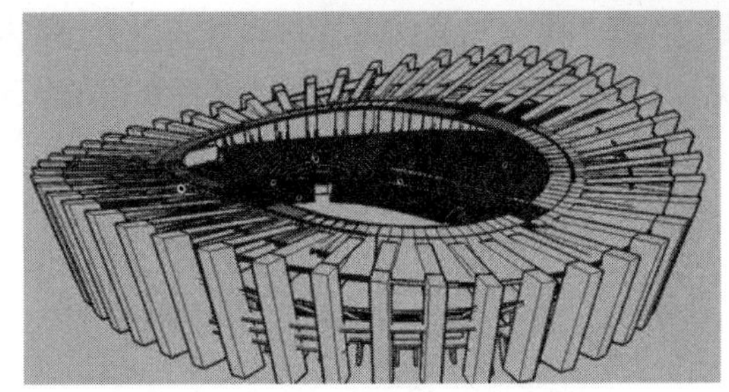

图 2.3-30 鄂尔多斯体育场整体模型

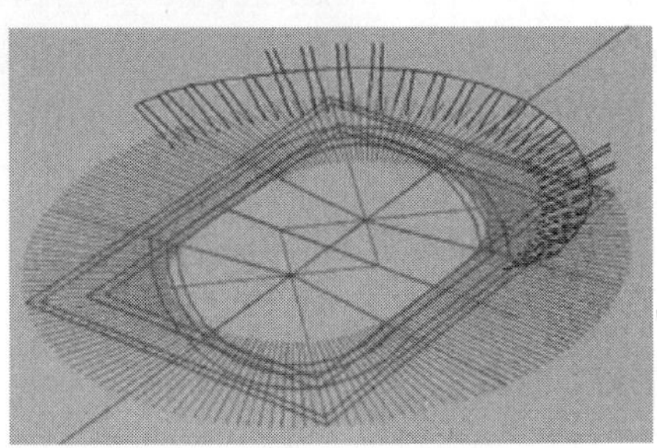

图 2.3-31 结构计算模型导出图

结构模型校核现浇阶梯型折线梁空间定位最好的解决方案是采用三维协同设计，通过建立三维模型复核结构尺寸，确定折线梁的空间位置，之后请设计院的设计师复核确认，作为今后设计、施工的重要依据。此步工作的重要性在于能够推动整个项目的进展，减轻深化设计的经济成本和工期压力。在深化设计前，分别建立现浇主体结构模型和预制看台模型，将两个建好的模型进行组合套图，查找预制看台系统和现浇主体结构有无相碰或不交圈的部位，该方法对于出入口等空间结构复杂的位置检查非常必要（图 2.3-32～图 2.3-37）。

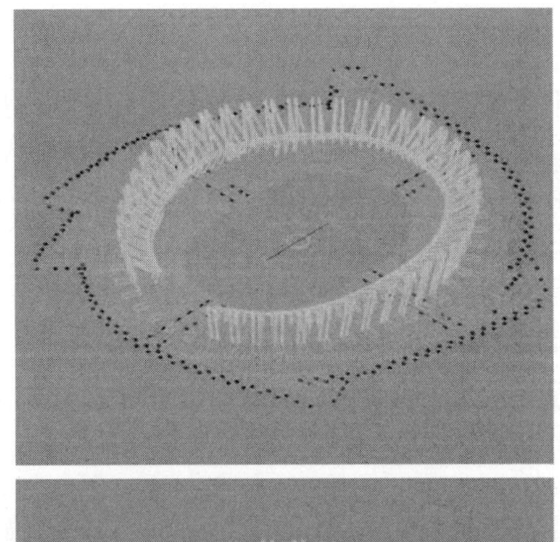

图 2.3-32 现浇主体结构模型

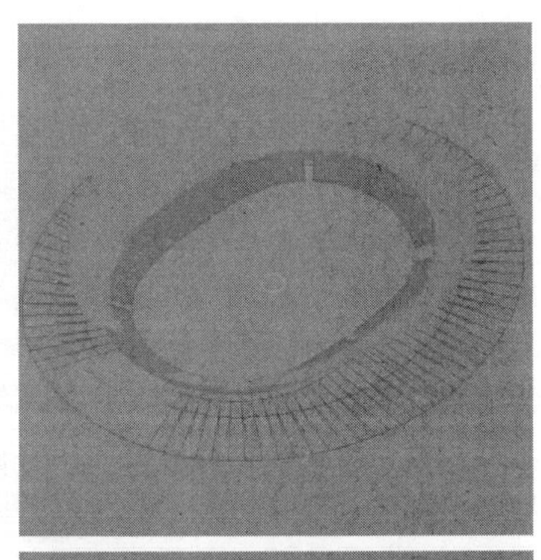

图 2.3-33 预制看台模型

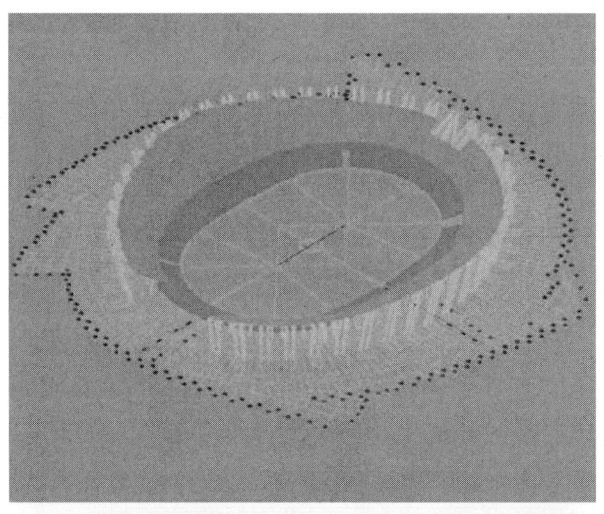

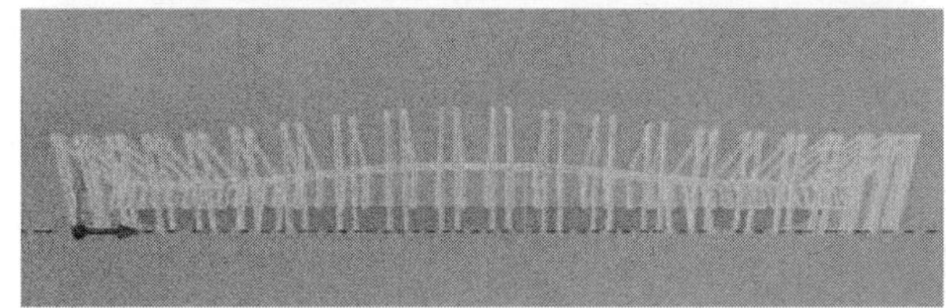

图 2.3-34　现浇主体结构和预制看台组合模型

图 2.3-35　预制看台系统模型校核

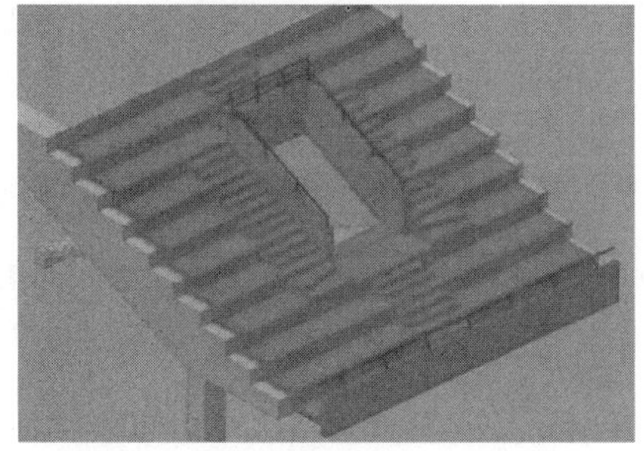

图 2.3-36　预制看台出入口模型分析

图 2.3-37　预制看台安装现场图

2.3.5 基础设计

体育馆建筑的基础承担上部柱传来的荷载，由于覆盖面积大，所以柱子传来的荷载也很大。体育馆建筑的基础形式一般设计为柱下单独基础、柱下条形基础、桩基础，前两种基础一般称之为浅基础，后一种基础称之为深基础。在具体设计中可根据上部结构的形式、传力的大小和工程地质情况，混合采用以上三种不同的基础形式，但一般情况下深基础和浅基础分别应用于不同的结构块，尽量避免混合使用。

2.4 装配化设备机电设计

给水排水、燃气、采暖、通风和空气调节系统的管线及设备不得直埋于预制构件及预制叠合楼板的现浇层。当条件受限管线必须暗埋或穿越时，横向布置的管道及设备应结合建筑垫层进行设计，也可在预制梁及墙板内预留孔、洞或套管；竖向布置的管道及设备需在预制构件中预留沟、槽、孔洞或套管。

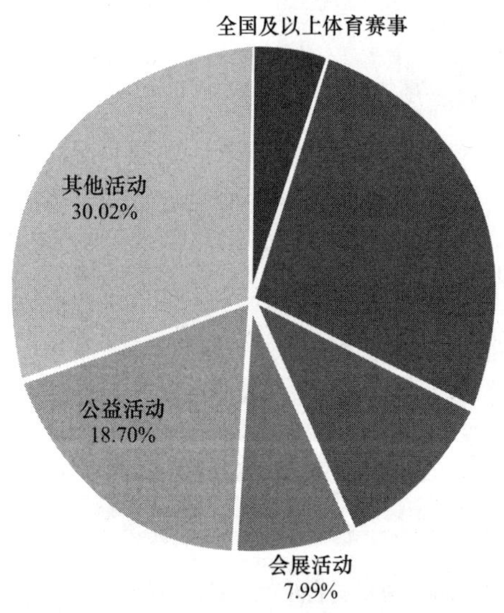

图 2.4-1 综合性体育场馆活动类型统计

电气竖向干线的管线宜做集中敷设，满足维修更换的需要，当竖向管道穿越预制构件或设备暗敷于预制构件时，需在预制构件中预留沟、槽、孔洞或套管；电气水平管线宜在架空层或吊顶内敷设，当受条件限制必须暗埋时，宜敷设在现浇层或建筑垫层内，如无现浇层且建筑垫层又不满足管线暗埋要求时，需在预制构件中预留相应的套管和接线盒。

2.4.1 给水排水设计

1. 用水量研究

综合性体育场馆除了承担各大体育赛事之外，还承担大量文化演艺、公益活动、会展活动等其他类型社会活动。据统计，我国大型体育场馆全年各项活动中，体育赛事仅占 1/3。

赛时与平时用水量表（m^3） **表 2.4-1**

	通式（L）	$N=10$	$N=15$	$N=20$	$N=25$	$N=30$	$N=35$	$N=40$	$N=45$	$N=50$	$N=60$
赛时	$7673\times N$	77	116	154	193	231	270	308	347	386	462
平时	$1540\times N+159940$	176	183	191	199	206	214	222	230	237	252

由上述分析可知，小型体育场（20000 座以下）应取平时用水量作为设计用水量；中型（20000～40000 座）、大型（40000～60000 座）、特大型（60000 座以上）应取赛时用水量作为设计用水量。

2. 给水排水设计通用做法

（1）给水排水预埋图纸，以给水排水施工蓝图为依据，结合工艺图特点，预埋图纸包括 PC 构件上需预埋的套管、预留的孔洞、预留的管槽等规格、尺寸、位置、正反面，以及安装工艺要求等。

（2）装配式混凝土结构建筑给水排水设计中最重要的是应结合预制构件的特点，将构件的生产与设备安装综合考虑，在满足日后维护和管理需求的前提下，达到减少预制构件中管道穿楼板预留孔洞和预埋套管的数量、减少构件规格种类及降低造价的目标。因此，尽量采用在共用空间内设置公共管井的方法，将给水总立管、雨水立管、消防管道及公共功能的控制阀门、户表（阀）、检查口等设置在其中，各户表后入户横管可敷设在公共区域顶板下或地面垫层内入户。为住宅各户敞开式阳台服务的各层共用雨水立管可以设在敞开式阳台内。对于分区供水的横干管，属于公共管道，应设置在公共部位，不应设置在与其无关的套内。当采用远传水表或 IC 水表而将供水立管设在套内时，为便于维修和管理，供检修用的阀门应设在公共部位的供水横管上，不应设在套内的供水立管顶部。应将共用给水、排水立管集中设置在公共部位的管井内，并宜布置在现浇楼板区域。

（3）预埋件的种类、规格型号，应按企业的物料标准图集选用。

（4）预埋时应考虑给水排水系统的特点，综合考虑安装于不同 PC 构件中管线的贯通。如墙与楼板管线的连接、外墙与内墙管线的连接、上下层之间管线的连接。

（5）预埋时应注意与 PC 构件内结构构件是否干涉，以及系统安装时上下层贯通的管线与其他预制构件、现浇构件是否干涉。

2.4.2　暖通设计

1. 机房工程设计

（1）集中空调机房位于一层或地下室部分同传统建筑设计；

（2）屋顶机房设备系统的设计：基本设计与布置方法同传统建筑设计，但应注意设备基础、支架、操作平台、防雨设施与装配式建筑结构布置方式的协同，与屋面建筑保温、防水构造的协同，同时设计应采取措施控制振动、噪声、排水等对建筑物的影响。

2. 空调水系统、风系统设计

（1）设计计算与方法同传统设计；

（2）水平管道集中布置位置尤其是走道应与其他专业事先商讨就消防管道、排水管道、强弱电桥架、线管、新风管、排风管、照明灯具、装修吊顶等空间位置取得一致方案后进行布置，并收集结构、工艺专业的内隔墙等的工艺拆分方式与构造方式，使施工图能适应后续工艺设计，并综合各专业设计绘制综合管线断面图，设置综合支架，作为通用图供各专业共同遵守，指导施工；

（3）设计应特别注意设备、阀门等的检修操作空间；

（4）特殊情况下，为节省空间，可考虑部分合适管径的管线穿梁布置，但应与结构专业协商一致。

3. 通风与防排烟系统设计

（1）设计与计算方法同传统设计；

（2）新风引入管或建筑竖井应注意管道壁或井壁的保温，防止结露现象的发生，尤其是冬季低温地区。

2.4.3 电气设计

1. 电气管线设计

装配式建筑电气管线可采用在架空地板下、吊顶及内隔墙内敷设，如条件受限必须暗敷时，宜优先选择在叠合板的现浇层或建筑找平层内暗敷，如无现浇层且建筑垫层又不满足管线暗埋要求时，才在预制层内预埋。暗敷的电气线路应选用有利于交叉敷设的不燃或难燃可挠管材。暗敷的金属导管管壁厚度不应小于1.5mm，塑料导管管壁厚度不应小于2mm。暗敷时，应穿管敷设且保护层厚度不应小于30mm，消防线路还应敷设在不燃烧结构内。预埋管线和现浇线路连接处，墙面应预留接线空间，以便施工接管操作。管线接口应采用标准化的接口，种类规格应尽可能少。

2. 防雷与接地

装配式混凝土结构建筑的实体柱等预制构件是在工厂加工制作的，由于预制柱等预制构件的长度限制，一根柱子需要若干段柱体连接起来，两段柱体对接时，一段柱体端部为套筒，另一段为钢筋，钢筋插入套筒后注浆，钢筋与套筒中间隔着混凝土砂浆，钢筋是不连续的。如若利用钢筋做防雷引下线，就要把两段柱体（或剪力墙边缘构件）钢筋用等截面钢筋焊接起来，达到贯通的目的。选择框架柱（或剪力墙边缘构件）内的两根钢筋做引下线时，应尽量选择靠近框架柱（或剪力墙）内侧，以不影响安装。

3. 装配式建筑电气设计通用做法

（1）电气预埋图纸，以电气施工蓝图为依据，结合工艺图特点，预埋图纸包括配电箱、配线箱、开关、插座底盒等电气设备的数量、尺寸、位置、正反面，预埋管线的走向、管径、连接方式，以及安装工艺要求等。

（2）根据工艺拆分墙板图纸，确定墙板在平面中的位置，结合电气平面图（包括强电，弱电，消防等施工蓝图中设计的所有平面图）确定该墙板上所有电气设备位置，高度与视图方向的正反面，例如开关，插座，配电箱等。在墙板对应位置预留洞口，在墙板上部或下部预留接线孔，注意避让不可移动的工艺和其他专业预埋件。

（3）电气管线和弱电管线在楼板中敷设时，应做好管线的综合排布，同一地点严禁两根以上电气管路交叉敷设。电气管线宜敷设在叠合楼板的现浇层内，叠合楼板现浇层通常只有70mm左右厚，综合电气管线的管径、埋深要求、板内钢筋等因素，最多只能满足两根管线的交叉。所以要求暗敷设的电气管线应避免在同一位置存在三根及以上的电气管线交叉敷设现象的发生。

（4）根据工艺图纸拆分特点和电气施工图，既可以按照回路进行预埋，例如照明回路，以配电箱出线为起始点，依照每块工艺图位置和电气设备点位，依照此回路敷设路径逐一在工艺图进行预埋；也可以根据工艺图连续编号，逐一绘制工艺图上电气预埋。

（5）图纸校对审核，核对工艺图预留与施工图是否一致，核对点位数量，安装高度，安装方向，安装间距。针对建筑每个位置功能，结合给水排水专业，暖通专业，工艺专业，避免各专业间干涉，例如热水器位置，冷热水管安装与插座位置是否合适。

（6）工艺拆板分为墙板、楼板、梁三大类（如梁墙分开预制，梁上预留墙引上线过线孔，如墙引上为PC管，梁上预留过线孔比墙上PC管径大一个级别PC管，如墙引上为JDG管，梁上预留过线孔比墙上JDG管径大两个级别PC管）。

2.5　装配式内装修设计

1. 装配式隔墙设计

装配式隔墙目前主要有装配式隔墙条板系统、装配式隔墙大板系统、装配式骨架夹芯隔墙板系统。这三种墙体的共同特征是墙板内均有空腔，因而可在墙体空腔内敷设给水分支管线、电气分支管线及线盒等。装配式骨架夹芯隔墙板系统更加轻量化、组装更灵活、连接全干法等优势，便于各种环境和区域的推广。由于存在空腔，三种墙体在需要固定或吊挂物件时，需采取可靠的固定措施。

2. 装配式墙面设计

装配式墙面通过可靠的连接构造与墙体结合牢固，墙面的饰面层应在工厂整体集成。目前带有自饰面的装配式墙面，主要有自饰面硅酸钙复合板墙面、自饰面石膏板墙面、自饰面金属墙板、木塑墙板、竹碳纤维墙板等在工厂一体化集成的墙面。设计时，优先选用标准规格的墙板尺寸。墙板之间可以设计预留构造缝，也可以通过专用连接构造实现精细密拼。

3. 装配式吊顶设计

装配式吊顶在结构楼板之下，通过上部与楼板吊挂或者通过与墙体支撑，预留顶部架空层，以便于敷设管线，优先采用免吊杆的装配式吊顶支撑构造。当需要安装吊杆或其他吊件及一些管线时，应提前在楼板（梁）内预留预埋所需的孔洞或埋件。装配式吊顶宜集成灯具、浴霸、排风扇等设备设施。顶板符合标准规范模块的前提下，尽量减少顶板数量以便减少拼缝。常用的吊顶连接构造有明龙骨与暗龙骨两种，常用的顶板有石膏板、矿棉板、硅酸钙复合顶板、铝合金扣板和玻璃等。

4. 装配式楼地面设计

装配式楼地面必须是免抹灰的干式工法地面，实现地面找平与装饰功能。根据支撑构造不同有型钢复合架空模块体系、树脂螺栓整板架空体系、抗静电地板体系和非架空自流平等形式。对于架空构造的，装配式楼地面架空层高度应根据管线交叉情况进行计算，应结合管线路由进行综合设计，同时楼地面宜设置架空层检修口；对有采暖需求的空间，宜采用干式工法实施的地面辐射供暖方式；地面辐射供暖宜与装配式楼地面的连接构造集成；有防水要求的楼、地面，应低于相邻房间楼地面 20mm 或做不低于 20mm 的挡水门栏，门栏及门内外高差应以斜面过渡。

5. 集成内门窗选用

集成内门窗宜选用工厂集成制造的铝合金、塑钢、实木、实木复合、硅酸钙复合板等内门、门套、窗套，优先选用成套化、标准化、参数化、系列化的内门窗部品，特别是在工厂已经将五金、配饰等高度集成的内门、门套、窗套。

6. 集成式卫生间设计

集成式卫生间与整体卫浴不同，可以不受限于具体的长度、宽度，任意规格、形状的卫生间布局都可以集成定制。集成式卫生间应采用可靠的防水设计，楼地面宜采用可定制尺寸规格整体防水底盘，门口处应有阻止积水外溢的措施，建议采用干湿分离式设计。卫生间的各类水、电、暖等设备管线应设置在架空层内，并设置检修口；建议采用同层排水，便于检修和避免对下一层的干扰；设计时应进行补风设计，对于设洗浴设备的卫生间应做等电位联结。集成式卫生间的整体防水底盘，有热塑复合、热固复合等不同材质。

7. 集成式厨房设计

集成式橱柜应与墙体可靠连接，建议与装配式墙面集成设计，厨房的各类水、电、暖等设备管线应设置在架空层内，并设置检修口；厨房油烟排放建议采用同层直排的方式，并应在室外排气口设置避风、防雨和防止污染墙面的构件。

8. 整体收纳设计

整体收纳设计及应考虑基本功能空间布局及面积、使用人员需求、物品种类及数量等因素，采用标准化、模块化、一体化的设计方式，所有产品部品现场组装，不得在现场加工。

9. 其他内装部品设计

在装修设计中还包含窗帘盒（杆）、窗台板、顶角线、踢脚线、阳角线、检修口、户内楼梯、护栏、扶手、花饰等，这些部品应与相连的内装部品集成设计，建议选用满足干式工法的成套化产品。

2.6 装配式专项深化设计

2.6.1 钢结构深化

随着社会的发展和精神文明的进步，人们对建筑的设计理念要求越来越高，不仅要满足功能需求及保证外观、形式美，而且现代建筑设计逐渐向综合型、多元化、智能化、高精尖发展，由此对结构的外观要求更加严谨。钢结构具有高强度、刚度大、比重轻、标准化加工、适应快速建造、可以完成奇观外形等特点，被推广应用于高层及超高层建筑、异型结构、大跨度空间的公共建筑，如迪拜哈利法塔、广州电视塔、杭州奥体中心体育馆、北京新机场等。复杂的钢结构工程具有节点繁琐、受力复杂等难点，所以要针对每个复杂构件进行详细的拆解，方能实现制作及施工。因此，深化设计在钢结构施工前期具有重要的意义。深化设计不仅检索和核校了原设计图，而且进一步补充和完善了图纸，使设计达到理想的效果。

我国的钢结构工程设计采用两个阶段设计法。第一阶段是由建筑工程设计单位进行结构设计，给出构件截面大小、一般典型构件节点、各种工况下结构内力。第二阶段就是由施工和钢结构制作单位根据设计单位提供的设计图进行深化设计，并编写深化设计图纸。建筑工程设计文件编制深度规定中，对钢结构工程设计制图也有明确的界线划分，在业主委托设计单位进行结构设计时，若合同中没有具体关于深化设计的要求，则钢结构的设计内容仅为钢结构设计图。因此，钢结构深化设计在更多时候需由加工、安装单位来完成，这也给加工、安装单位提出了较高的要求，特别是针对许多复杂的钢结构。由于深化设计人员缺乏对结构设计图的理解，在加工和施工经验方面较欠缺，因此对节点、构件深化设计在图纸表达、节点构造设计方面并不一定合理。

构件深化、加工完成只是完成了整个项目的一部分工作，很多工作还需在现场完成，能不能顺利完成安装，这也表明深化设计是否合理、构件加工是否满足精度要求。由于运输、安装要求，诸如：构件分段点的选择，构件单元运输长度的确定，构件在工厂组装还是现场散装，安装吊点位置和做法确定，构件最大重量确定，工具施拧的最小空间考虑，复杂钢结构在深化设计阶段预起拱考虑等，所有这些工作在深化设计阶段考虑完全。

钢结构深化设计图是构件下料、加工和安装的依据，深化设计的内容至少应包含以下内容：图纸目录、钢结构深化设计说明、构件布置图、构件加工详图、安装节点详图。

1. 钢结构深化设计说明

设计说明一般作为工厂加工和现场安装指导用，说明中一般都应包含有：设计依据、工程概况、材料说明（钢材、焊接材料、螺栓等）、下料加工要求、构件拼装要求、焊缝连接方式、板件坡口形式、制孔要求、焊接质量要求、抛丸除锈要求、涂装要求、构件编号说明、尺寸标注说明、安装顺序及安装要求、构件加工安装过程中应注意的事项等。通过钢结构深化设计说明归纳汇总，将项目的基本要求展现给加工、安装人员。

2. 构件布置图设计

构件布置图主要用作现场安装用，设计人员根据结构图中构件截面大小、构件长度、不同用途的构件进行归并、分类，将构件编号反映到建筑结构的实际位置中去，采用平面布置图、剖面图、索引图等不同方式进行表达，构件的定位应根据其轴线定位、标高、细部尺寸、文字说明加以表达，以满足现场安装要求。当对结构构件进行人工归并分类时，要特别注意构件的关联性，否则很容易误编而导致构件拼装错误。构件的外形可采用粗单线或简单的外形来表示，在同一张图或同一套图中不应采用相同编号的构件。因细节或孔位不同的梁就应单独编号。对安装关系相反的构件，编号后可采用加后缀的方式来区别。

3. 构件详图设计

构件详图主要用生产车间加工组装用，根据钢结构设计图和构件布置图采用较大比例来绘制，对组成构件的各类大、小零件均应有详细的编号、尺寸、孔定位、坡口做法、板件拼装详图、焊缝详图，并应在构件详图中提供零件材料表和本图的构件加工说明要求，材料表中应至少包含零件编号、厚度、规格、数量、重量、材质等。在表达方式上可采用正视图、侧视图、轴侧图、断面图、索引详图、零件详图等。每一构件编号均应与构件布置图中相对应，零件应尽可能按主次部件顺序编号。构件详图中应有定位尺寸、标高控制和零件定位，构件重心位置等。构件绘制时应尽量按实际尺寸绘制，对细长构件，在长宽方向可采用不同的比例绘制。对于斜尺寸应注明斜度，当构件为多弧段时，应注明其曲率半径和弧高。总之，构件详图设计图纸表达深度应该以满足构件加工制作为最低要求，在图纸表达上应尽量做到详细。

4. 安装节点详图设计

当结构施工图中已经有节点详图时，在深化设计时，可不考虑这些节点的设计、绘制。但当结构设计图中节点不详或属于深化设计阶段增加的节点图，则在安装节点详图中还应该表达出来，以满足现场安装需要。节点详图应能明确表达构件的连接方式、螺栓数量、焊缝做法、连接板编号、索引图号等。节点中的孔位、螺栓规格、孔径应与构件详图中统一。

钢结构深化设计是一项耗费大量人力物力的工作，国内目前有采用以下几种方式来做钢结构深化设计：AutoCAD、struCAD 和 xsteel 等专业软件，大大提高了钢结构深化设计的出图效率。

2.6.2 装配混凝土结构深化

装配整体式混凝土结构的基本构件主要包括柱、梁、剪力墙、楼（屋面）板、楼梯、阳台、空调板、女儿墙等，这些主要受力构件通常在工厂预制加工完成，待强度符合规定要求后进行现场装配施工。

1. 预制剪力墙深化

（1）预制剪力墙截面形式及要求

预制剪力墙宜采用一字形，也可采用 L 形、T 形或 U 形；预制墙板洞口宜居中布置。

当预制剪力墙外墙采用夹心保温墙板时（即夹心外墙板），应满足下列要求：

1）外叶墙板厚度不应小于 50mm，且外叶墙板应与内叶墙板可靠连接；

2）夹心墙板的夹层厚度不宜大于 120mm；

3）内叶墙板应按剪力墙进行设计。

（2）楼层内相邻预制剪力墙之间连接接缝应现浇形成整体式接缝

1）相邻预制剪力墙之间竖向接缝位置的确定：

一方面应避免接缝对结构整体性能产生不良影响，同时也要便于预制剪力墙构件的标准化生产、吊装、运输和就位。

当接缝位于纵横墙交接处的约束边缘构件区域时，约束边缘构件的阴影区域宜全部采用后浇混凝土，并应在后浇段内设置封闭箍筋（图 2.6-1）。

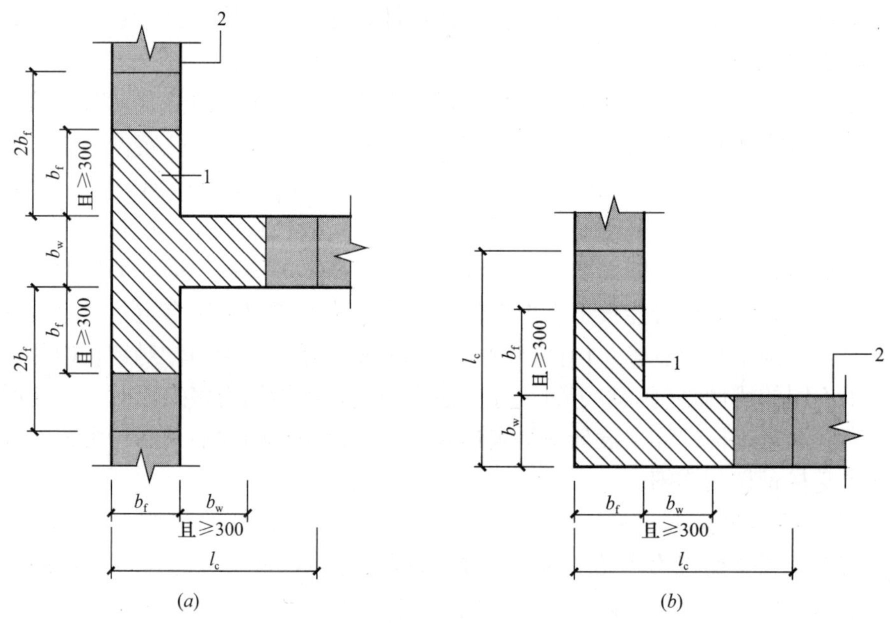

图 2.6-1 约束边缘构件阴影区域全部后浇构造示意

（*a*）有翼墙；（*b*）转角墙

l_c—约束边缘构件沿墙肢的长度；1—后浇段；2—预制剪力墙

2）当接缝位于纵横墙交接处的构造边缘构件区域时，构造边缘构件宜全部采用后浇混凝土（图 2.6-2）。

当仅在一面墙上设置后浇段时，后浇段的长度不宜小于 300mm（图 2.6-3）。

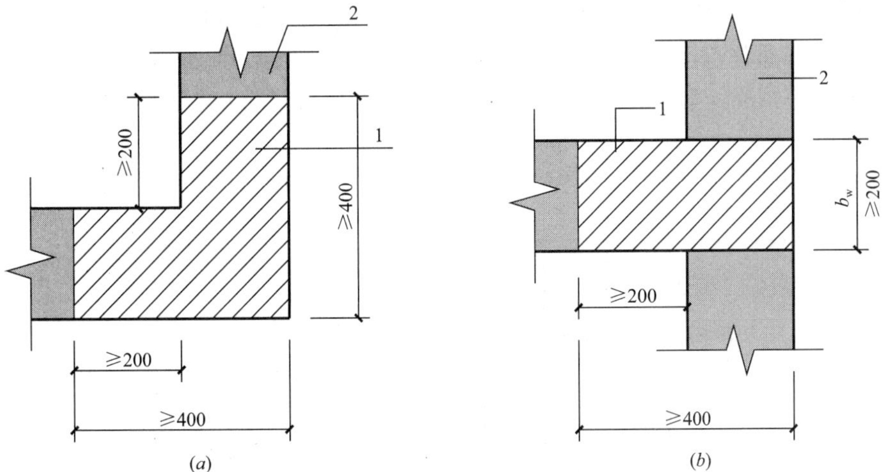

图 2.6-2　构造边缘构件全部后浇构造示意

（阴影区域为构造边缘构件范围）

（a）转角墙；（b）有翼墙

1—后浇段；2—预制剪力墙

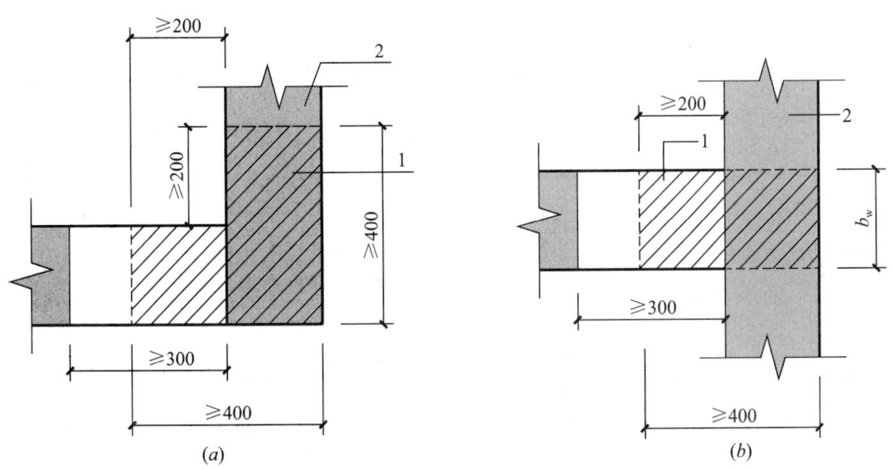

图 2.6-3　构造边缘构件部分现浇构造示意

（阴影区域为构造边缘构件范围）

（a）转角墙；（b）有翼墙

1—后浇段；2—预制剪力墙

3）非边缘构件位置，相邻预制剪力墙之间应设置后浇段，后浇段的宽度不应小于墙厚且不宜小于 200mm；后浇段内应设置不少于 4 根竖向钢筋，钢筋直径不应小于墙体竖向分布筋直径且不应小于 8mm。

（3）上下层预制剪力墙的连接：

连接位置：剪力墙底部接缝宜设置在楼面标高处。

上下层预制剪力墙的竖向钢筋连接方式（图 2.6-4）：

1）剪力墙边缘构件抗震性能比较重要，而且竖向钢筋直径较大，故宜采用灌浆套筒连接，且应逐根连接。

2）剪力墙其他部位的竖向钢筋连接可采用套筒灌浆连接，也可采用浆锚搭接连接。

竖向钢筋可部分连接：被连接的同侧钢筋间距不应大于 600mm，且在剪力墙构件承载力设计和分布钢筋配筋率计算中不得计入不连接的分布钢筋；不连接的竖向分布钢筋直径不应小于 6mm。

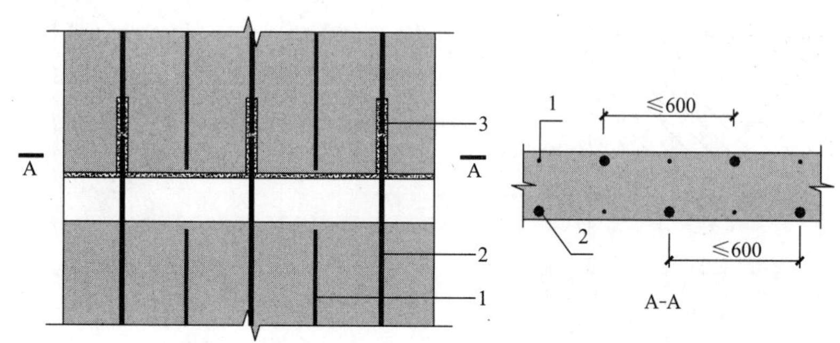

图 2.6-4　预制剪力墙竖向分布钢筋连接构造示意

1—不连接的竖向分布钢筋；2—连接的竖向分布钢筋；3—连接接头

a. 剪力墙平面布置图：其表示方法与现浇剪力墙平面表示方法类似，但需按照 15G107 图集的规则编号（表 2.6-1）。

预制混凝土剪力墙编号　　**表 2.6-1**

预制墙板类型	代号	序号
预制外墙	YWQ	XX
预制内墙	YNQ	XX

b. 预制墙板表（表 2.6-2）：表中对按规则编号的进行标准构件引用，其引用的图集为《预制混凝土剪力墙外墙板》15G365-1 和《预制混凝土剪力墙内墙板》15G365-2。

标准图集中内叶墙板编号　　**表 2.6-2**

预制内叶墙板类型	示意图	编号
无洞口外墙		WQ - × ××× 无洞口外墙；标志宽度；层高
一个窗洞高窗台外墙		WQC1-× ×××-× ×× × 一窗洞外墙（高窗台）；标志宽度；层高；窗宽；窗高

c. 预制外墙模板表

预制外墙模板编号由类型代号和序号组成，表达形式应符合表 2.6-3 的规定。预制外墙模板表内容包括：平面图中编号、所在层号、所在轴号、外叶墙板厚度、构件重量、数量、构件详图页码。

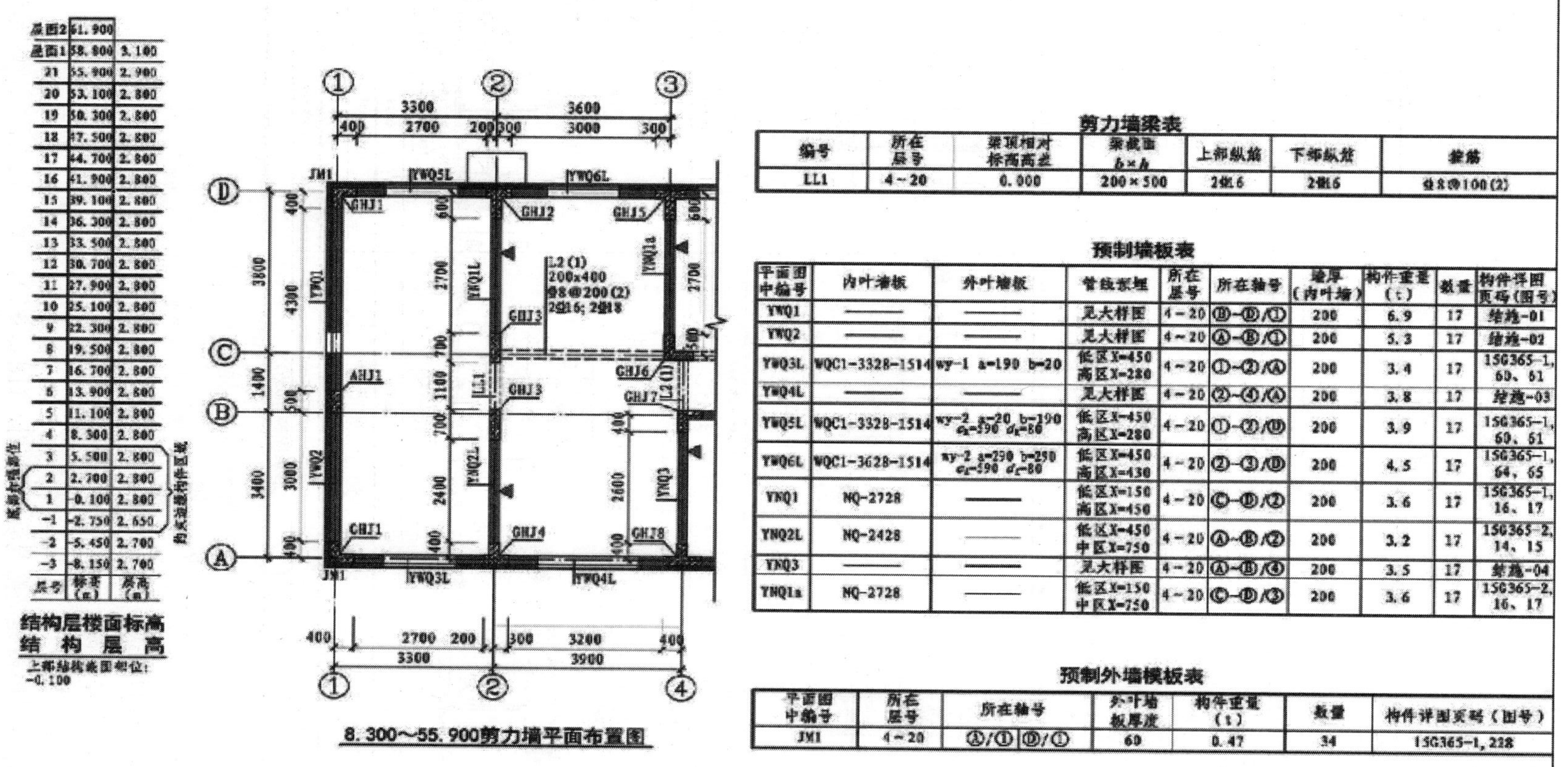

层号	标高(m)	层高(m)
屋面2	61.900	
屋面1	58.800	3.100
21	55.900	2.900
20	53.100	2.800
19	50.300	2.800
18	47.500	2.800
17	44.700	2.800
16	41.900	2.800
15	39.100	2.800
14	36.300	2.800
13	33.500	2.800
12	30.700	2.800
11	27.900	2.800
10	25.100	2.800
9	22.300	2.800
8	19.500	2.800
7	16.700	2.800
6	13.900	2.800
5	11.100	2.800
4	8.300	2.800
3	5.500	2.800
2	2.700	2.800
1	-0.100	2.800
-1	-2.750	2.650
-2	-5.450	2.700
-3	-8.150	2.700

剪力墙梁表

编号	所在层号	梁顶相对标高高差	梁截面 b×h	上部纵筋	下部纵筋	箍筋
LL1	4~20	0.000	200×500	2Φ16	2Φ16	Φ8@100(2)

预制墙板表

平面图中编号	内叶墙板	外叶墙板	管线预埋	所在层号	所在轴号	墙厚（内叶墙）	构件重量（t）	数量	构件详图页码（图号）
YWQ1	——	——	见大样图	4~20	Ⓑ~Ⓓ/①	200	6.9	17	结施-01
YWQ2	——	——	见大样图	4~20	Ⓐ~Ⓑ/①	200	5.3	17	结施-02
YWQ3L	WQC1-3328-1514	wy-1 a=190 b=20	低区X=450 高区X=280	4~20	①~②/Ⓐ	200	3.4	17	15G365-1, 60、61
YWQ4L	——	——	见大样图	4~20	②~④/Ⓐ	200	3.8	17	结施-03
YWQ5L	WQC1-3328-1514	wy-2 a=20 b=190 c_L=590 d_L=80	低区X=450 高区X=280	4~20	①~②/Ⓓ	200	3.9	17	15G365-1, 60、61
YWQ6L	WQC1-3628-1514	wy-2 a=290 b=290 c_L=590 d_L=80	低区X=450 高区X=430	4~20	②~③/Ⓓ	200	4.5	17	15G365-1, 64、65
YNQ1	NQ-2728	——	低区X=150 高区X=450	4~20	Ⓒ~Ⓓ/②	200	3.6	17	15G365-1, 16、17
YNQ2L	NQ-2428	——	低区X=450 中区X=750	4~20	Ⓐ~Ⓑ/②	200	3.2	17	15G365-2, 14、15
YNQ3	——	——	见大样图	4~20	Ⓐ~Ⓑ/④	200	3.5	17	结施-04
YNQ1a	NQ-2728	——	低区X=150 中区X=750	4~20	Ⓒ~Ⓓ/③	200	3.6	17	15G365-2, 16、17

预制外墙模板表

平面图中编号	所在层号	所在轴号	外叶墙板厚度	构件重量（t）	数量	构件详图页码（图号）
JM1	4~20	Ⓐ/① Ⓓ/①	60	0.47	34	15G365-1, 228

注：1. 水平后浇带配筋详见装配式结构专项说明及预制墙板详图。
2. 本图中各配筋仅为示例，实际工程中详具体设计。
3. 未注明墙体均为轴线居中，墙体厚度为200mm。

图2.6-5　预制剪力墙的设计制图

d. 后浇段的表示

后浇段主要设置在边缘构件部位，因此后浇段主要指边缘构件。

其编号方式如表 2.6-3 所示。

后浇段编号 **表 2.6-3**

后浇段类型	代号	序号
约束边缘构件后浇段	YHJ	XX
构造边缘构件后浇段	GHJ	XX
非边缘构件后浇段	AHJ	XX

注：在编号中，如若干后浇段的截面尺寸与配筋均相同，仅截面与轴线的关系不同时，可将其编为同一层浇段号；约束边缘构件后浇段包括有翼墙和转角墙两种；构造边缘构件后浇段包括构造边缘翼墙、构造边缘转角墙、边缘畸柱三种。

【例】YHJ1，表示约束边缘构件后浇段，编号为 1；

【例】GHJ5，表示构造边缘构件后浇段，编号为 5；

【例】AHJ3，表示非边缘构件后浇段，编号为 3。

其大样表达方式基本同现浇结构边缘构件表达方式类似（表 2.6-6）。

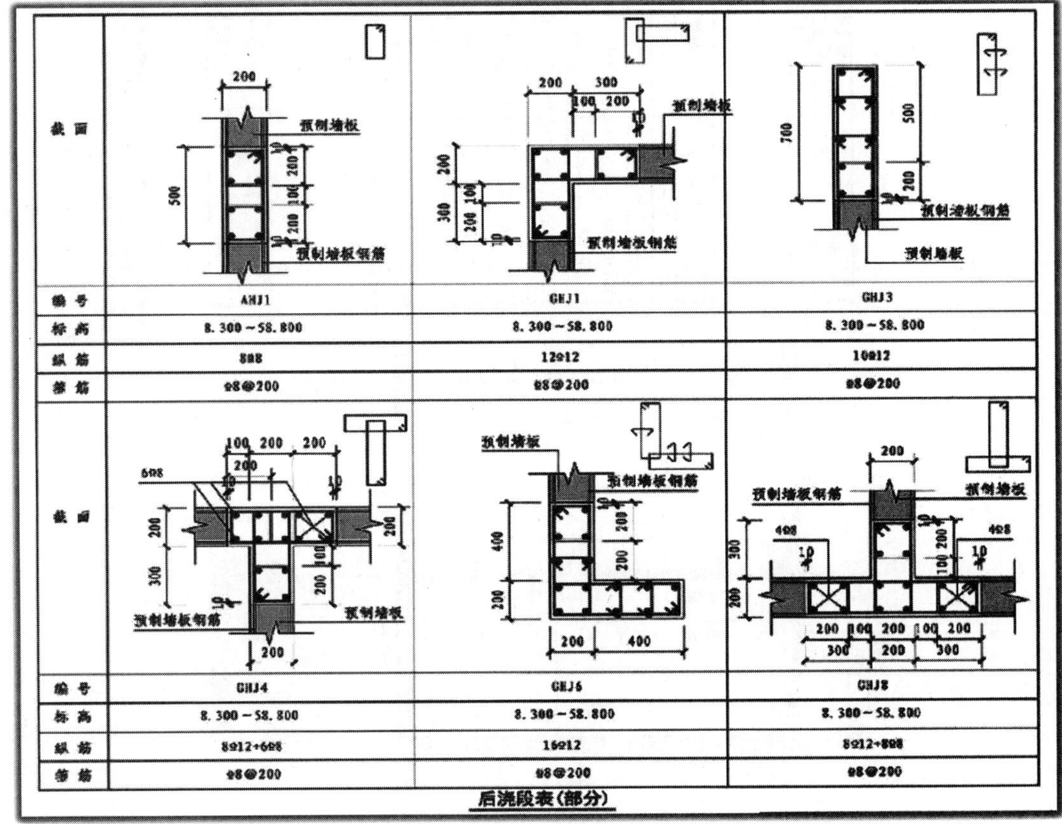

编号	AHJ1	GHJ1	GHJ3
标高	8.300~58.800	8.300~58.800	8.300~58.800
纵筋	8Φ8	12Φ12	10Φ12
箍筋	Φ8@200	Φ8@200	Φ8@200

编号	GHJ4	GHJ6	GHJ8
标高	8.300~58.800	8.300~58.800	8.300~58.800
纵筋	8Φ12+6Φ8	16Φ12	8Φ12+8Φ8
箍筋	Φ8@200	Φ8@200	Φ8@200

后浇段表（部分）

图 2.6-6 大样图

2. 叠合板深化

(1) 装配叠合板的形式

桁架钢筋混凝土叠合板、预应力钢筋混凝土预制板。

(2) 适用范围

板跨＜6m，宜采用桁架钢筋混凝土叠合板（图 2.6-7）；

板跨≥6m，宜采用预应力钢筋混凝土预制板（图 2.6-8）。

图 2.6-7　桁架钢筋混凝土叠合板

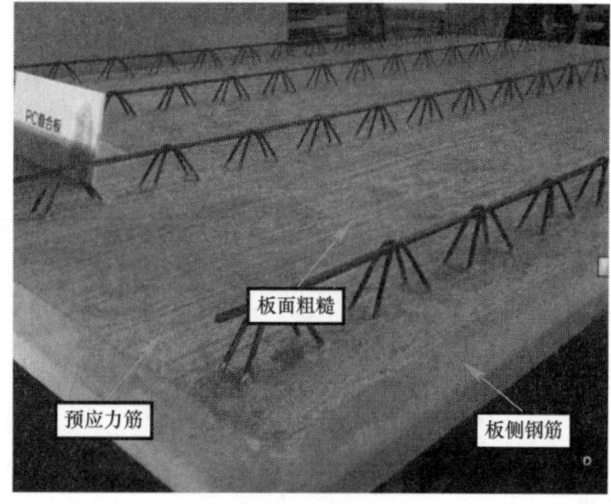

图 2.6-8　预应力钢筋混凝土预制板

在预制板内设置桁架钢筋，可增加预制板的整体刚度和水平界面抗剪性能。钢筋桁架的下弦与上弦可作为楼板的下部和上部受力钢筋使用（图 2.6-9～图 2.6-11）。

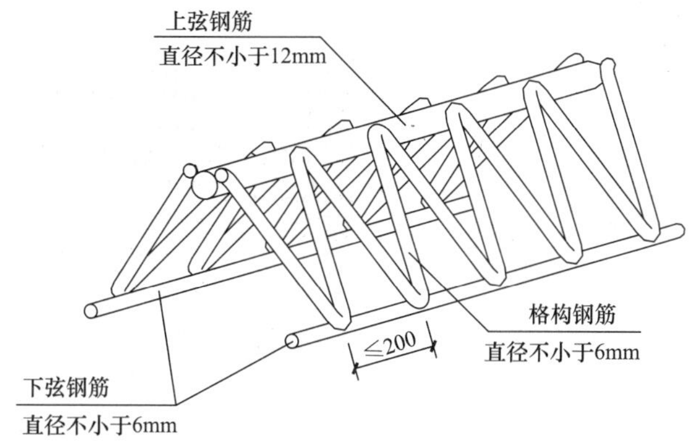

图 2.6-9　桁架钢筋详图

施工阶段，验算预制板的承载力及变形时，可考虑桁架钢筋的作用，减少预制板下的临时支撑。

3. 预制楼梯深化

预制楼梯与支承构件之间宜采用一端为固定铰、一端滑动的简支连接（图 2.6-12、图 2.6-13）。

2.6.3　设备机电深化

1. 机电管线深化设计原则

管线布置排列一般原则：决定各管道的最终安装标高的优先排序是排水管，电缆桥架、线槽、暖通管道、通风管道；电缆桥架、线槽尽量高位安装，通风管道低位安装；水管与电缆桥架、线槽应尽量错位安装，保证水管与电缆桥架平面不在同一路由；遇管线交叉时，应本着“小管让大管、有压让无压”原则避让。方便施工的原则：充分考虑安装工序及条件，机电设备、管线对安装空间的要求，合理确定管线的位置和距离。

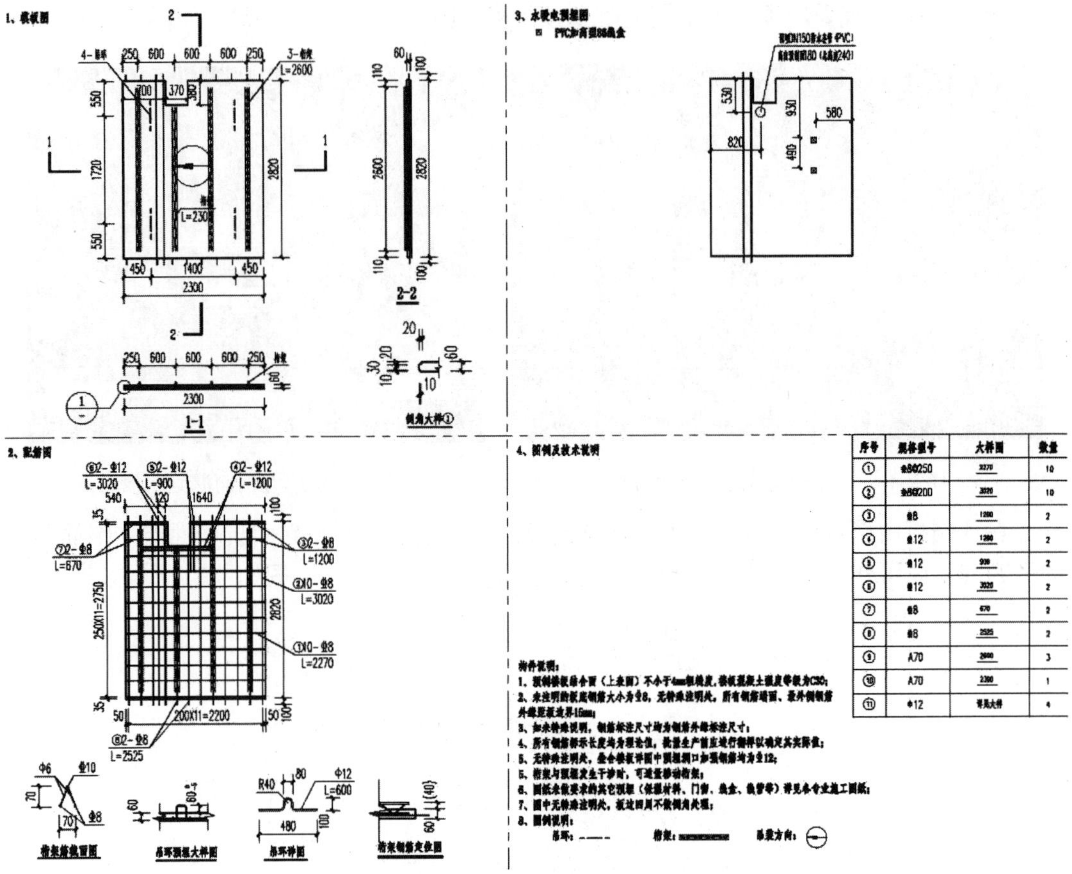

1、模板图

2、配筋图

3、水暖电预埋图

4、图例及技术说明

序号	规格型号	大样图	数量
①	Φ8@250	2270	10
②	Φ8@200	3020	10
③	Φ8	1200	2
④	Φ12	1200	2
⑤	Φ12	900	2
⑥	Φ12	3020	2
⑦	Φ8	670	2
⑧	Φ8	2525	2
⑨	A70	2600	3
⑩	A70	2300	1
⑪	Φ12	详见大样	4

构件说明：
1、预制楼板结合面（上表面）不小于4mm粗糙度，楼板混凝土强度等级为C30；
2、未注明的板底钢筋大小为Φ8，无特殊注明处，所有钢筋端面、最外侧钢筋外缘距板边界15mm；
3、如未特殊说明，钢筋标注尺寸均为钢筋外缘标注尺寸；
4、所有钢筋标示长度均为理论值，批量生产前应进行翻样以确定其实际值；
5、无特殊注明处，叠合楼板详图中预留洞口加强钢筋均为Φ12；
5、桁架与预埋发生干涉时，可适量移动桁架；
6、图纸未做要求的其它预埋（保温材料、门窗、线盒、线管等）详见各专业施工图纸；
7、图中无特殊注明处，板边四周不做倒角处理；
8、图例说明：
吊环： 桁架： 吊装方向：

图 2.6-10　叠合板工艺设计图

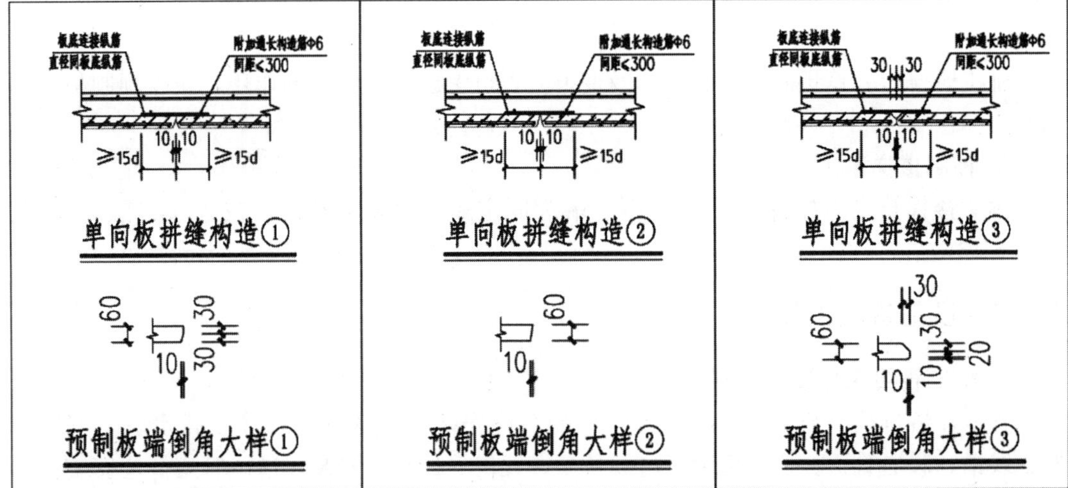

图 2.6-11　叠合板拼缝节点图

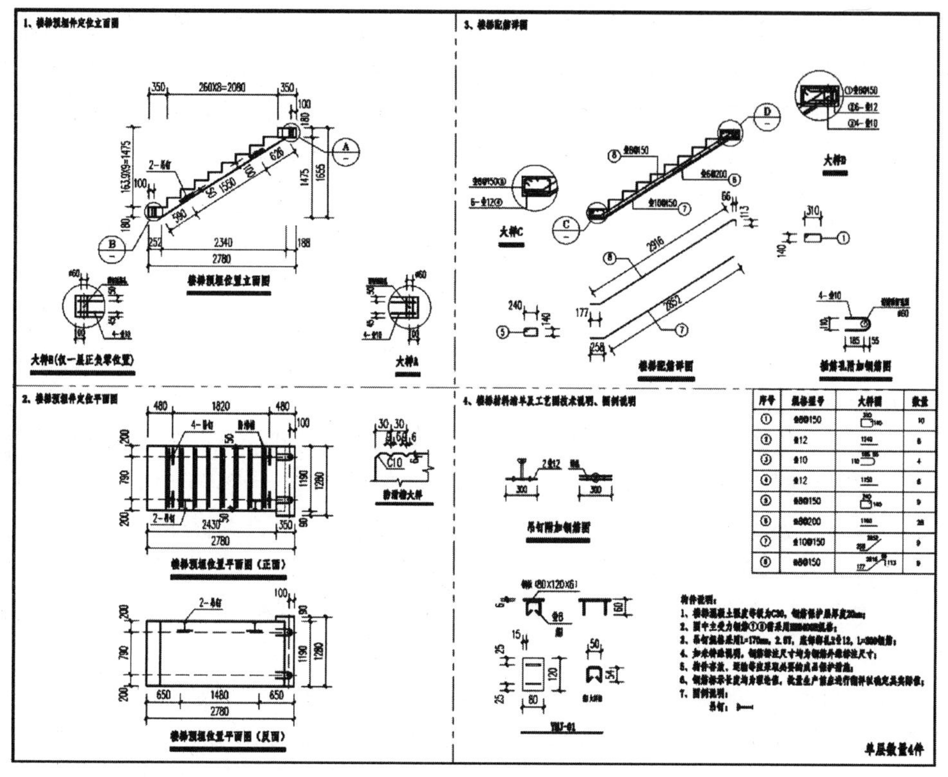

图 2.6-12 楼梯工艺设计图

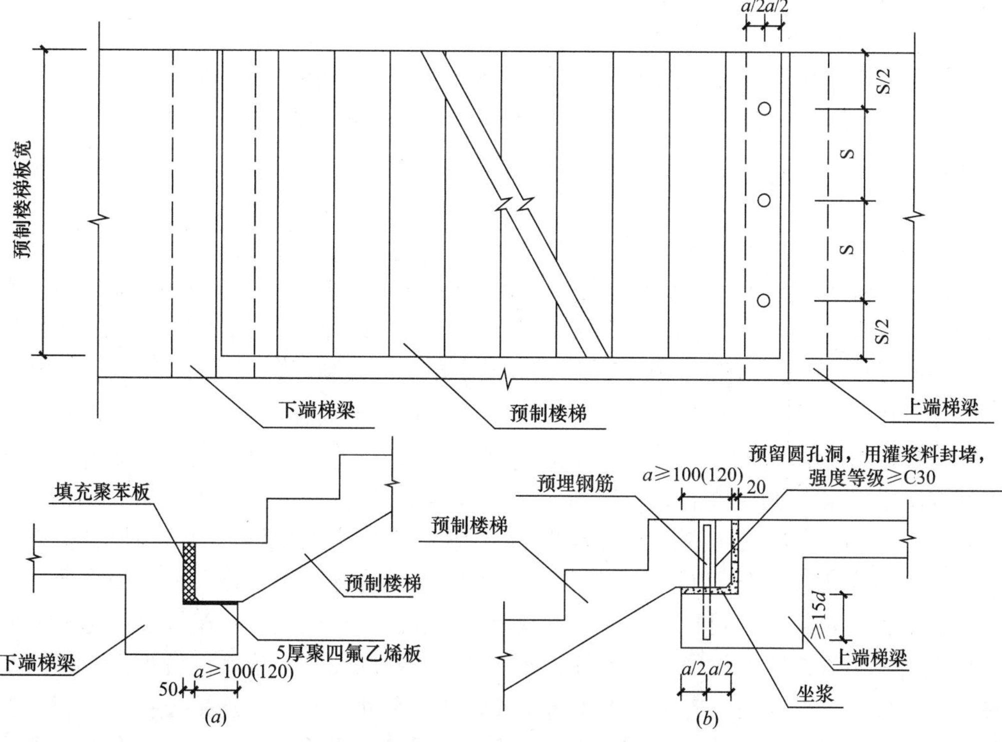

图 2.6-13 预制楼梯节点详图

（a）下端连接；（b）上端连接

方便系统调试、检测、维修的原则：充分考虑系统调试、检测、维修各方面对空间的要求，合理确定各种机电设备、管线及各种阀门、开关的位置和距离，以及日常维护操作照明、通风。如注意考虑日常操作与使用的灯具要维护方便；各种水阀、风阀安装位置要操作方便；诱导风机安装后要使其出风不受遮挡，保证使用功能；水系统排空时便于水流的组织排放等。

美观的原则：地下室明装机电综合应充分考虑各机电系统安装后外观整齐有序，间距均匀。

2. 计算机辅助制图原则

建立各专业图层，并设置不同笔宽，各专业字体标注须单独建层，并统一字体。

综合平面图中须以不同的线型或符号（电子版设置不同的颜色）表示各机电系统管线，并明确代号和图例。

综合平面图中风管、电缆桥架以双线表示，其他管线以单线表示；如有必要时水管也需用双线表示；各种管线距离以中线表示，并注明宽度和截面尺寸；各种机电管线均应标注主要位置及高度变化处的标高；剖面图中管线表示外径或轮廓尺寸，并标注净距及标高。

综合平面图中有坡度的管线须标注管线的坡向和坡度，并标注起止位置的标高。

结合精装吊顶图制作综合平面图，表示所有机电管线及其机电末端设备位置、管道固定支架与阀门位置等。

结合精装墙面排砖图制作管井布置图，表示管线、管道固定支架与阀门位置。

应将精装的吊顶及墙体检修口，表示在机电综合图上，其检修口的定位尺寸应与精装一致。

综合平面图中管线密集处应有剖面图并依次编号，剖面图应表示与结构或与吊顶的尺寸关系；明确各机电系统安装与检修空间尺寸，并注意保证灯具、诱导风机、喷洒头、摄像机等末端设备使用功能以及排水管线路由与坡度等。

出图比例：地库综合平面图 3 张 A0，每张图中应有索引图，平面出图比例最小 1：100，若比例无法清楚表示综合管线，图纸数量及比例另定。地下一层至地上四层综合平面图 5 张 A0，比例最少 1：100。地上五层以上 2 张 A0，比例最少 1：100。屋顶 1 张 A0，比例最少 1：100；剖面图比例一般为 1：50。

3. 机电工程综合深化图的内容

当风管或管道与设备连接交叉复杂，或者在施工图中一些明装管线较为密集区域，光靠平面图表示不清时，应绘制剖面图或局部剖面。需要深化设计人员根据现场情况来重新排布管道空间位置和走向，在剖面图中各种管道线槽要按比例绘制，管道要考虑保温、支架、阀门等尺寸，在剖面图中绘出的风管、水管、风口等设备，表示清楚管道与设备、管道与建筑梁、板、柱、墙以及地面的尺寸关系。还应表示清楚风管、风口、水管等尺寸和标高，气流方向及详图索引编号等。如图 2.6-14、图 2.6-15 为国家体育馆机电工程样板段剖面图。

通风、空调、制冷机房深化平面图机房图应根据需要增大比例，绘出通风、空调、制冷设备（如冷水机组、新风机组、空调器、冷热水泵、冷却水泵、通风机、消声器、水箱等）的轮廓位置及编号，同时在土建对于风柜、水泵、冷水机组、水箱等设备选型完成后要及时通过业主方或厂家收集相关设备的外形尺寸及基础尺寸，绘制设备平面布置图及基础图纸，在图纸中要注明设备和基础距离墙或轴线的尺寸。在绘出连接设备的风管、水管位置及走向绘制过程中要采用双线图，所有管道、线槽、风管、弯头、阀门布置、支吊架均需要按实际尺寸进行绘制，同时还要注明尺寸、管径、标高，也要在平面图中标注机房

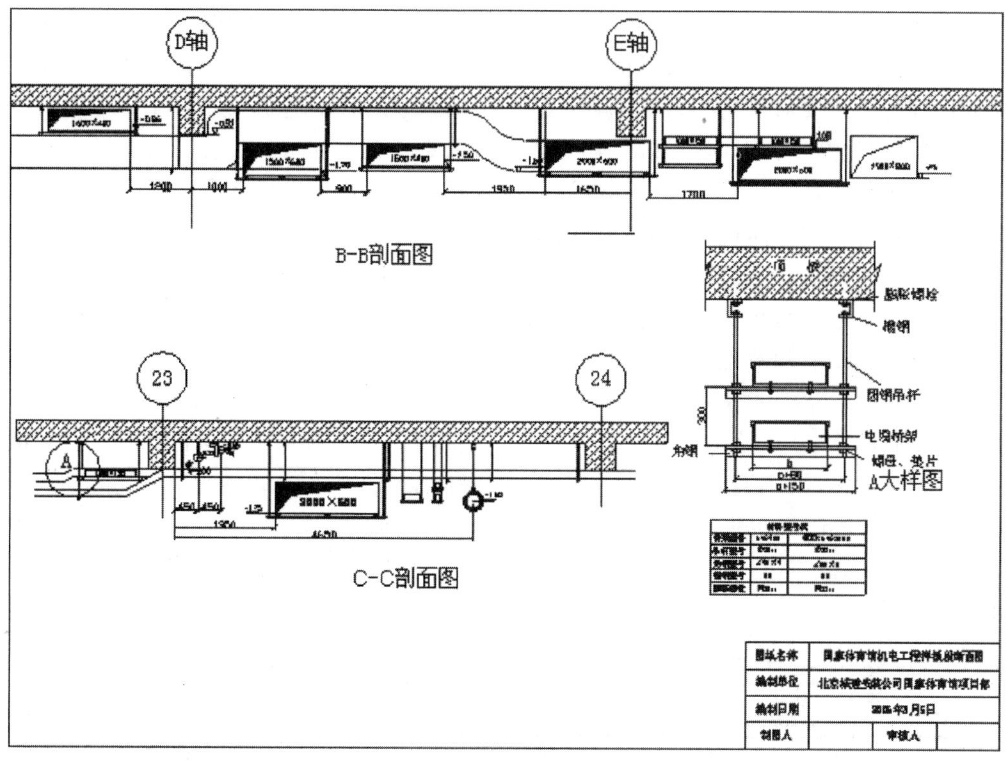

图 2.6-14　国家体育馆机电工程样板段剖面图

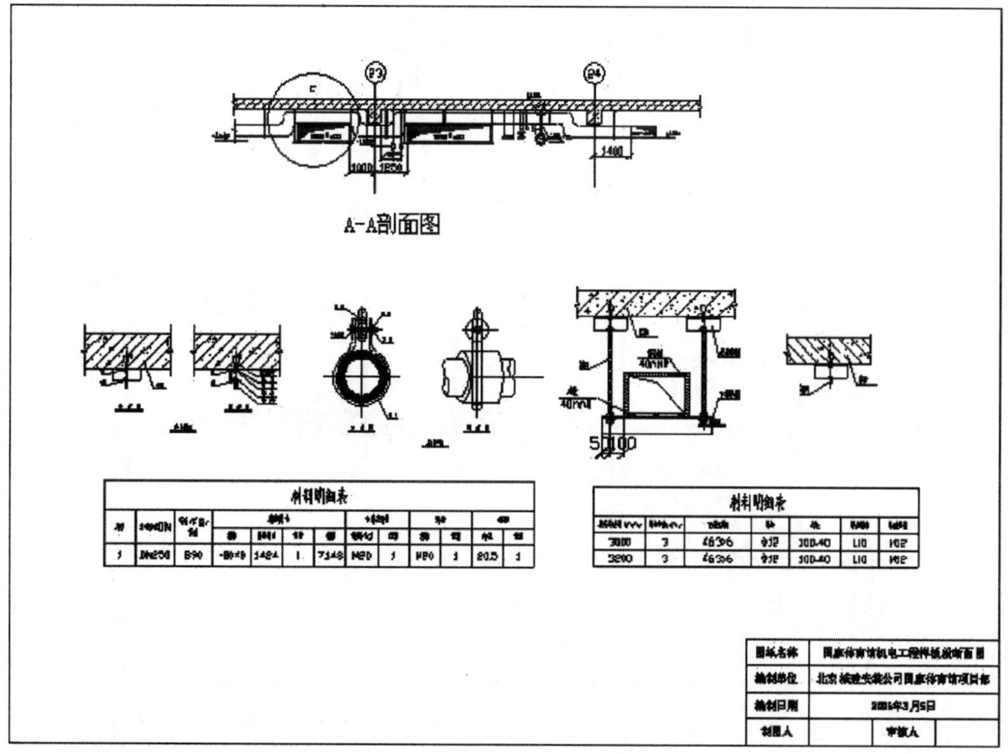

图 2.6-15　国家体育馆机电工程样板段剖面图

内所有设备、管道附件（各种仪表、阀门、柔性短管、过滤器等）的位置。就是要求现场深化设计师按照原图纸，结合现场情况，如实地反映到图纸上，明确所有平面上所需装饰部位的尺寸。一定要对现场的每一个部位进行实地测量以获得这个尺寸，还要把所有相同房型或部位的尺寸进行统计分类统一，每个尺寸都要经得起推敲，要有可实施性。把这些尺寸在现场进行实地放线，明确不同部位的区域界面特别是在管道密集的机房，在平面布置图的深化设计中要考虑现场维修操作的空间，阀门的布置要便于操作，压力表温度及要便于物业管理者抄表计数。在管道综合排布中要尽量采用管道公架，同时管道排布要成行成列，顶部最下层管线要排列整齐，间隔要合理均匀。相邻冷水机组的配管要尽可能对称，同一冷水机组管道要处于一个平面。

通风、空调、制冷机房深化剖面图多数情况下，由于设备设计选型与业主招标的设备外型不一致，原设计中与设备接管形式、风管与机组的接口尺寸及形式均可能发生变化，故机房的施工图纸大多需要深化设计，当其机房平面深化设计图纸不能表达复杂管道相对关系及竖向位置时，应绘制剖面图。剖面图应绘制出与机房平面图的设备、设备基础、管道和附件相对应的竖向位置、竖向尺寸和标高。标注连接设备的管道位置尺寸；注明设备和附件编号以及详图索引编号。图 2.6-16、图 2.6-17 分别为深化设计前后机房管道布置图及施工图。

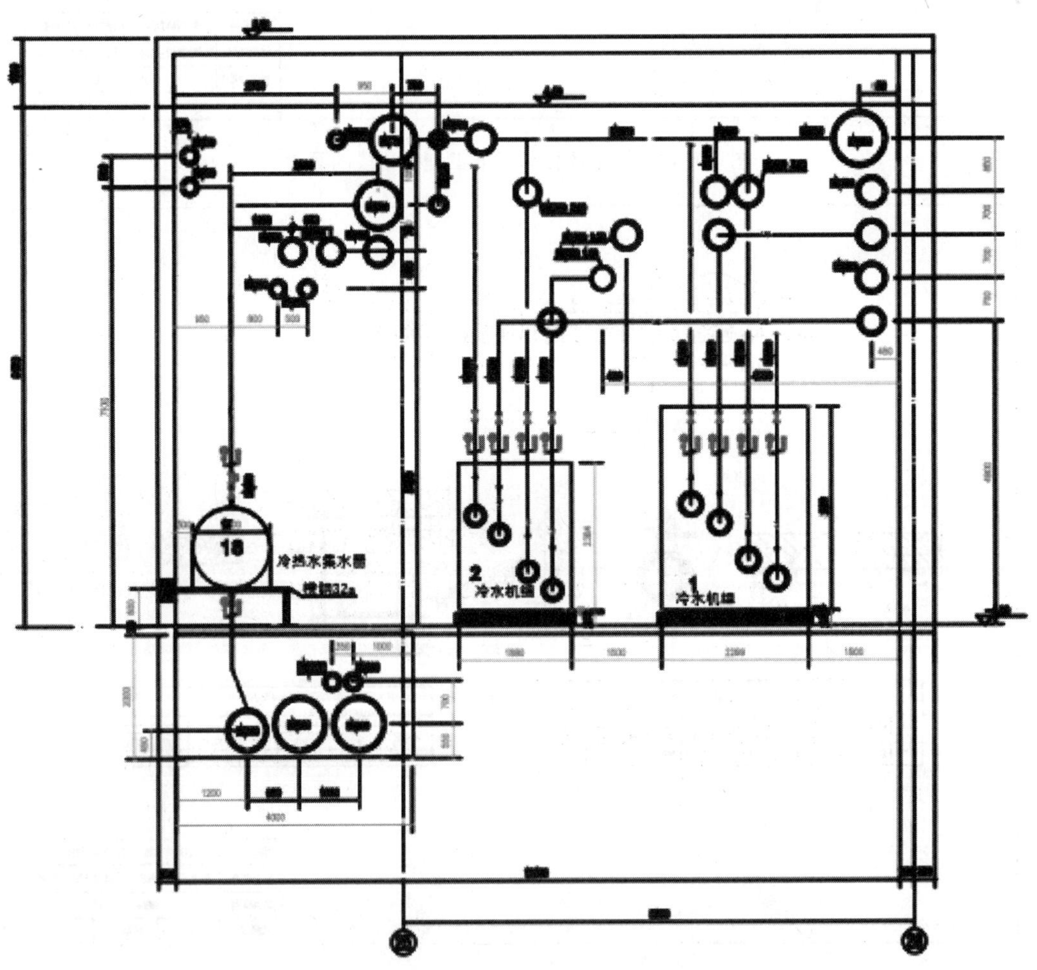

图 2.6-16　原施工图设计冷水机组管道配管图剖面

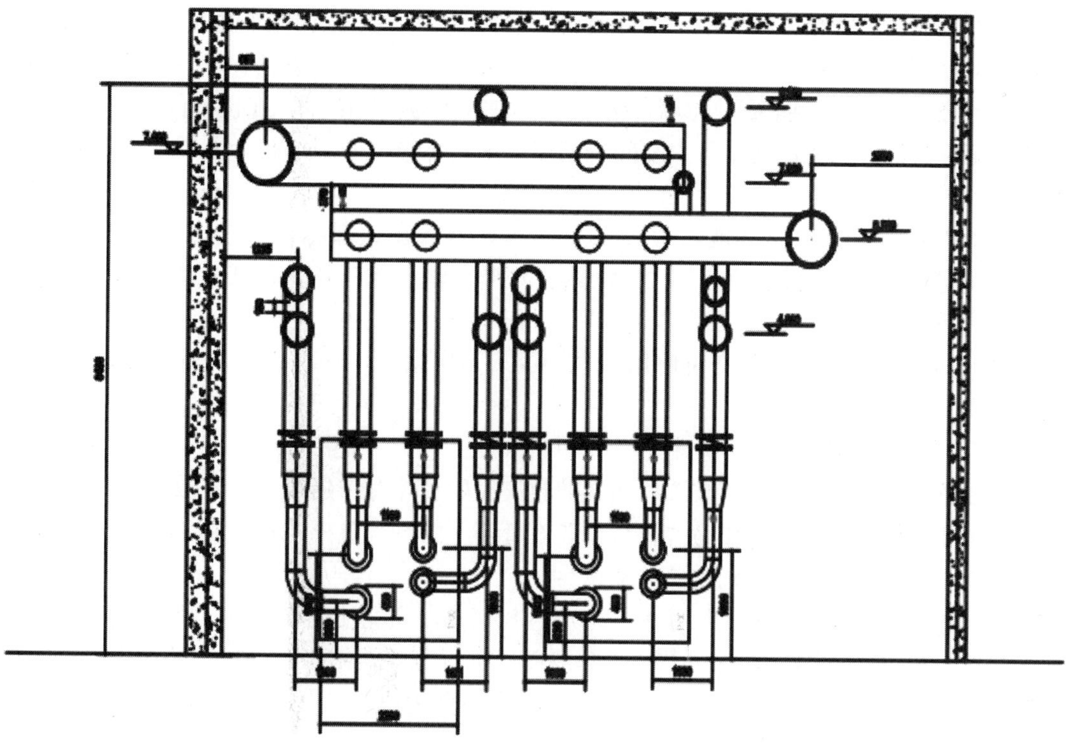

图 2.6-17　深化设计后冷水机组管道配管图剖面

2.6.4　减隔震深化设计

体育建筑，比较适合通过设置隔震体系，以减小其地震作用。在隔震结构中，隔震装置具有变化的水平刚度，在小震及风荷载作用下具有足够的水平刚度，在中大震时，隔震装置的水平刚度变小，使隔震结构自振周期变长，远离上部结构的自振周期和场地卓越周期，从而将部分地震能量“阻隔”，减小输入到结构的地震能量。

某体育馆（图 2.6-18）是四川省青川县灾后恢复重建项目之一，建筑面积 14382.54m^2（其中地上 13294.74m^2，局部地下室 1087.80m^2），上部结构共 4 层，局部 2 层，层高均为 4.2m，室内外高差为 0.3m，建筑物高度为 17.1m。主要功能为体育运动中心，包括球类场馆、健身房和游泳池等。

图 2.6-18　某体育馆

工程建筑结构安全等级二级，设计使用年限为50年。抗震设防烈度为7度，第二组，设计基本地震加速度值为0.15g，建筑场地类别为Ⅱ类，特征周期为0.40s。结构抗侧体系采用现浇钢筋混凝土框架-剪力墙结构，为了增加结构抗扭刚度，在楼梯间增设剪力墙。主体育馆、游泳馆及屋面构架等大空间场馆屋面采用钢结构网架，其余采用现浇混凝土肋梁楼盖。

为了提高结构的抗震性能，工程采用隔震技术，在上部结构与基础之间设置隔震层。抗震等级：按传统抗震设计，工程属于大跨度体育馆建筑，框架抗震等级为二级，剪力墙抗震等级为二级；采用隔震结构后，框架抗震等级为三级，剪力墙抗震等级为三级。目前该工程已竣工，并交付使用，期间经历多次余震，从现场反馈情况看，达到了预期效果。

1. 采用隔震结构技术的可行性

工程抗震设防烈度较高，按汶川地震的救灾经验，体育馆建筑是抗震救灾时灾民安置的一个重要场所。该体育馆作为“智慧岛”教育园区的一个重要建筑，并兼具青川县体育馆的功能，在当地被赋予特别重要的地位。

工程体型基本规则，平面尺寸为72.0m×83.5m，高宽比为0.238，其变形特征接近剪切变形。采用SATWE软件对结构（非隔震）进行分析，结构基本周期为0.51s，基本周期与场地特征周期接近；风荷载作用时结构底部剪力设计值约占结构总重力的0.6%，基础采用柱下独立基础（局部筏板）相连。

2. 隔震装置和隔震方法选择

为了满足结构设计的要求，首先，隔震装置要能承受上部建筑物的重量，并且在竖向荷载作用下不能有过大变形；其次，为了延长结构的振动周期，减小上部结构的加速度反应，隔震装置水平向需具有充分的柔度；第三，为了使振动衰减，限制结构的位移，还必须有一定的阻尼。另外，为了使隔震装置在设计使用年限内正常工作，还需具有规定的耐久性和耐火性等性能要求。国内外几种常用的隔震装置及有无水平恢复力见表2.6-4。

隔震装置 **表2.6-4**

隔震方法	隔震装置	水平恢复力
叠层橡胶支座隔震	铅芯叠层橡胶支座高阻尼 叠层橡胶支座 普通叠层橡胶支座+阻尼器	有 有 有
摩擦滑移隔震	摩擦摆支座 石墨、砂石 滚轴支座	有 无 无
组合隔震	普通叠层橡胶支座+PTFE支座或滚珠支座+阻尼器	有
智能隔震	普通叠层橡胶支座+磁流变阻尼	有

目前实际应用的隔震装置基本有三大类，即叠层橡胶支座、摩擦滑移隔震元件以及滚动摆（滚珠、滚轴）元件，此外，还可利用柔性柱等元件来达到隔震的目的。

工程选用叠层橡胶支座隔震，隔震装置选用普通叠层橡胶支座和铅芯叠层橡胶支座。普通叠层橡胶支座不提供阻尼，铅芯叠层橡胶支座可提供阻尼。因结构平面布置基本对称，隔震支座亦按对称布置，并将铅芯叠层橡胶支座布置在建筑周边和角部，以提高结构的抗扭刚度。

3. 隔震支座性能及平面布置

隔震支座需要长期承受竖向荷载，且在竖向荷载作用下不会发生大的竖向变形和失稳。《建筑抗震设计规范》GB 50011—2001（2008 年版本）（简称抗震规范）规定橡胶隔震支座的竖向平均压应力限值：乙类建筑为 12MPa，丙类建筑为 15MPa，本工程抗震设防类别为丙类，考虑其屋顶采用大跨度结构，隔震支座竖向平均压应力设计限值取 12MPa（按乙类建筑）。依据厂家提供的橡胶隔震支座的设计竖向承载力和上部柱底设计荷载（非隔震），隔震支座平面布置见图 2.6-19。

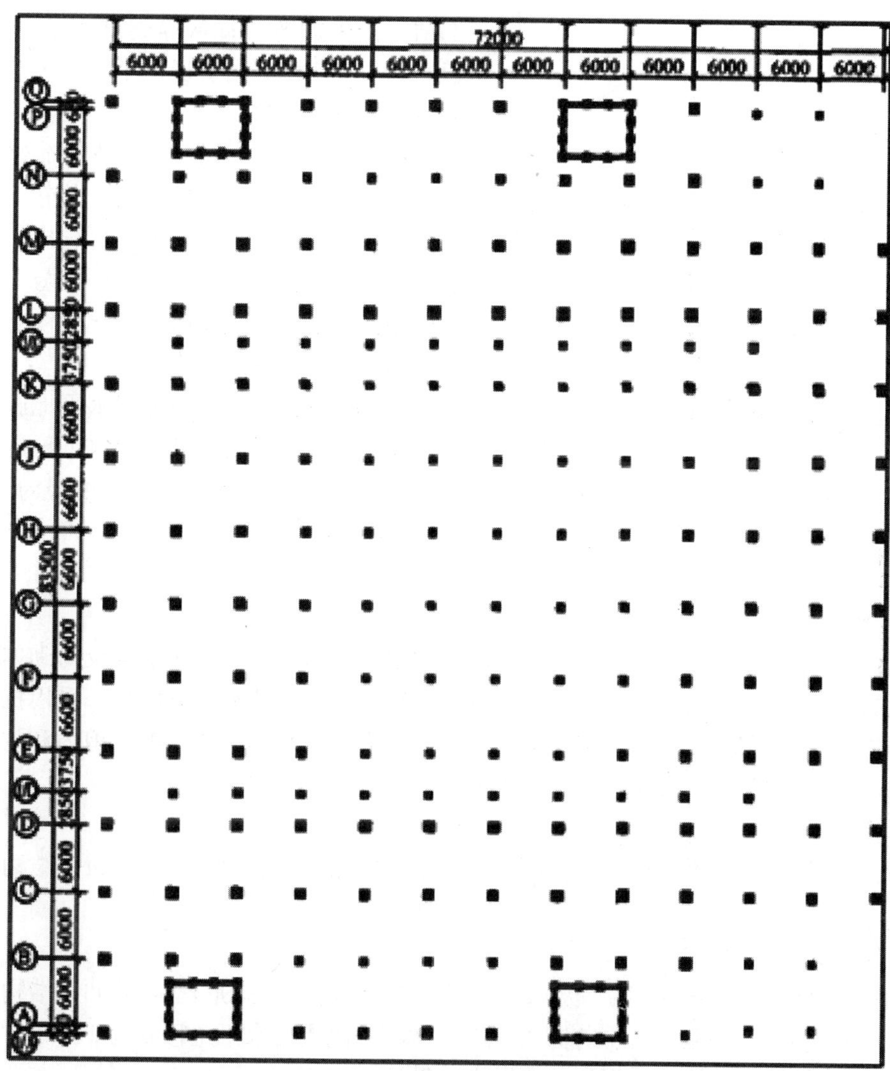

图 2.6-19　隔震支座平面布置

4. 隔震结构分析

（1）隔震结构分析方法

不少国家（包括我国）的抗震规范都对橡胶垫基础隔震技术作了规定，考虑到我国的隔震技术应用现状，采用简化估算方法和相对较为精确的时程分析方法相结合的两阶段设计方法。隔震结构分析的主要目的是确定水平向减震系数和隔震层位移。本工程先采用简化计算，然后采用 MIDAS/Gen 时程分析法进行补充计算。

隔震层、隔震层以上的结构构件要与隔震层以下的结构构件完全断开，为了使隔震层能整体协同工作，结构设计时在上部结构底部增加厚度为 150mm 现浇钢筋混凝土楼面，并增加梁板的配筋和截面，以保证其在平面内的刚度足够大。抗震规范要求：隔震层顶部的梁板结构，对钢筋混凝土结构应作为其上部结构的一部分进行计算和设计。

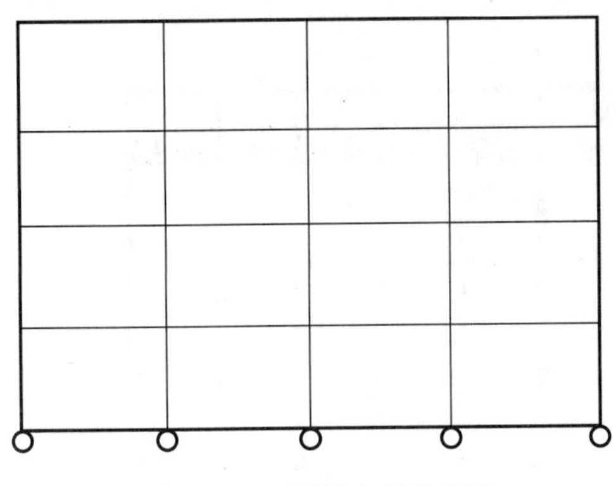

图 2.6-20　隔震支座的变形

从隔震支座的受力情况来分析，隔震支座能传递上部结构的轴力和水平力，但不承担上部结构传来的弯矩；从隔震支座的变形来分析，隔震支座的竖向变形很小，在水平力作用下可发生较大位移。

根据以上分析，可将隔震支座简化为一个铰支座和一个水平弹簧的组合，但在 SATWE 系列分析软件中没有水平弹簧可选择，在基础稳定性较好的情况下，顶部梁可按与上部结构柱底固接考虑，隔震支座可简化为铰支座，计算简图见图 2.6-20。

在确定分析软件和计算简图的情况下，结构的水平地震作用大小可用水平地震影响系数来表示。抗震规范规定：隔震结构的水平地震影响系数的最大值可采用水平地震影响系数的最大值和水平减震系数的乘积，即 0.12×0.404＝0.048，相当于将 7 度降为 6.2 度，隔震后上部结构的水平地震作用通过“水平地震作用放大系数”进行调整，将水平地震作用放大系数取 0.404，并复核各楼层的水平地震。

（2）隔震结构简化分析方法

抗震规范给出了一种隔震结构的简化计算方法，适用于多层砌体结构及与砌体结构周期相当的钢筋混凝土结构。本工程结构体型基本规则，变形基本为剪切型，采用抗震规范附录 L 进行简化计算，分别分析隔震层在多遇和罕遇地震作用下的周期、剪力和位移。以下简化计算的公式和字符含义详见抗震规范。

1）多遇地震作用

隔震结构体系的基本周期 T_l 为 1.73s，隔震结构的等效阻尼比为 0.14，结构地震影响系数 α_1 为 0.184，隔震结构的减震系数为 0.404。

2）罕遇地震作用

隔震结构体系的基本周期 T_l 为 1.73s，隔震结构的等效阻尼比为 0.06，结构地震影响系数 a_l 为 0.184，隔震层水平剪力为 35745.3kN，隔震层水平位移 u 为 136mm。

综上所述，隔震结构的减震效果能够满足设计。

（3）隔震结构时程分析

工程选用 MIDAS/Gen 对结构进行弹性时程分析，以进一步求解水平隔震系数。铅芯橡胶隔震支座采用 MIDAS/Gen 提供的一般连接进行模拟，两个剪切弹性支承具有二轴塑性相关特性，其余四个自由度具有线弹性特性，根据其力学特性输入与滞后系统并联的附加线性黏性阻尼器的有效阻尼比。

选取三条地震波：El Centro，Taft 和 san Fernado，分别对非隔震和隔震结构进行时程分析，对比分析结构主方向的基底总剪力平均值，非隔震结构为 13770kN，隔震结构为 2807.1kN，后者与前者的比值为 0.204。按抗震规范对应水平向减震系数为 0.38，与简化计算基本吻合，上部结构设计时减震系数取大值，即 0.404。

5. 构造措施

在基础顶面设置隔震支座，在底层增设板厚为 150mm 的梁板式楼盖，双层双向配筋。

1）隔震支座连接示意见图 2.6-21。为了增加隔震层的刚度和隔震支座的稳定性，在支座下适当位置增设连系梁；2）在建筑物周围设置隔震沟，楼电梯结构上下脱开，为结构在地震作用下预留变形空间，隔震沟示意见图 2.6-22。要求设备管道穿过隔震层时，采用柔性连接。

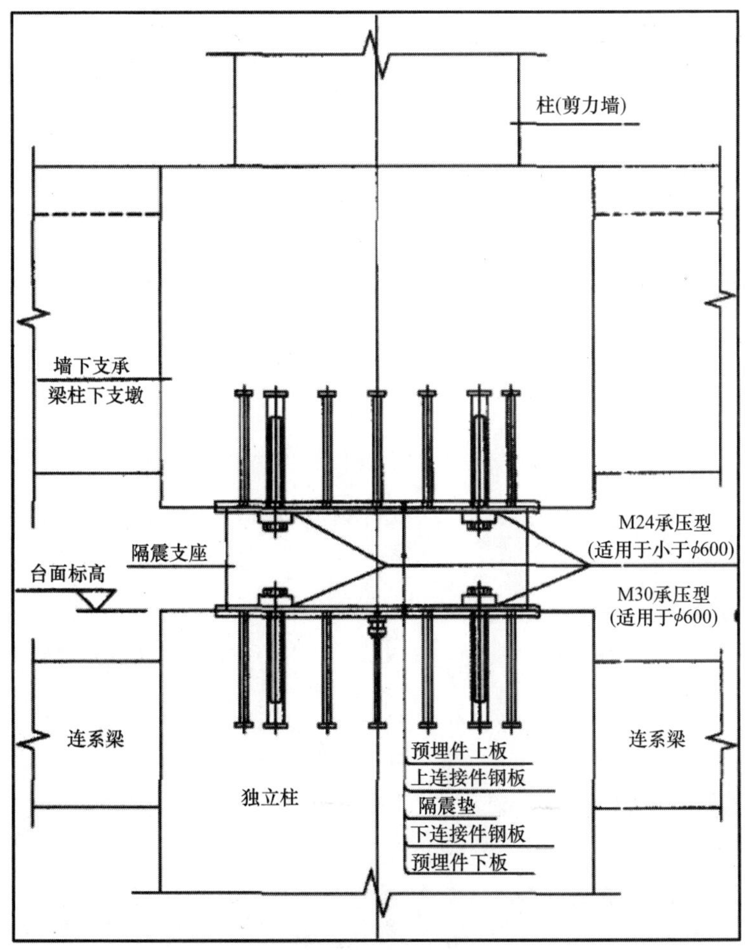

图 2.6-21　隔震支座连接示意图

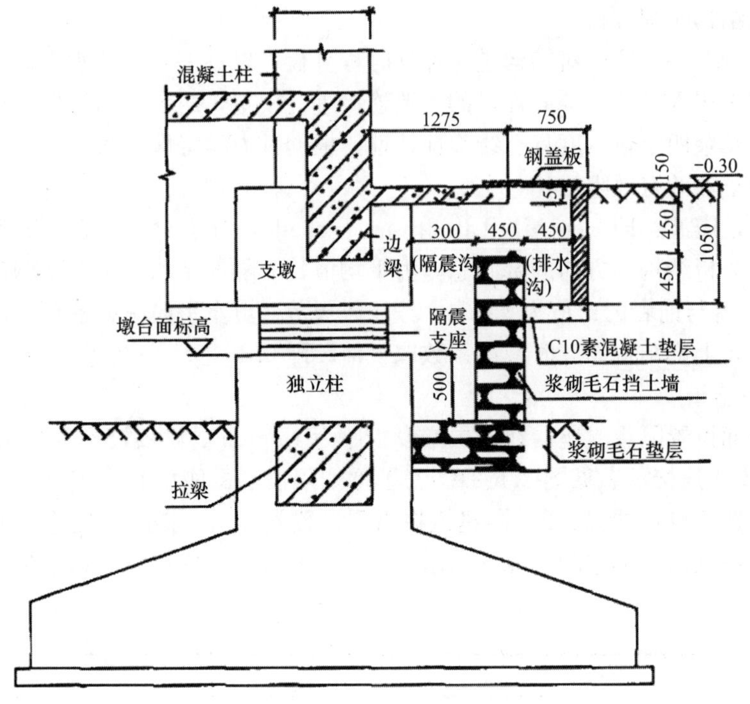
混凝土柱
1275
750
钢盖板
150
-0.30
5
300
450
450
边梁
(隔震沟
(排水沟)
450
1050
450
支墩
隔震支座
墩台面标高
C10素混凝土垫层
独立柱
500
浆砌毛石挡土墙
浆砌毛石垫层
拉梁

图 2.6-22　隔震沟

第 3 章　装配式体育建筑施工

3.1 概　　述

大型体育馆建筑比传统住宅复杂得多，施工难度较大，且不同地域的体育馆复杂程度不同，展现形式也不同，构件的品种不同，构件的质量不同。

汽车、轮船、飞机等大型设备的制造，是通过各个地区、各个工厂生产不同的零件、部件，然后将这些部件发往工厂进行组装，组装完成后的产品通过各项试验检测，合格后才具备出厂条件。如今建筑和汽车、轮船等制造业渐渐地有了共同点，装配式建筑物的PC 构件（制造业的零部件）在工厂进行生产，然后通过集成物流运输到建筑工地（组装工厂）进行施工组装，通过相关部门的各项检测，竣工交付。

本章主要阐述体育馆的结构施工，介绍预制构件的生产、物流运输、组装施工。

3.2　预制构件生产加工

3.2.1　预制构件的生产前准备

1. 图纸优化

（1）图纸深化的目的

装配式构件工艺生产设计有显著特点，准备阶段："生产在前，设计在后"；实施阶段："设计在前，生产在后"。

因为装配式建筑的"不可逆性"，预制构件在工厂的生产预制，必须与实际紧密结合，准备阶段根据项目的地理位置、交通道路、起重吊装机械等客观原因，进行构件的设计生产优化、拆分，避免生产的构件无法运输，或到了现场受起重设备影响无法吊装。实施阶段根据深化图纸指导现场的安装，结合深化图纸合理组织施工、合理的物流运输、最大化的施工可控。

（2）深化的流程

深化的流程如图 3.2-1 所示。

2. 技术交底与图样会审

预制构件生产前必须进行全面周到详细的准备。在项目设计进行过程中，构件制作企业就应当与设计协同，避免构件制作过程需要的吊点、预埋件等在设计中遗漏。

（1）技术交底的对象

1）设计单位向工厂技术团队进行技术交底，提出设计要求与制作环节的重点、易出问题的点。

2）工厂技术团队在生产制作前，向有关管理人员和作业人员介绍工厂概况和特点、设计意图，采用的制作工艺、操作方法和技术质量保证措施等情况。

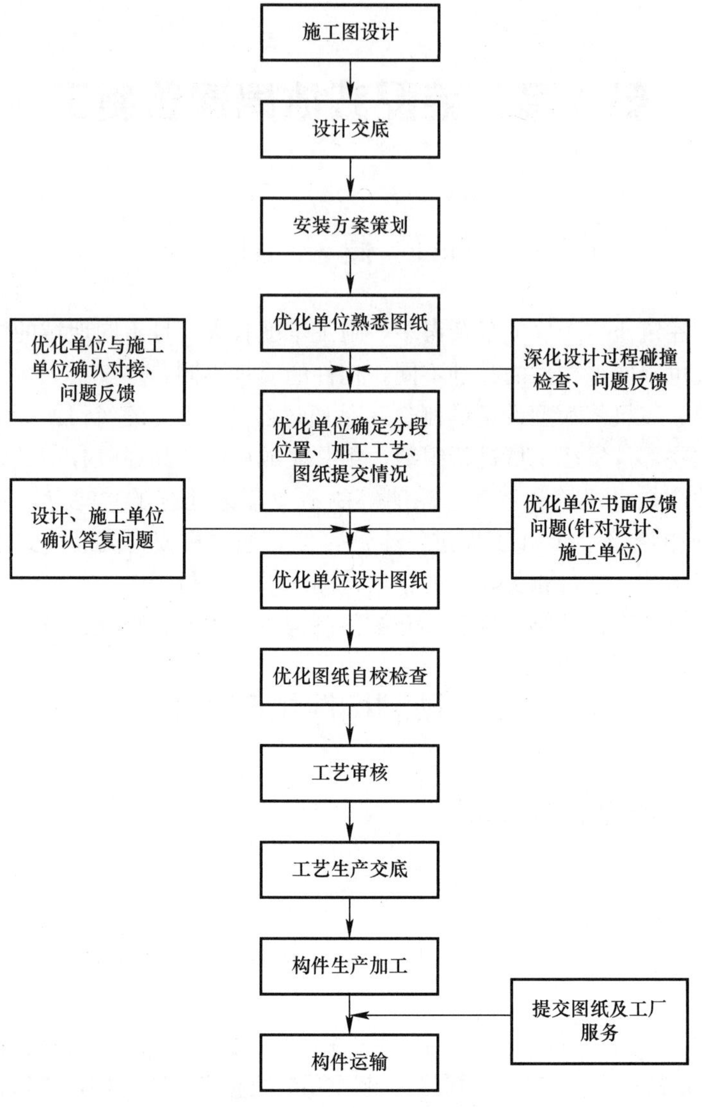

图 3.2-1　深化流程图

（2）工厂内交底的主要内容：

1）原、辅材料采购和验收要求标准的技术交底；

2）材料链接（焊接、混凝土配合比）的技术交底；

3）零部件的加工标准（国标、非标、采购或制作）技术交底；

4）模具制作与拆除技术交底；

5）构件运输临时加固措施交底；

6）半成品、成品保护措施技术交底；

7）构件编码标识设计与植入技术交底等。

（3）技术交底的要点：

1）技术交底要明确技术负责人、质量管理人员、车间和工段管理人员、作业人员的责任。

2）当预制构件部品采用新技术、新工艺、新材料、新设备时，应进行详细的技术交底。

3）技术交底应该分层次展开，直至交底到具体的作业人员。

4）技术交底必须在作业前进行，进行书面交底，进行留存，方便员工随时查看。

3.2.2　精细化的预检

1. 构件模型

利用设计阶段建立的 BIM 模型，在此模型上进行对象参数化建模，采用参数化构件，使深化设计实现可视化，运用数字化的方式将建筑的物理和功能特征表达出来，达到协同设计、制造、供货、施工、造价和信息输出多元化的目的（图 3.2-2）。

图 3.2-2　构件模型

2. 碰撞检查

（1）构件与构件之间的检查，确保节点链接、构件尺寸的准确性，减少弹性变量的影响，尽量达到完美的连接方式；构件与门窗之间的碰撞检查（图 3.2-3、图 3.2-4）。

（2）结构与机电的碰撞检查，减少图纸返工。

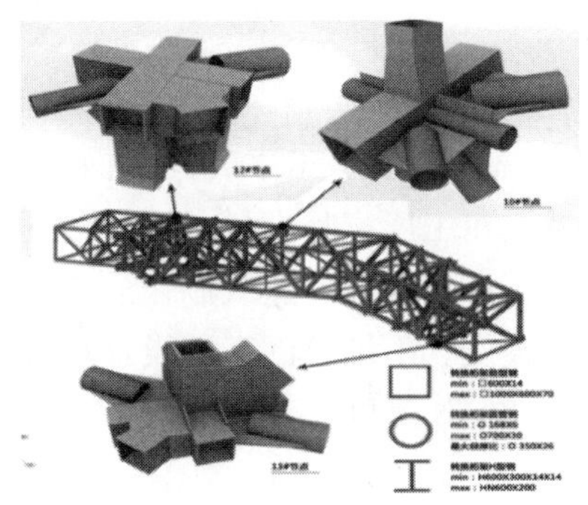

图 3.2-3　节点的检查碰撞

图 3.2-4　管线、门窗碰撞检查

3.2.3　加工制作阶段

预制构件通常情况下是在工厂制作（图 3.2-5～图 3.2-8）。如果项目距离工厂较远，周边也没有合适的代加工厂，且从工厂运输到项目的成本较昂贵，也可在项目现场制作。

图 3.2-5　预制构件工厂生产

图 3.2-6　预制构件制作

图 3.2-7　预制构件生产（1）

图 3.2-8　预制构件生产（2）

1. 材料采购

材料采购计划是一个合格项目必须编制的，采购计划的及时性、精确性和合理性将影响制作环节的质量和成本。

2. 材料验收

大跨度预制构件的节点和构件的加工制作质量是保证后期预制构件工程顺利竣工的重要指标。为使得整个加工制作过程向标准化和精细化方向发展，加工制作前的材料验收就显得尤为重要。

3. 制作工艺

工艺设计将决定工序、工人资质条件、配套工具设备及精度、工序时间、操作要点、质量管理标准等内容，是加工制作的前的重要环节。然而在工厂实际准备中缺乏对图纸内容的理解，仅关注的是制作效率，没能将图纸说明与加工环节匹配，造成制作质量和功能下降，一旦加工完成，后期成型构件材料的性能将无法改变。不细致的工艺设计还将导致加工制作过程中任务分工和管理职能不明确，影响构件的制作进度。

4. 关键工序的控制

下料的精度直接影响构件制作的质量，合理的坡口可以起到减少填充量、节约连接材料，减少构件变形，降低连接缺陷发生的目的；构件组装的结果是为了保证构件的形成，组装需要结合方法、焊接收缩量、起拱等因素保证组装的质量符合标准；焊接过程是保证构件连接的关键，故此工艺要求较高；预拼装的目的是检验构件制作精度，保障现场安装顺利进行而采取的做法，过程虽费时费力，但起到对安装精度的把控作用。上述关键工序是一个整体，缺少任何一环都对构件整体质量产生影响，不利于安装的顺利进行。

5. 难点控制

构件由于体型较大，移动不太方便、给工人无形之中增加了工作量，在制作上的疏忽容易导致整个材料的作废。放样是对工程材料把控的第一关，直接影响经济性，放样人员不够细心直接会导致制作出的构件无法达到精度和使用要求。如预制构件焊接过程中常出现的是焊缝成形不良、飞溅、焊瘤、未焊透、气孔、夹渣、裂纹等现象。由于钢材不平整导致的下料偏差导致后面工序的误差积累，影响构件质量。矫正过程中产生的弯曲变形过大、边缘加工过程中产生的热影响区处理不当、制孔过程中的偏差造成安装时的精度不能满足拼装要求。加工成型之后的预拼装变形和扭曲现象造成的构件起拱数值不满足设计值等问题。在构件防腐涂装过程中涂层厚度不均匀、油漆出现气泡、油漆配合比不佳导致涂刷黏度大，这些质量缺陷都是在制作中产生的。

3.3 物流运输

预制构件如果在存储、运输、吊装等环节发生损坏将会很难补修，既耽误工期又造成经济损失。因此，大型预制构件的存储工具与物流组织非常重要。

1. 构件运输的准备工作

准备工作主要内容：制定运输方案、设计并制作运输架、验算构件强度、清查构件。

2. 制定运输方案

需要根据运输构件实际情况，装卸车现场及运输道路的情况，施工单位或当地的起重机械和运输车辆的供应条件以及经济效益等因素综合考虑，最终选定运输方法、选择起重机械（装卸构件用）、运输车辆和运输路线。运输线路的制定应按照客户指定的地点及货物的规格和重量制定特定的路线，确保运输条件与实际情况相符。

3. 运输架的制作

根据构件的重量和外形尺寸进行设计制作，需考虑运输架的通用性，控制成本。

4. 对大型构件的强度验算

根据运输方案确定的条件，验算构件在最不利截面处的抗裂度，构件抗剪最弱的部位，避免构件开裂、变形、折弯。

5. 构件的清查

清查构件的型号、质量和数量，有无加盖合格印章、二维码、编号、出厂合格证书等。

3.4 安装组合

3.4.1 现场平面布置

大型体育馆施工特点的“唯一性”，现场安装作业面较大、吊装单元体积大、重量大、多专业交叉施工的特点。在现场的表现有“四多”，即设备多、工具多、材料多、工种及人员多。现场的平面布置常忽略对现场周边情况的考虑，如交叉作业、道路通行、施工工序的影响，导致出现工期延长、资源浪费、钢构件周转次数增加、材料二次倒运、工序搭接不畅、大型运输和起重设备不能同步进行等问题，影响施工效率（图 3.4-1）。

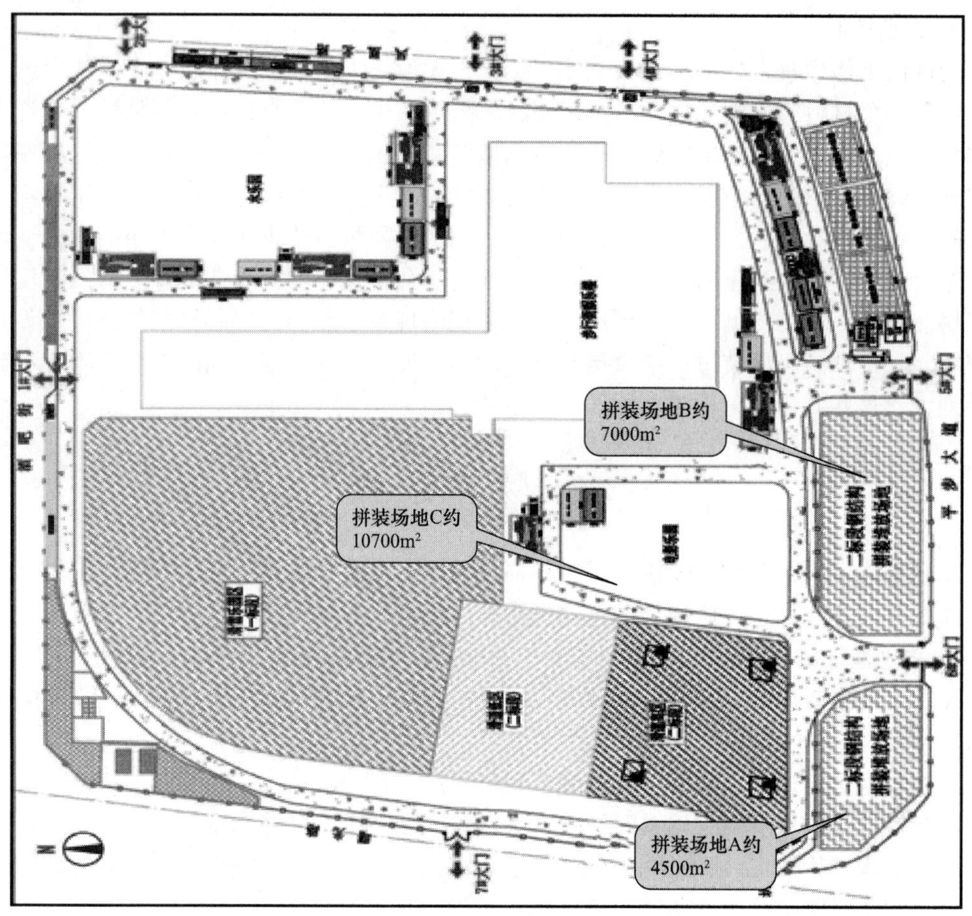

图 3.4-1　场地平面布置

3.4.2　吊装注意事项

大跨度构构件在运输、装卸、堆放、安装起吊时，由于缺乏管理，只注重速度，起吊点不经计算、随意设置的情况十分常见，这些现象是造成构件不可恢复形变的主要原因，也使得在吊装过程中出现安全隐患，造成构件失稳和损伤。这些给现场拼装的精度造成影响，造成构件偏差大，不利于安装时的精度控制（图 3.4-2、图 3.4-3）。

3.4.3　现场拼接、安装误差超限

由于大跨度工程的占地面积大、原料设备繁杂、现场人员较多、现场拼装，有时因操作平台支架沉降导致整体标高偏低或无法对位，有些操作人员为保证对接，没有在自由状态下将构件对位焊接，而是通过锤击等方式强行焊接，对质量和尺寸造成误差，严重时无法实现安装。安装时出现构件底部的预留孔与预埋螺栓不对中，测量偏差导致安装完成时的标高和设计标高不符、挠度偏差大，高空对位偏差导致构件安装变形。定位时屋架垂直度偏差过大，超过允许值。安装时构件节点之间的缝隙过大，高空焊接时质量得不到充分保证。

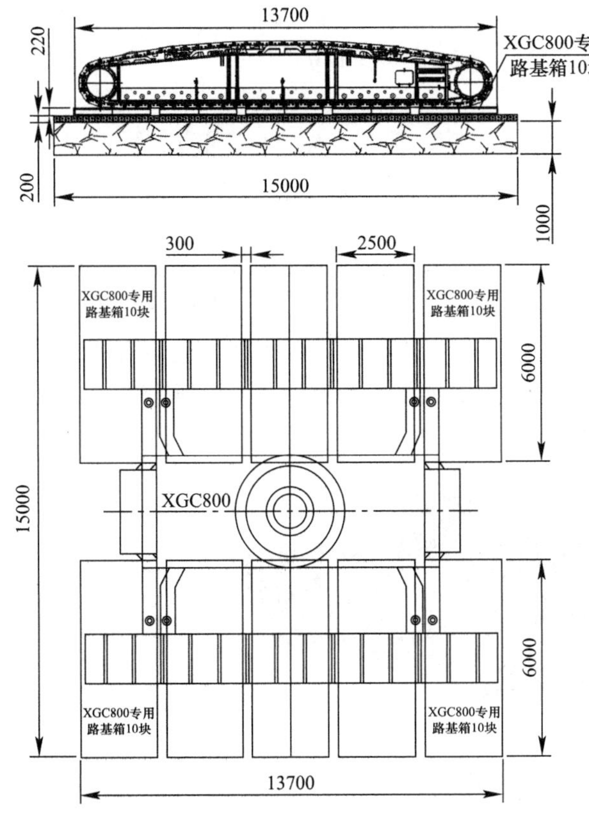

图 3.4-2　吊车选用计算

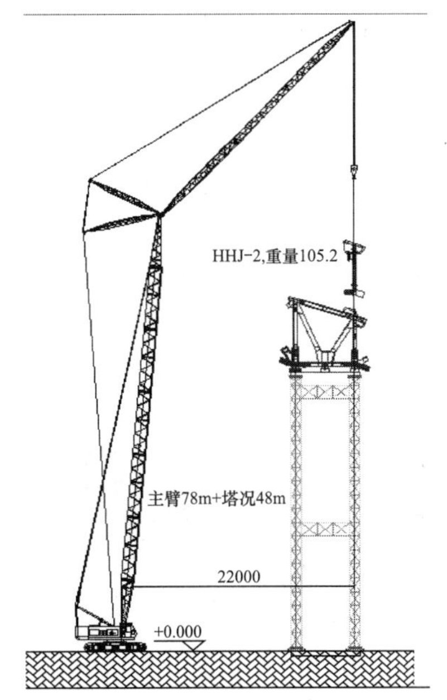

图 3.4-3　吊车分析

3.4.4　大跨度构件常用的施工办法

（1）分条或分块安装法

分条或分块安装主要是对建筑的结构进行分割处理，将其结构放在地面上，进而分割成不同的条状单元，借助起重机械设备开展吊装的工作，将这些分割好的不同条状单元吊至空中，开展整体的拼接处理。

（2）高空散装法

高空散装法是把整体结构精确地划分成多个散件，使用悬挑法或满堂支架法把这些散件在高空作业上拼装成一个整体，高空散装法主要被应用到空心球等一些节点较多的网架结构中，整体安装工序相对简单。

（3）整体吊装法

整体吊装法主要是在地面预拼装好分区结构，借助大型起重机械设备吊装到相应的安装位置处，整体吊装法主要被应用到一些结构形式较为简单化的机构中，能极大地缩短施工时间。

（4）高空滑移法

高空滑移法主要是把已经切割成条状的单元分条逐步地滑移到高空的某一设定位置，之后再逐条进行拼装，最终将其拼装成为一个整体。逐条累积滑移法主要使用的是分段式连接和滑移的形式，不断地循环，直至单元全部连接。

3.5 BIM在施工管理中的应用

BIM在大型体育馆的应用详见第5章，本节主要简单介绍BIM在施工管理中的应用方向。

1. 可视化施工

在施工阶段，建立三维实体模型，用数字化的建筑构件来表示真实建筑物的构件，可以快速直观地推敲建筑体量，剖析建筑造型和功能布局。在大型、复杂的结构体系的方案编制过程中运用可视化技术，对结构模型进行漫游动态演示，并以此来选择结构的最优方案。在施工图设计阶段，运用建筑信息模型可以加快设计变更决策，快速检测工程设计中存在的错误和纰漏，降低工程设计建造成本（图3.5-1）。

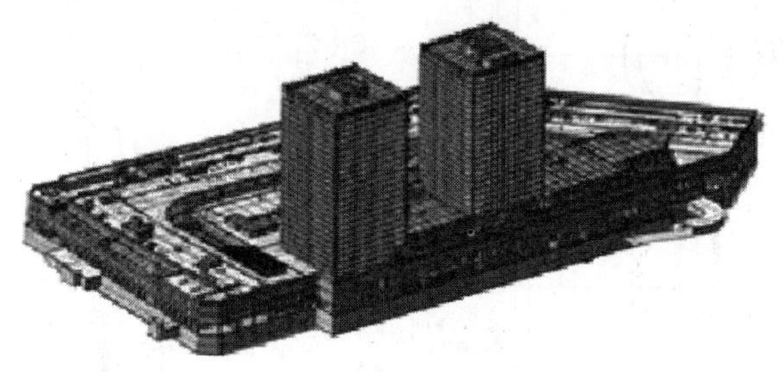

图3.5-1　BIM模型

2. 参数化施工

在整个建筑信息模型中，模型和全套设计图纸存储在同一个数据库中，所有内容都是参数化的、相互关联的。这种双向关联性和即时、全面的变更传播可以实现高质量、一致、可靠的信息输出，这是BIM的关键所在，有助于形成面向设计、分析和建档的数字化工作流程。

3. 信息共享化施工

所谓“协同施工”，就是设计、施工等各个专业在同一个工作平台下工作，设定的项目中心文件集体共享。不同专业人员使用各自的BIM核心建模软件建立自己专业相关的BIM模型，与这个中心文件链接，并在与其同步后，将新创建或修改的信息自动添加到中心文件。这个中心文件就是建筑信息模型，各专业都可以在此模型中查看其他专业部件的布置及其他信息，从而实现信息共享整体推进。

3.6 施工案例

3.6.1 工程概况

福州海峡奥林匹克体育中心项目位于福州市南台岛仓山组团中部，建筑占地面积73.3公顷；其中主体育场占地面积：61577m²，总建筑面积：119772m²；总座椅数为59562座；体育馆建筑面积约4.2万m²；总座椅数为12980座；游泳馆建筑面积3.3万m²；总座椅数为 3978 座；网球馆建筑面积约 3 万 m^2；总座椅数为 3152 座；属于特级特大型体育建筑（图 3.6-1）。

图 3.6-1　福州海峡奥林匹克体育中心鸟瞰图

3.6.2　结构概况

1. 罩棚结构体系

主体育场地上 4 层，混凝土看台最高点高度 30.78m，钢罩棚悬挑最大长度 71.2m，最高点高度 52.826m；钢结构罩棚采用双向斜交斜放网架空间结构体系。分东、西两个钢罩棚（图 3.6-2、图 3.6-3）。罩棚杆件共 29 种规格，最大的为 P750×35mm、最小的为 P127×6mm。

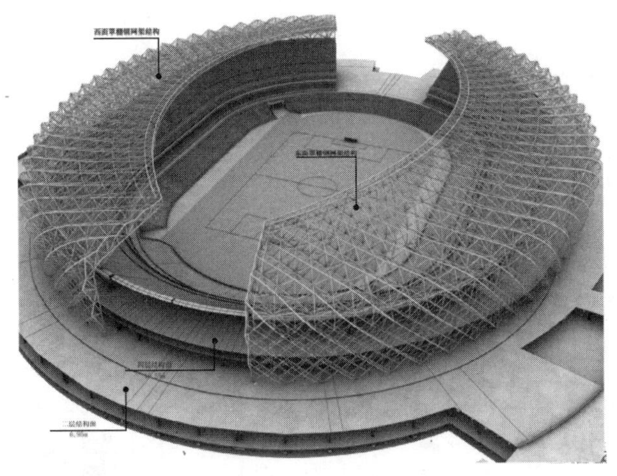

图 3.6-2　罩棚效果图（平面）

2. 支撑体系

单边罩棚支撑体系共设置 31 个支撑点，每个支撑点由 4 根圆钢管斜支撑组成。

3. 支座体系

罩棚支座体系分内环支座和外环支座两种，单边内环支座共 30 个，分别由成品铰支座加铸钢节点支座组成；外环支座共 31 个，主要是支撑节点支座（图 3.6-4）。

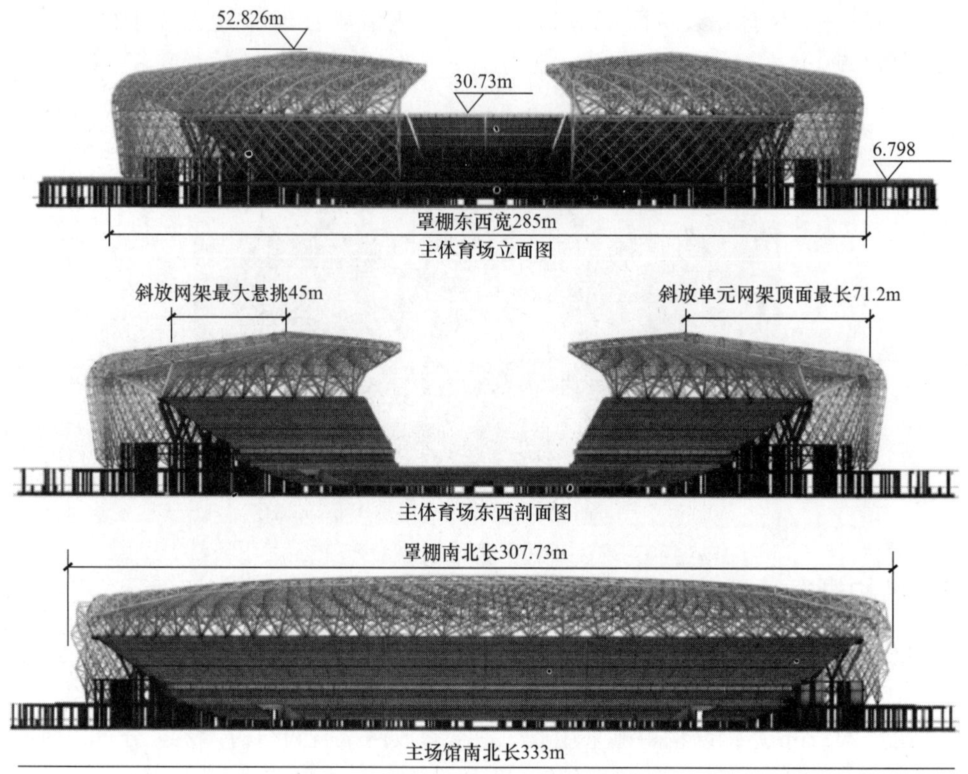

图 3.6-3 罩棚效果图（立面）

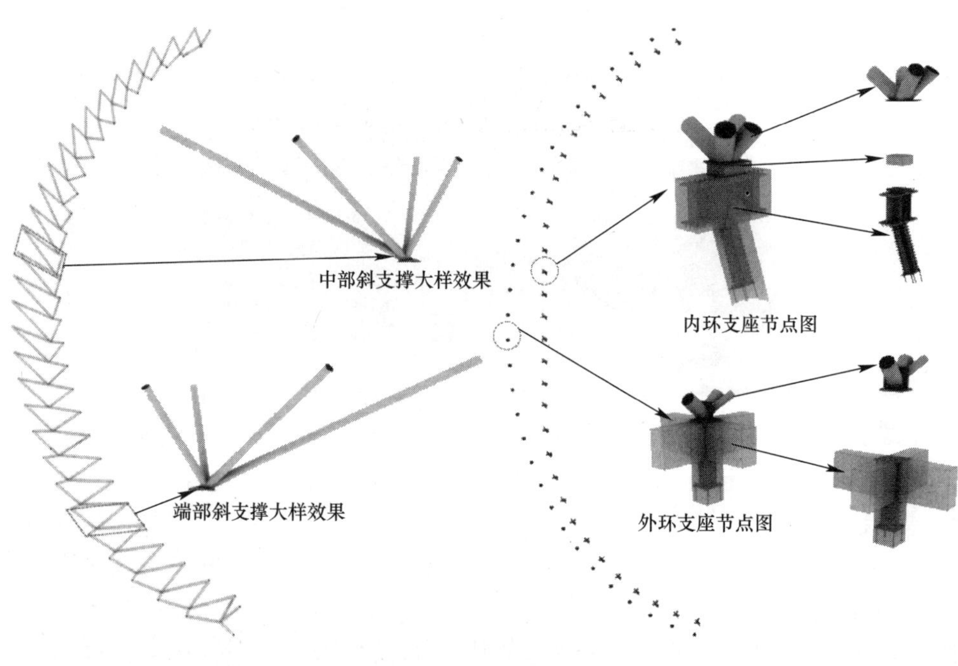

图 3.6-4 支座节点

4. 劲性结构

该项目劲性结构主要分布于 A 轴线一圈共 66 根劲性钢柱和内环圈梁劲性钢梁，内外环节点处倒插 2m 长劲钢柱，内环节点倒插柱共 60 个，外环节点倒插柱为十字形截面，共 62 个（图 3.6-5）。

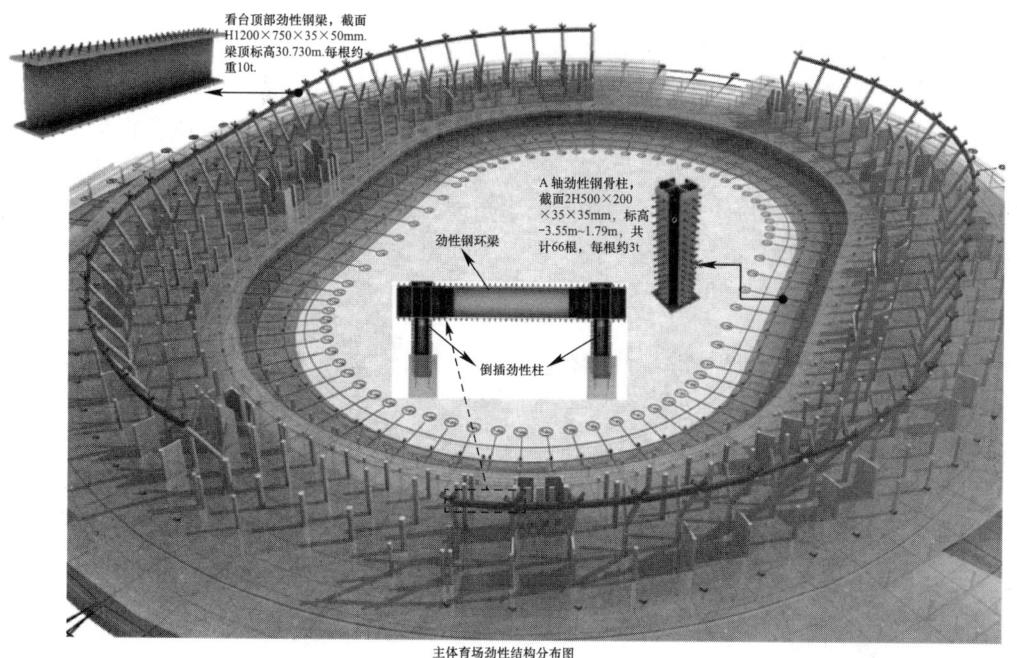

图 3.6-5 劲性结构布置图

5. 铸件概况

体育场钢网架结构铸钢节点共约 1270 个。大于等于 10 个支腿（最多 16 个支腿）相交的节点均做成铸钢构件形式，该部分罩棚钢网架铸钢节点约 1150 个；成品铰支座与斜支撑连接、成品铰支座与倒插柱顶环梁连接节点均要求采用铸钢节点形式，此部分铸钢节点形式共 120 个（图 3.6-6）。

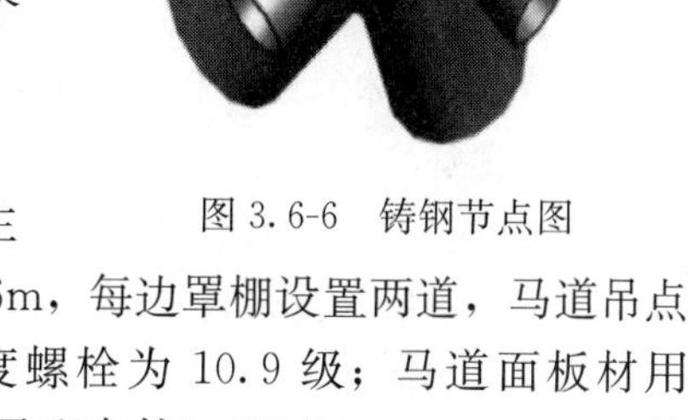

图 3.6-6 铸钢节点图

6. 马道系统

马道结构通过 P168×8 的圆管拉杆与钢网架下弦主杆件连接，马道布置于罩棚下弦，标高最高点为 50.726m，每边罩棚设置两道，马道吊点距离为 10m；马道构件钢材均为 Q235B；所用高强度螺栓为 10.9 级；马道面板材用 G205/30/100 型号钢格板，其性能必须满足《钢格栅板及配套件》YB/T 4001.1—2007 的要求。

7. 屋面系统

本工程屋面主要分为两类，一类是看台钢结构罩棚部分的金属屋面；另一类是混凝土看台部分的屋面。金属屋面防水等级为二级，观众平台耐水等级为一级。直立锁边自防水金属屋面。面板采用 1.1 厚铝镁锰合金板材，肋高 65mm，PVDF 涂层，板型宽度建议为

400mm，底板厚度不小于0.47mm。金属屋面吸声、隔热、隔声层采用50mm厚玻璃棉板，外包金属防潮膜，重度80kg/m³；混凝土屋面保温层采用50mm泡沫玻璃保温板，重度160kg/m³，压缩浓度≥0.25。

3.6.3 施工重点、难点、分析与对策

1. 三维弯扭曲线变截面构件以及多角度钢管相交铸钢节点等的深化设计

（1）重难点分析

本工程钢结构深化设计涉及的内容较多，包括成品铰支座节点、多角度相交支腿铸钢节点、三维弯扭变截面钢网架杆件，特别是成品铰支座与多角度相交支腿铸钢节点，是整层网架罩棚结构。在设计图中需从多方面、多角度体现三维弯扭形态，并体现出双层三维弯扭组合构件的完美样条曲线，难度较大，对深化设计要求高。

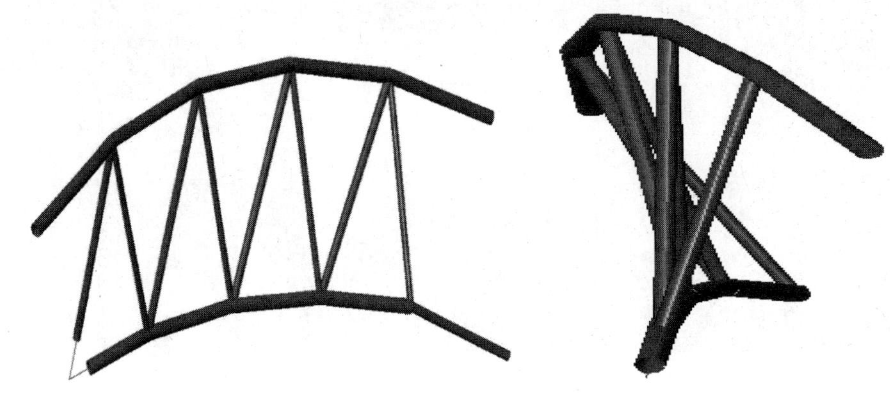

图3.6-7 节点深化模型

（2）对策

1）采用Xsteel、Solidworks等专用设计软件，并密切联系设计院，严格执行相关规范，确保节点深化设计的准确和美观性；深化设计时，每段均以控制点绘制圆弧，形成圆弧弯管再通过各段圆弧的空间模拟，形成最终的三维曲线。

2）对于多角度支腿组成的铸钢件的深化采用Xsteel、Solidworks等铸钢件专用设计软件以及通用有限元程序ANSYS 10.0进行节点验算深化分析；

3）根据具体的设备和工艺状况，对结构形式、结构布置、材料种类、节点类型向设计单位提出详细的建议；采用电脑放样制作铸造模具。

4）针对前期工期比较紧的特点，由项目深化设计管理组根据总体工期要求和施工部署，制定详细的深化设计计划，并定期召开各专业深化设计协调会，确保深化设计分阶段分部位及时出图。

2. 成品铰支座、铸钢节点、三维弯扭变截面钢管构件的制作

（1）重难点分析

1）成品铰支座的制作

成品铰支座布置于内环基座支撑点，基座底部设计了斜倒插式劲性柱进行固定，成品铰支座与底部倒插式劲性柱需要形成精确的对接，才能满足受力需要，因此，铰支座制作精度是保证安装精度的关键。成品铰支座安装精度是保证上部支腿铸钢件及支撑杆件的安

装精度和满足设计受力的关键。

2）多角度支腿铸钢节点的制作

该铸钢节点分支多、方向不规则，加工与运输难度大，其几何尺寸和表面质量控制的好坏，直接关系着整个结构的安装精度和建筑美观，因此，要求铸钢节点的制作精度高、外观质量好。

3）三维弯扭变截面钢管构件的制作

三维弯扭变截面钢管主要是体现整个结构完美曲线度；且每个双曲面弯扭构件的制作弯扭弧度和弯扭角度均不一样，控制难度较大。

（2）对策

1）遵循设计理念和要求，选择专业制作厂家对成品铰支座进行深化设计及制作，与相关科研单位联合对支座进行受力分析与研究，确保制作精度和质量满足设计受力和现场安装要求（图 3.6-8）。

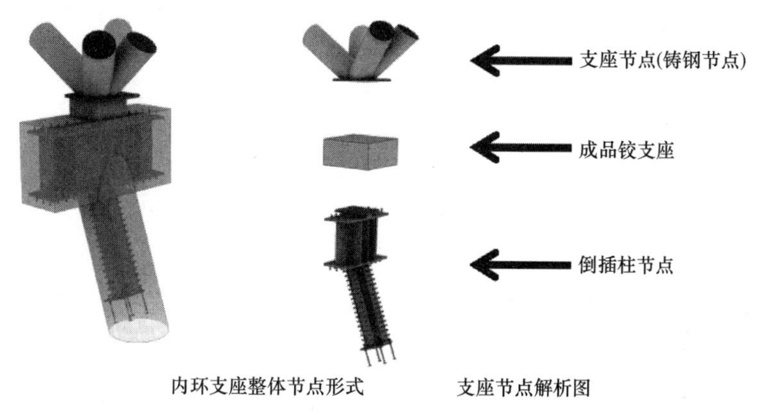

图 3.6-8　支座节点解析图

2）按照铸钢节点的深化图纸进行工艺下料、放样，采用 BIM 制模进行铸造，确定主要尺寸的加工余量；严格控制铸钢管的圆弧度和表面成型质量。在专用工装上用数控车床铣削，确保铸钢件表面的光滑和曲率。

3）进行样板引路，采用数控机控制工艺放样后，在弦杆上的与之相连的钢管相贯弧度处，定线下料，在弯管时，在弯管机上，须先调试好弧度的角度后，方能进行顶弯。在另外一个角度弯弧时采用相同的方法同步进行。

3. 现场拼装要求精度高，且工作量大

（1）重难点分析

由于加工与运输条件的限制，钢构件不能成整体或单元式加工运输，钢管需散件加工运输至现场；部分支撑杆件需要进行分段处理，分段构件在加工中因下料切割有一定的尺寸偏差，再加上堆放、焊接等原因会使构件有一定变形，各种误差的积累，必将给现场安装带来不利，为了保证构件的接头质量和高空快速精确就位，必须对构件进行现场拼装，因此，现场拼装工作量较大，且拼装精度的控制是本工程的重点。

（2）制定对策

1）杆件在拼装场地组装成单元整体，在各个铸钢节点处设置支撑拼装措施进行拼装。

2）由于铸钢节点上的支腿较多，角度各不相同，因此，现场拼接成单元形式后，为了检验拼装质量，除按规范检查外形尺寸与侧向弯曲等内容外，还需检测拼装的结构面尺寸，以确保拼装质量。

4. 双向斜交斜放网架结构的吊装单元划分

（1）重难点分析

本工程罩棚结构为双向斜交斜放钢网架系统，与常规体育场采用三角管网架体系相比其没有清晰的主次结构；与球网架体系相比其杆件截面大、长度长，单元稳定性差。吊装单元划分需综合考虑吊装单元自身结构稳定性、满足起重设备性能要求、能灵活布置支撑措施，因此，吊装单元的划分为本工程一大难点。

（2）对策

吊装单元的划分按照罩棚弧度、角度以及波峰波谷的线条设计规律，然后按照罩棚网架结构上下弦杆件分析，墙面部分按照 4 根劲向之内的结构杆件组对、顶面部分以 3 根劲向之内的结构杆件组对，形成单元式网架，然后进行分段。具体分片单元形式如图 3.6-9 所示。

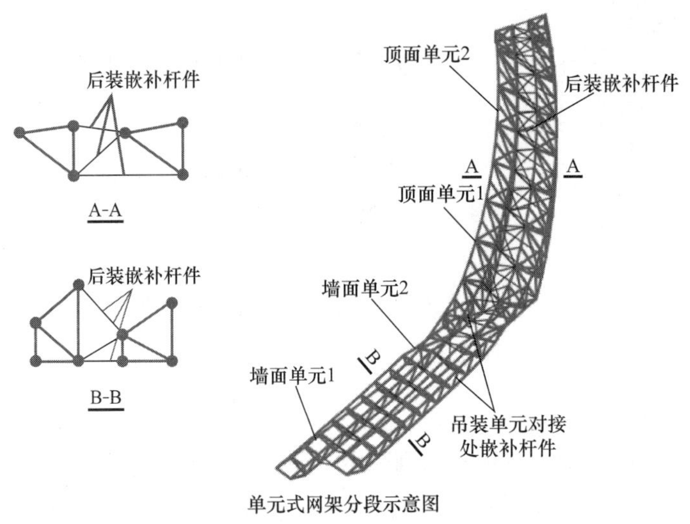

图 3.6-9　单元式网架分段示意图

5. 三维弯扭单元式墙面构件以及罩棚斜支撑杆件的吊装质量控制

（1）重难点分析

1）本工程社会影响大，钢结构复杂且工期较紧，大部分单元构件为多点绑扎，并用手拉倒链调节吊装角度和就位角度；吊装效率较常规安装网架模式有一定程度下降；尤其是墙面单元以及三维弯扭单元式构件的吊装，高空就位呈现双向受力和水平方向倾覆趋势，另带有附加弯矩的情况，如何防止单元式网架在高空安装状态下整体稳定是本工程的重难点之一。

2）罩棚斜支撑杆件较长，最长为 24m，单根重量达到 12t，倾斜角度大。在吊装过程中会受到支撑措施以及措施联系杆的影响，且安装的位置常处于单元式网架下方，吊装和质量控制难度较大，是钢结构罩棚安装的重难点之一。

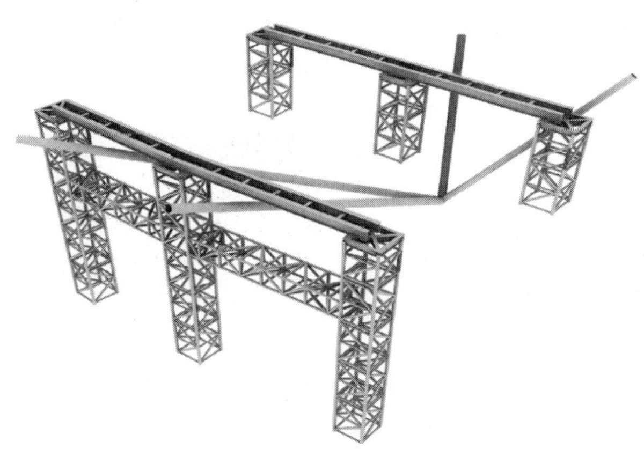

图 3.6-10　罩棚斜支撑杆件

(2) 制定对策

1) 严格进行构件进场交接验收，和单元整体拼装验收工作，采用先进软件和高精度测量仪器，确保单元式构件的拼装质量和测校精度。不合格构件，不得交付安装。

2) 运用仿真技术（BIM 建模），模拟预拼装和安装过程，为预拼装和安装提供参考。利用支撑或千斤顶或缆风绳等调节装置进行校正。安装过程中，采用应力应变监测设备，对结构受力和变形进行监测，指导施工，对产生附加弯矩的三维弯扭单元式构件安装，拟通过拉设揽风绳和增加安装受力支撑杆件的方式，控制三维弯扭构件的安装质量。如图 3.6-11 所示。

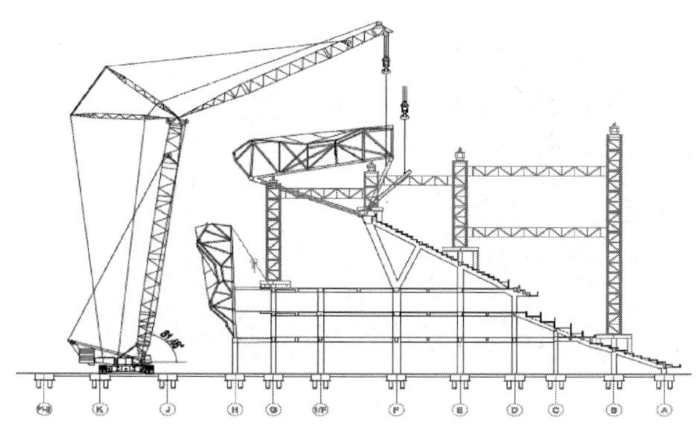

图 3.6-11　BIM 三维弯扭建模示意图

3) 运用仿真模拟技术，在电脑上将其与支撑措施的平面和里面位置进行投影，然后进行错位设置；将支撑杆件的支座端设置铰接装置，然后吊装另外一段至设计标高，与罩棚进行连接，若支撑措施（包括连系杆）不能与之错开设置时，将支撑杆件的活动端先放置于支撑措施上部进行固定，待罩棚单元式网架安装好后，再行安装。安装示意图如图 3.6-12 所示。

6. 支撑措施布置

(1) 重难点分析

罩棚结构在南北方向的长度为 333m，东西方向宽度为 285m。罩棚结构的最大悬挑长度为 71.2m，最大顶点标高为 52.826m，且罩棚结构为双向斜交斜放。决定了整个罩棚支撑措施数量大、高度高、无法规则布置，尤其是单元斜交斜放网架安装时，支撑措施难以规则的布置在单元网架受力点上。因此，支撑措施的布置是本工程难点。

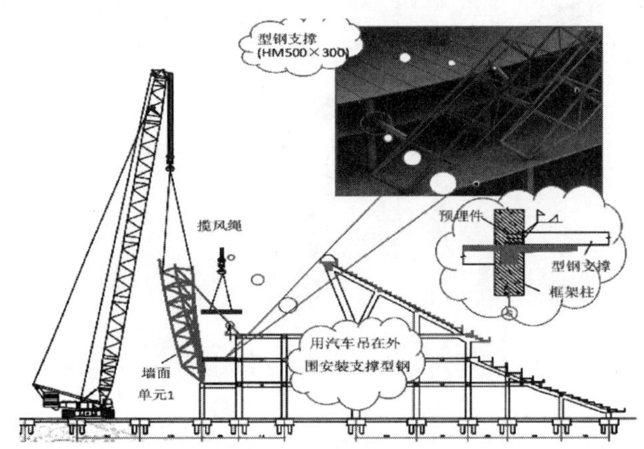

图 3.6-12 BIM 罩棚单元式网架模型

（2）对策

根据吊装单元网架的划分，在各单元的端部位置设置支撑措施；为了保证支撑措施的整体稳定性，将高于 6m 的支撑措施之间的环向设置连系杆措施。由于斜交斜放单元网架的支撑措施难以规则的布置在受力点上，因此，在支撑措施顶部沿环向用双工字钢设置一道分配梁，保证单元网架的所有受力点均可以设置支撑措施。具体布置如图 3.6-13 所示。

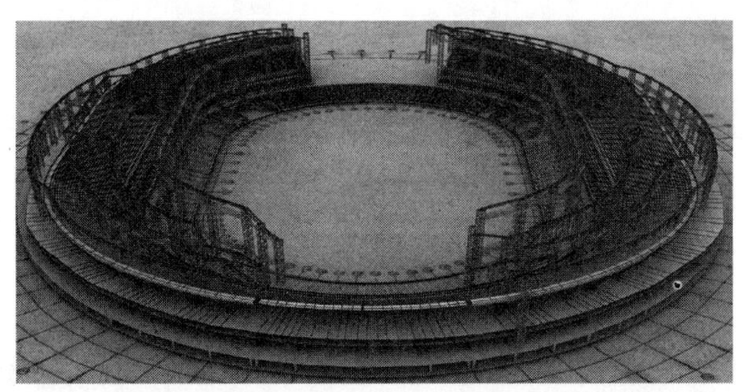

图 3.6-13 支撑措施顶部环向分配梁布置示意图

7. 高处作业的安全防护

（1）重难点分析

1）钢结构罩棚为双层双曲面空间体系，整个结构体系高低起伏、双面倾斜，作业空间高度大部分在 30～50m，不规则的屋面结构对高处作业的安全管理与防护有较高要求。

2）所有杆件均为圆管且空间位置复杂，使得施工时上人行走通道设置难度大。

3）在安装过程中，部分结构还未形成稳定的结构体系，加大了高空作业施工安全风险。

（2）对策

1）钢构件采用支撑措施进行稳固与定位，并将屋面内圈的支撑措施用连系措施件进行横向连接，保证结构的安全。

2）随着立面单元结构的倾斜角度，采用角钢与可移动式脚手架搭设踏步楼梯作为屋面结构施工人员上行走通道；结构立面安装采用自制特殊的可调节移动式爬梯保障作业安全。爬梯与踏步楼梯设置形式如图 3.6-14 所示。

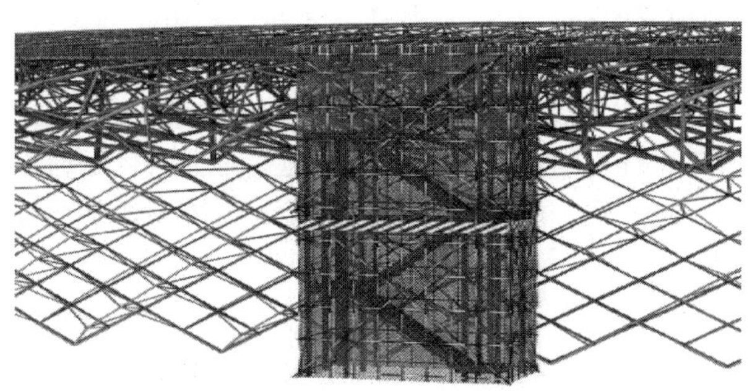

图 3.6-14　可调节移动式爬梯

8. 异种材质铸钢构件高空全位焊接

（1）重难点分析

1）本工程现场焊接部位主要有钢管与铸钢件焊接，钢管相贯线对接等，铸钢件与钢管异种钢材的焊接量多，特别是铸钢件与 Q345C 钢管的异种材质全位置焊接难度大。

2）铸钢节点结构复杂，焊接操作空间小；高空全位置焊接，焊接质量要求高，焊接变形和应力控制是关键。

（2）对策

1）采用二氧化碳半自动气体保护焊加药芯焊丝的工艺技术，严格按焊接工艺评定进行焊接；并在地面上最大限度地进行构件组合，减少高空焊接量。

2）在支撑拼装措施上采用专用焊接设备对节点焊接，采用局部加固约束变形的方法控制焊接变形。

3）制定合理的焊接顺序，严格控制焊接的插入时间，即立面单元结构和屋面单元结构安装校正分别完成后，才能插入焊接。

4）单个单元结构的焊接顺序采取先焊接主约束杆件，后焊次约束杆件的方法，即先焊与铸钢节点连接的杆件，最后焊接钢管与钢管的相贯线。

9. 钢结构罩棚的整体卸载技术措施

（1）重难点分析

钢结构卸载既是支撑措施卸载的过程，又是结构体系受力逐步转换的过程，在卸载过程中，结构本身的杆件内力和支撑的受力均会产生变化，合理的卸载工艺及顺序是结构安全的重要保障。本工程因罩棚面积较大，且设计要求整体卸载，卸载点较多、面广，整体同步卸载控制困难。因此，钢结构罩棚卸载是本工程的难点。

（2）对策

1）结构卸载以理论计算为依据、以变形和结构内力控制为核心、以测量控制为手段、以平稳过渡为目标，采用自行研究的较为成熟的沙箱卸载方法进行同步卸载，并对卸载的过程进行模拟监控。

2）由于同步卸载点较多且面广，为了满足设计要求，在卸载时，将外侧两排带结构支撑的支撑措施不参与罩棚整体卸载，可先将其支撑措施拆除，将沙箱卸载点全部设置在内侧两排支撑措施点上。经过计算，满足结构要求。

10. 高处作业的安全防护

（1）重难点分析

1）钢结构罩棚为双层双曲面空间体系，整个结构体系高低起伏、双面倾斜，作业空间高度大部分在 30～50m，不规则的屋面结构对高处作业的安全管理与防护有较高要求。

2）所有杆件均为圆管且空间位置复杂，使得施工时上人行走通道设置难度大。

3）在安装过程中，部分结构还未形成稳定的结构体系，加大了高空作业施工安全风险。

（2）对策

1）钢构件采用支撑措施进行稳固与定位，并将屋面内圈的支撑措施用连系措施件进行横向连接，保证结构的安全。

2）随着立面单元结构的倾斜角度，采用角钢与可移动式脚手架搭设踏步楼梯作为屋面结构施工人员上行走通道；结构立面安装采用自制的特殊的可调节移动式爬梯，保障作业安全。

11. 现场平面规划与交通组织

（1）重难点分析

1）现场平面规划及交通组织是保证施工顺利实施的关键，直接关系到施工进度的快慢。

2）钢结构堆场、拼装场地的布置、吊车行走线路的规划、构件转运线路的设置、构件进场线路的规划等是否合理均是影响钢结构施工进度的重要因素。

3）在考虑现场平面规划及交通组织时需注意支撑措施与看台板施工的协调，构件堆场与总包余土堆场在使用时间上的协调，构件堆场、设备行走与幕墙、装饰、机电材料堆放的协调，与室外工程施工的协调。因此，现场平面规划与交通组织是重点。

（2）制定对策

1）成立专门现场交通和场地使用维护小组，保障钢结构施工道路有序畅通。

2）密切联系总承包单位，结合总承包各施工阶段的平面规划，制定出钢结构各施工阶段的现场平面规划。

3）在总承包的统一管理下，做好钢结构构件进场、吊装作业占道的事前通知；及时更新道路和场地使用的变化，做到进场构件有堆场，道路交通不堵塞。

3.6.4 施工部署

1. 组织机构

（1）施工管理架构

本工程采用项目法施工，以项目经理为首的管理层全权组织施工生产诸要素，运用科学的管理手段，采用拟定的一系列先进施工工艺，按“质量、安全、工期、文明、效益、服务”六个第一流的要求建设福州海峡奥林匹克体中心体育馆钢结构工程项目。

（2）施工管理架构组成

该项目钢结构管理团队设 8 个重要岗位：项目经理 1 名、项目书记 1 名、技术负责人

1名、商务经理1名、生产经理1名、制作经理1名、质量总监1名、安全总监1名，并下设“七部一室”职能部门。作业层按照工序设置13个施工作业工段。

（3）组织结构架构图（图3.6-15）

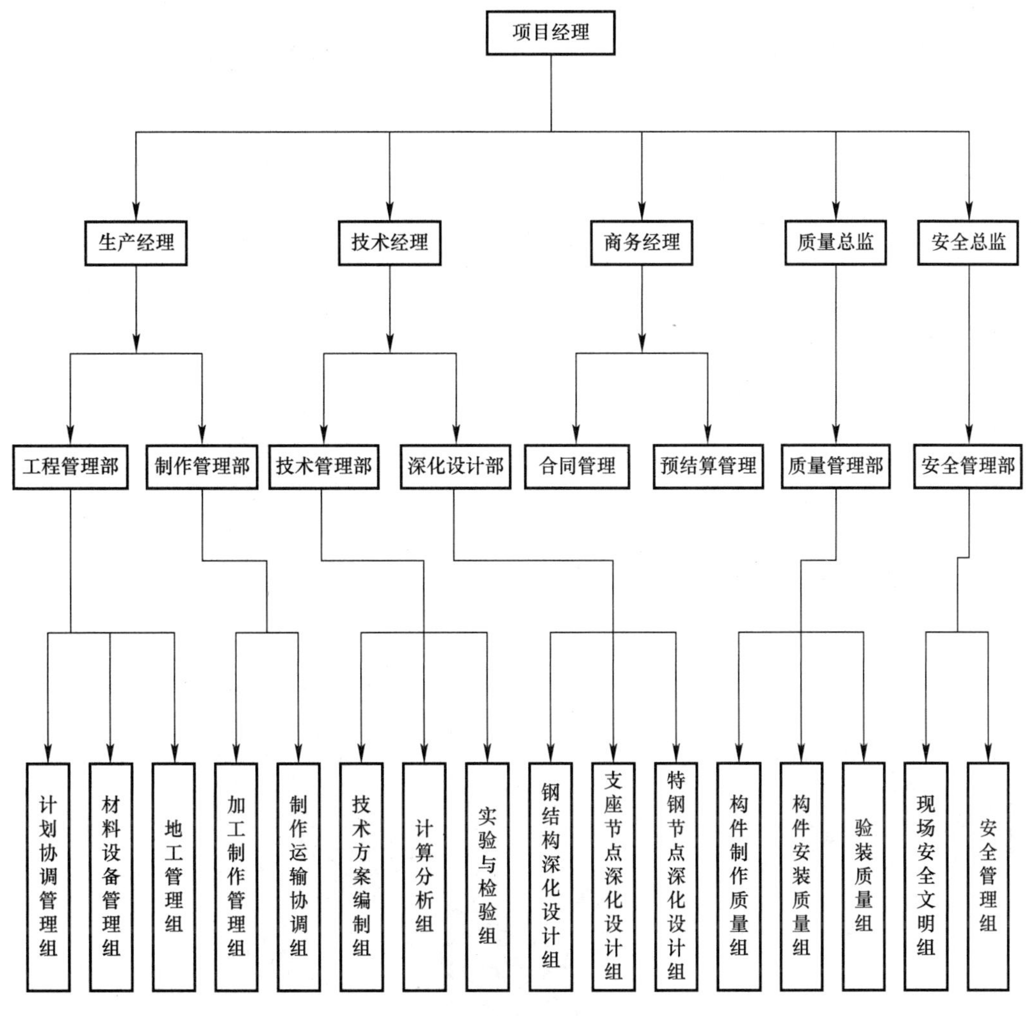

图3.6-15 组织结构架构图

2. 罩棚钢网架结构吊装单元划分方案

（1）吊装单元划分原则

1）满足吊装设备的起重性能

吊装单元的划分应能满足吊装设备的吊装，保证能够顺利吊装。

2）满足结构特点

根据本工程的结构特点，为了保证罩棚结构分段的完整性，将罩棚结构在径向方向分为长条状的网架主网架单元和各主网架单元之间的次向连接杆件（高空散件拼装）。

3）利于支撑系统的布置

考虑分段处的支撑竖向构件位于土建结构的柱顶或主梁上，保证支撑系统受力合理性。将径向分段线控制在上支座支撑范围内。

4）减少高空拼装工作量

为减少高空散件的拼装工作，尽量将主网架一侧的次网架弦杆及主、次网架之间的次向腹杆与主网架在地面拼装成整体后吊装。

5）便于吊装单元的地面拼装

吊装单元的划分应尽量减小地面拼装支撑措施的高度，减小地面拼装的措施量及高空作业。

（2）吊装单元划分详情

1）分段概述

罩棚结构为钢网架结构。根据钢网架罩棚结构的特点、考虑起重设备的起重能力，将罩棚结构在径向方向划分为 4 段，在环向上将罩棚结构划分成 31 个吊装单元分区；相邻吊装单元间的次向连系杆件采用高空散件安装，整体吊装单元的最大外形尺寸为 36.3m×3.6m×5.0m；最大重量为 48t。

2）分段方案详解

罩棚网架结构分段详解如图 3.6-16 所示。

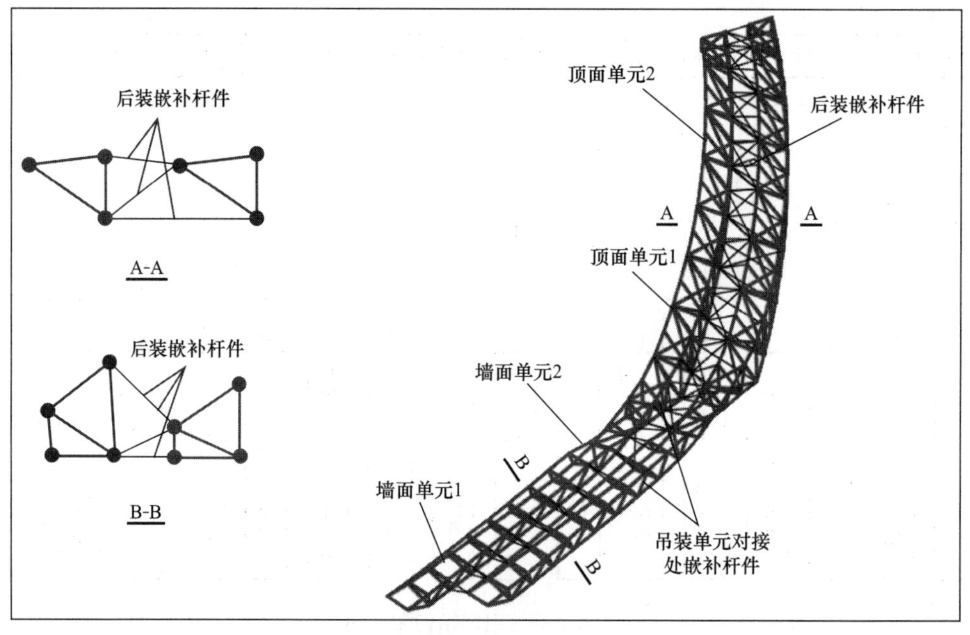

罩棚结构分段示意图(1)

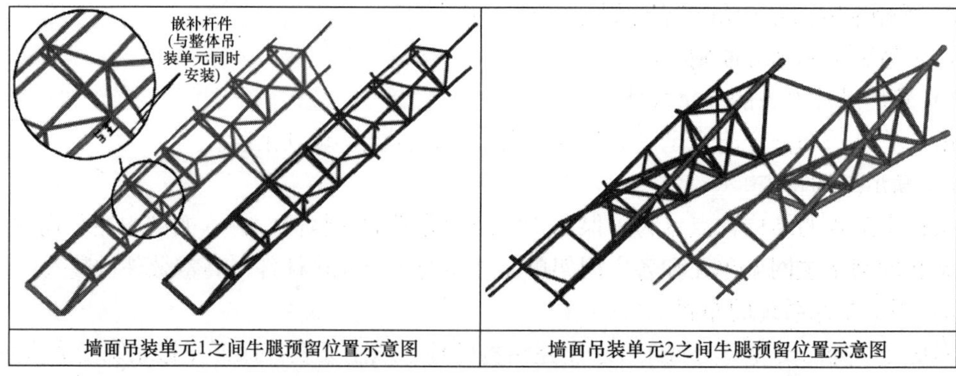

墙面吊装单元1之间牛腿预留位置示意图　墙面吊装单元2之间牛腿预留位置示意图

图 3.6-16　罩棚结构分段示意图（一）

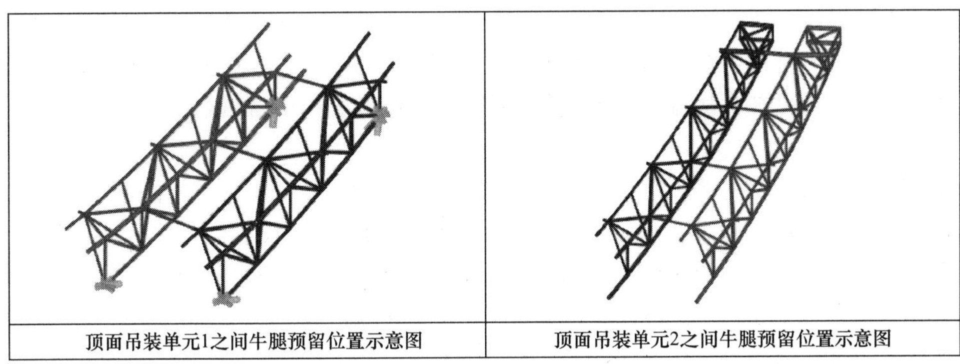

图 3.6-16 罩棚结构分段示意图（二）

3. 起重设备的选型

主要吊装设备选择：

钢结构罩棚网架单元采用大型履带吊进行吊装。其中顶面单元 2 为内圈吊装，采用 2 台 650t 履带吊（塔式工况），最大吊装半径为 39m，最大吊装高度为 52.8m。顶面单元、墙面单元为外围吊装，采用 2 台 500t 履带吊（塔式工况）进行吊装，最大吊装半径为 35m。

主要吊装设备如表 3.6-1 所示。

吊装设备 **表 3.6-1**

序号	设备名称	型号规格	数量	用途	备注
1	履带吊	650t	2 台	内圈网架单元整体吊装	1. 塔式工况，主臂长 54m，副臂长 36m； 2. 自带足路基箱，满足在 36m 范围内行走
2	履带吊	500t	2 台	外圈网架单元整体吊装	1. 塔式工况，主臂长 48m，副臂长 36m； 2. 自带足路基箱，满足在 36m 范围内行走
3	履带吊	150t	2 台	劲性结构安装； 支撑措施安装	
4	履带吊	50t	6 台	网架单元地面拼装； 辅助大型履带吊移动	
5	汽车吊	QY35（35t）	6 台	内圈劲性结构安装； 构件卸车	
6	汽车吊	QAY300（300t）	2 台	劲性环梁安装、 支撑措施拆除、 主檩条安装	
7	汽车吊	QY50（50t）	1 台	应急备用	

4. 施工平面布置及管理

本工程体育场罩棚结构为双向斜交斜放的空间网架结构，现场面积大、构件数量多且均为散件从制作厂运至现场再进行组拼，需要较大的堆放场地和拼装场地。为方便现场施工及满足对进度的控制，所以必须对道路的宽度、转弯半径，平板车、汽车吊、履带吊等施工机械的行走通道要求硬化，现场办公室、工具房、构件堆场及拼装场地减少二次转运等需要对施工现场进行合理的规划及布置。

(1) 施工平面布置总说明

主场馆为环形且构件多，构件在制作厂制作完成后，受到运输条件的限制，需散件运到场再进行拼装后吊装，故施工道路及堆场的布置受到以下几点的限制：

1) 吊装因素

罩棚结构在南北方向的长度为333m，东西方向宽度为285m。罩棚结构的最大悬挑长度为71.2m，最大顶点标高为52.826m，且罩棚结构为双向斜交斜放的空间网架结构。每个罩棚结构单元需分成四个吊装单元进行吊装，其中两个墙面吊装单元及顶面吊装单元1在场外由500t履带吊进行吊装；屋面吊装单元2需在场内由650t履带吊进行吊装，故需在场外及场内布置两条环形履带吊吊装道路。

2) 吊装单元拼装因素

场外吊装单元需在场外进行拼装，拼装工作量大，且每个吊装单元长度大，且拼装完成后的吊装单元无法转运，需在履带吊吊装能力范围内进行原位拼装完成后，再由履带吊进行吊装；拼装场地及拼装堆场需布置于罩棚结构附近。为方便履带吊的吊装，避免吊装单元的转运，需在主场馆外侧布置环形拼装场地及在拼装场外侧布置拼装堆场，并在场内布置屋面吊装单元的拼装场地及拼装堆场。

3) 构件数量堆放因素

主体育场每个罩棚结构总件数约为12000件，仅在拼装场外侧布置堆场远远不能满足进场构件的堆放要求，不可避免地要对构件进行转运。为合理使用现场场地，便于构件运输至拼装堆场，在场外布置临时堆场。

4) 构件运输因素

主体育场内、外为履带吊吊装道路，在履带吊吊装阶段构件运输车车辆无法通行，为使构件能运至堆场，需在堆场外侧布置一条环形运输道路，并在堆场与堆场间布置径向道路，便于构件运输至场内堆场。

综上所述，根据现场条件、施工分区及钢结构施工流程，施工现场平面布置主要包括以下内容：现场施工道路规划、支撑措施施工阶段平面布置、东（西)-1区施工阶段平面布置、东（西)-2区施工阶段平面布置。

(2) 施工平面规划及布置

1) 现场施工道路规划

本工程为大型体育场馆，结构为右向斜交斜放的空间网架结构。构件数量多，构件及支撑措施运输车辆、转运车辆、汽车吊、进出场频繁；跨度大，网架结构吊装单元需使用650t以上履带吊进行吊装。根据现场条件及主体育场的施工机械对现场道路的要求，在主体育场内距看台建筑内边缘5m以内设置15m宽的内环路作为场内履带吊的行走道路，并在场内中部设置一条宽6m道路，方便构件运输车辆的行走；在体育场J轴线以外（H轴以外混凝土结构后做）布置一条宽15m的中环路作为场外履带吊行走道路，在中环路与内环路间利用场馆西部两条通道作为车辆进出场馆的道路；在中环路以外45m处设置一条外环路，作为施工车辆及构件行走道路，并在外环路与中环路中间布辐射状径向道路13条；并在福湾路左侧规划一条宽12m的进场道路，在现场东南处设置宽10m的出场道路。每一条道路的规划及路基处理要求如表3.6-2所示。

道路规划及路基处理　　表 3.6-2

道路名称	主要用途	宽度（m）	路基处理要求
内环路	履带吊行走吊装及施工车辆行走	15	满足 650t 及 500t 履带吊行走及吊装要求，路面承载力达到 20t/m²
中环路	履带吊行走吊装及施工车辆行走	15	
外环路	构件运输、施工车辆行走	10	满足运输车辆行走要求
径向路	构件运输、施工车辆行走	6（场内），内侧 10～外侧 13（场外）	
进场道路	构件运输、施工车辆进场	12	
出场道路	构件运输、施工车辆出场	10	

2）施工平面布置管理

平面布置管理原则：为了保证施工区域整洁、有序、塑造良好的工程建设形象，保证工程按照施工进度计划有条不紊的组织开展，对现场平面的使用必须进行统一管理，由项目生产经理负责组织、协调，并由计划管理协调部具体实施，根据进度计划安排的施工内容动态管理。

平面管理具体措施：

① 平面用电管理

为确保安全用电，首先进行事前控制。在预测工程用电高峰后，准确测算电负荷，合理配置临时用电设备，对已经编制好的用电方案进行优化，在不影响施工进度的前提下，尽量避免对用电线路的走向做出调整，重点部位施工线路、一般用电施工线路以及办公区用电线路分开，按区域划分，做到合理配置、计划用电。

在安全用电上，为加强管理，实行自备电箱准用制度，没有钢结构项目部的准用证，分包单位不得擅自将电箱接入用电线路使用。

在临时施工用电过程中，认真落实“三级配电两级保护”的规定，做到“三明”，即设备型号明确、容量大小明确、使用部位明确。对所有临时电线一律实行架空，不得随地乱拖乱拉。重点部位要重点监控。每周组织三次大检查，检查结果在安全例会上进行分析讲评。通过这种有制度、有重点、有计划的用电管理，使施工现场的临时用电形成一个比较规范的做法，以维护正常的施工秩序。

② 施工用地管理

本工程施工场地较为宽阔，但专业分包较多，堆放场地布置应尽量不要影响后期工艺施工。在施工的不同阶段，将实行不同的施工区域管理方法。在工程主结构施工阶段，施工的专业分包较少，主要以土建和钢结构施工，总包单位的相关部门负责上述施工区域的现场统一管理。

③ 构件堆放定置管理

随着工程的全面展开，大批构件将陆续进场。为了实施施工总平面图布置及管理，高效有序地利用施工场地，对构件堆放实行定置管理的办法。为保证构件有序的进场，严格按照现场施工进度的要求，组织构件进场。构件进场前 3～7d，制作厂应事先到项目部处签发《准运单》，并由项目部提前告知总承包单位。构件到场时，由工地门岗保安人员检验后放行进场。构件进场后，应按指定的地方卸货堆放，做到码放整齐。按施工作业计划，按时吊运到施工作业现场。精心组织和策划，使工程现场的场容场貌一直保持较好的形象，也为施工的有序进行创造良好的条件。

5. 安装方案总体概述

(1) 施工分区及施工顺序

钢结构施工将罩棚区域分别划分为东 1 区、东 2 区、西 1 区、西 2 区共四个施工区，东、西区同时按顺时针方向对称施工。

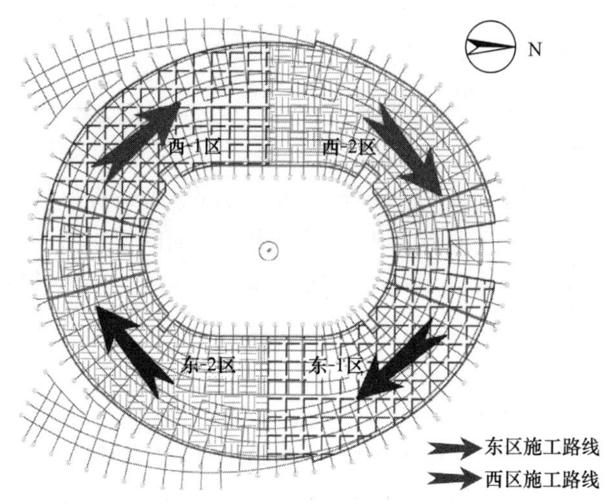

图 3.6-17　罩棚区域施工顺序图

(2) 钢结构安装与土建施工关系

根据土建的施工计划，2～4 层混凝土结构在 H 轴以外的部分实行缓施工，待钢结构罩棚主体结构施工完成后，再施工此部分混凝土结构（即 H 轴以外混凝土结构后做）。

(3) 钢结构安装施工概述

本工程钢结构工程主要包括部分劲性混凝土结构内的劲性柱、劲性梁、各类预埋件、罩棚结构内环支座铸钢节点及支座杆、罩棚网架结构。土建结构施工时穿插进行劲性混凝土结构内的劲性钢柱、倒插柱、劲性钢梁等的安装，同时穿插进行支撑措施底部支座钢预埋件的安装，主要采用 150t 履带吊和 35t 汽车吊进行吊装。

本工程为大跨度空间结构，根据结构特征，罩棚钢结构主要采用“地面散件拼装，分段整体吊装，嵌补杆件散件高空拼装”的方式进行安装。支撑措施安装施工的同时，按照吊装顺序开始在地面进行罩棚网架单元的拼装。一个施工区的支撑措施完成后开始按照顺时针方向吊装罩棚结构吊装单元及嵌补杆件。罩棚网架吊装单元的吊装采用 2 台 650t 大型履带吊和 2 台 500t 大型履带吊在跨内和跨外同时进行，相邻两个整体吊装单元间的嵌补散件安装落后于整体吊装单元一个施工节拍，整体吊装与嵌补散件安装形成流水施工。嵌补散件的安装使用大型履带吊将嵌补散件打包吊至相应区间下方的混凝土结构看台结构顶面，然后采用卷扬机和倒链将嵌补散件运至高空安装。罩棚主体结构安装完成后，经检测和检查达到卸载条件时，进行整体结构分级同步卸载。卸载完成后拆除支撑措施。

屋面系统分为檩条系统和屋面板系统两部分，屋面系统的安装在罩棚结构卸载完成之后开始进行。

（4）总体施工流程

1）钢结构安装总体流程按如下顺序进行：

内圈 A 轴处劲性柱吊装（土建结构施工桩基时）→外圈 H 轴处支座劲性柱吊装施工（土建结构施工二层混凝土结构时）→高空安装支撑措施基座预埋件施工（土建结构施工整个过程中）→看台结构劲性结构施工（包括 V 形支撑内倒插劲性柱、V 形支撑顶部劲性钢梁）→内环支座铰支座及铸钢节点安装施工→东 1 区、西 1 区支撑措施安装施工，同时在地面进行东 1 区、西 1 区罩棚钢结构整体吊装单元地面拼装施工→东 1 区、西 1 区罩棚钢结构吊装施工，同时进行东 2 区、西 2 区高空安装支撑措施安装施工→东 2 区、西 2 区罩棚钢结构安装施工→结构整体卸载→屋面系统安装施工→涂装施工。

2）罩棚钢结构吊装施工流程按如下顺序进行：

吊装墙面网架吊装单元 1，并同时安装部分嵌补杆件→吊装顶面网架吊装单元 1，并同时安装部分嵌补杆件→吊装顶面网架吊装单元 2，并同时安装部分嵌补杆件→吊装与网架单元对应的内环支座杆→吊装墙面网架吊装单元 2，并同时安装部分嵌补杆件→整体校正→吊装剩余嵌补杆件→网架单元主管对接焊接→嵌补单元焊接→进入下一道网架单元吊装施工。

3.6.5　钢结构深化设计

1. 深化设计总体思路

福州海峡奥林匹克体育中心主体育场分为：下部劲性结构和屋面罩棚。其中钢罩棚是本工程的核心部分，罩棚采用两向斜交斜放空间网架结构体系，包括东、西看台两部分，外观呈海螺形，钢管数量 22500 余根，节点处连接形式主要为管管相贯，根据设计要求当相贯支管数量超过 10 根时，采用铸钢节点连接。

针对本工程特征及特殊要求，拟采用 X-Steel 软件和 CAD 协同作业，开展深化设计工作，下部劲性结构的建模和出图均在 X-Steel 软件中完成，罩棚结构采用 CAD 软件开展深化设计及出图。

罩棚建模时，连接各弦杆控制点呈三维曲线，以满足线型平滑，建筑外型流畅的设计效果。通过线型的曲线模拟，达到以下目的，如图 3.6-18 所示。

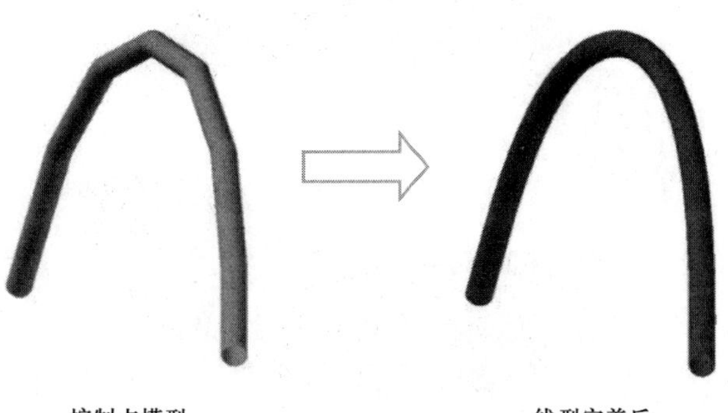

图 3.6-18　曲线模拟图

上述不同部位的实体模型，最后统一在 CAD 平台上整体合成，以检验各部分的连接，实现“所见及所得”，由于搭建出了与建造实际完全吻合的三维实体模型，一切深化图纸及资料也完全按模型生成，因此，按此要求完成的钢结构深化图纸在理论上是没有误差的，辅之以先进的数控加工设备，可以保证构件精度达到理想状态。

2. 深化设计方法和软件

针对罩棚结构特点，将罩棚分为屋面、屋面-墙面转换、墙面共三个区域，并按不同的设计思路进行深化设计，网架单元划分如图 3.6-19 所示。

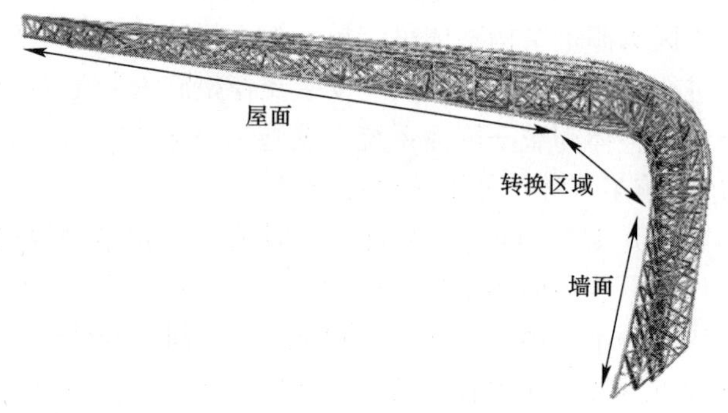

图 3.6-19 网架单元划分示意图

基于本工程罩棚的复杂性及对深化设计的特殊要求，深化设计采用 CAD 软件进行，CAD 软件有如下优点：①精确建立实体三维模型；②能完美表示贯口的主次相贯顺序；③运用一些开发程序，能生成构件制作、拼装、安装过程的各坐标体系下的三维坐标；④曲线线型显示精确，满足贯口标注精度。

（1）精确建模

读取原设计图纸各控制点的三维坐标，自动生成空间控制点模型，拟合成空间网架曲线（图 3.6-20）。

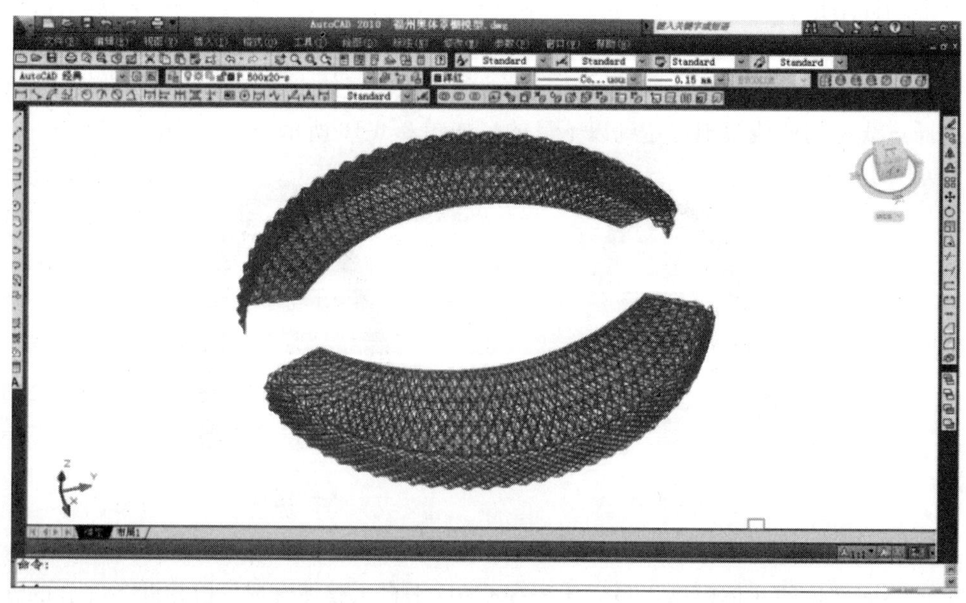

图 3.6-20 空间网架曲线模型

（2）根据分段原则

合理划分构件单元，绘制弦杆圆弧，腹杆中心线，根据杆件规格建立图层，将线型按规格放在不同的图层上（图 3.6-21）。

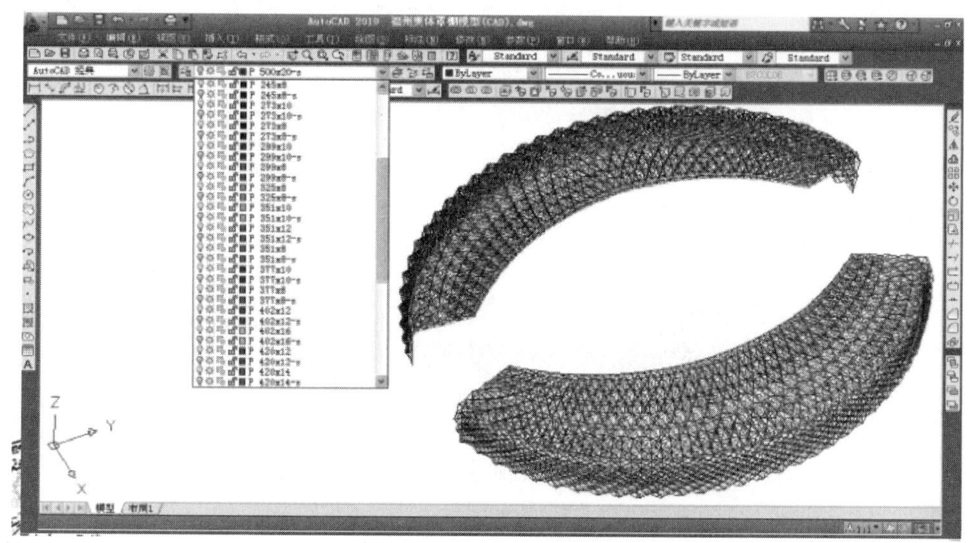

图 3.6-21　图层组合

（3）定义实体截面并拉伸实体模型

通过两种不同的方式将模型拉伸成实体。圆管：分层后，使用 CAD 二次开发程序批量拉伸成为实体（图 3.6-22）。

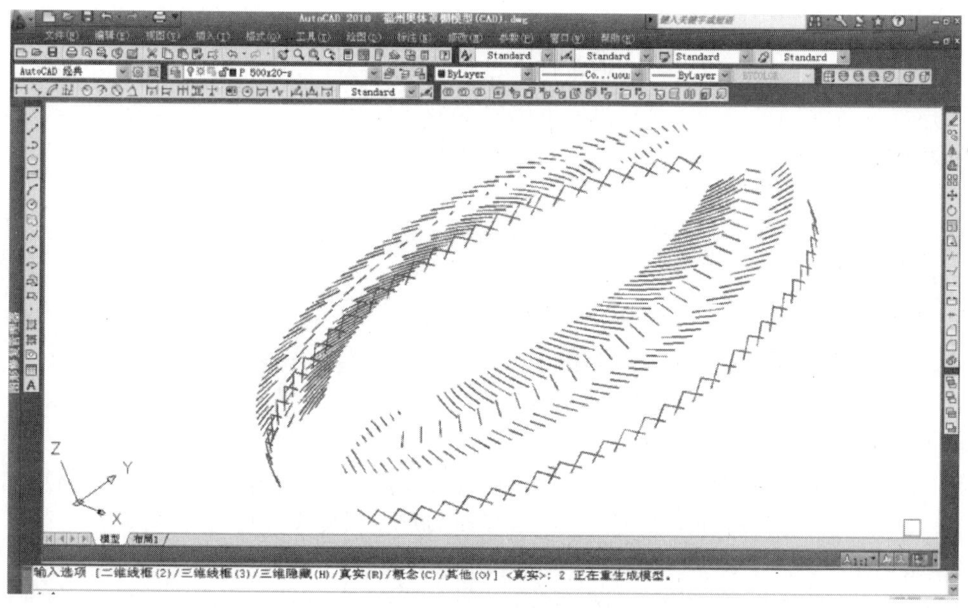

图 3.6-22　拉伸实体模型

在整体模型建立后，需要结合工厂制作条件、运输条件，并综合考虑现场拼装、安装方案等条件，对每个节点及杆件进行吊装单元划分、制作单元划分、支座装配、隔板、加劲板、连接板、吊装板装配。

(4) 构件吊装单元划分

按照安装单位的吊装单元分段，分别点选构件、节点，组合成吊装单元（图 3.6-23）。

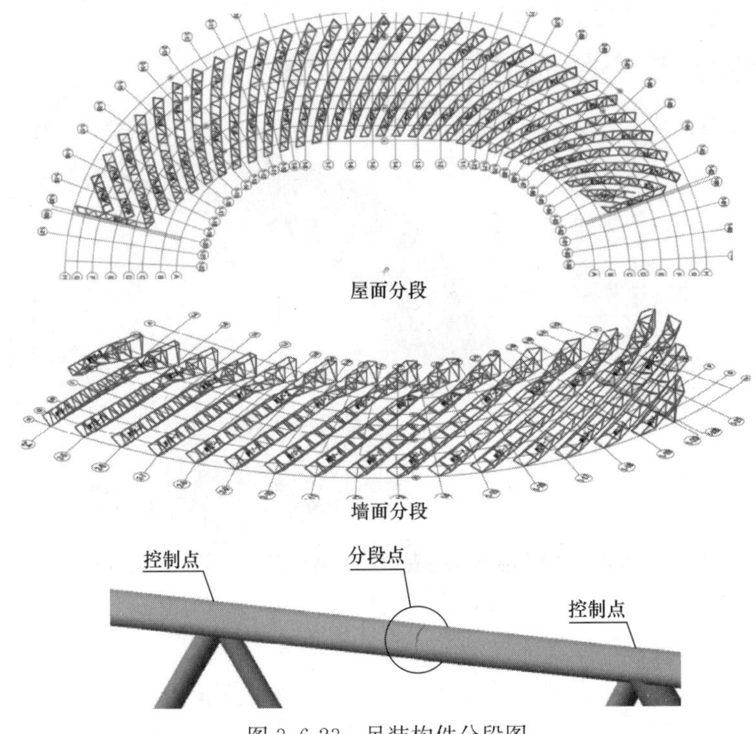

图 3.6-23 吊装构件分段图

吊装单元划分原则如下：

将相邻的主、次网架单元作为通常构件进行 4 段划分，分段长度 25～41m 不等。

分段点取在控制点中部位置，有效解决弦杆端部弯制精度问题；相邻构件单元之间的腹杆均按散件处理。

(5) 工厂加工分段

为满足构件加工精度，同时考虑生产条件和采购的成品管规格，将弦杆进行工厂分段，分段原则如下：

1) 构件变截面处断开，分别进行弯制。

2) 每根需弯制的弦杆均按 8～12m 一段划分，保证弯制精度。

3) 构件弯扭程度较大的区域，根据实际情况合理分段，保证总拼精度。

(6) 绘制加工图

绘制节点加工详图和材料明细表（包括构件加工图、弯扭杆件定位坐标、零件图、胎架定位坐标、工厂整体装配定位坐标表、现场拼装定位坐标表、材料表等）。

3. 深化设计设施与设备

(1) 深化设计设施

本工程深化设计、制作、安装难度大，为本工程的深化设计提供良好的设施和环境，是保证本工程深化设计精确、合理、快速进展的必需条件，以下几个方面来做好这项工作：

1) 成立专门的深化设计班组，本工程的深化设计人员集中一起开展工作；

2) 设置快速、便捷、安全的局域网、互联网络通信；

3）提供便利的内部交换及外部长途电话通信；

4）开辟专门的高性能计算机作为服务器，以便多用户快速、安全地开展工作。

（2）深化设计拟投入的设备

本工程的深化设计采用计算机三维实体模拟建造方法统一完成。三维实体建模对所用的设备特别是电脑提出了极高的要求；为本工程的深化设计专门抽调和配备了如下高性能的设备，以确保本工程的顺利进行。

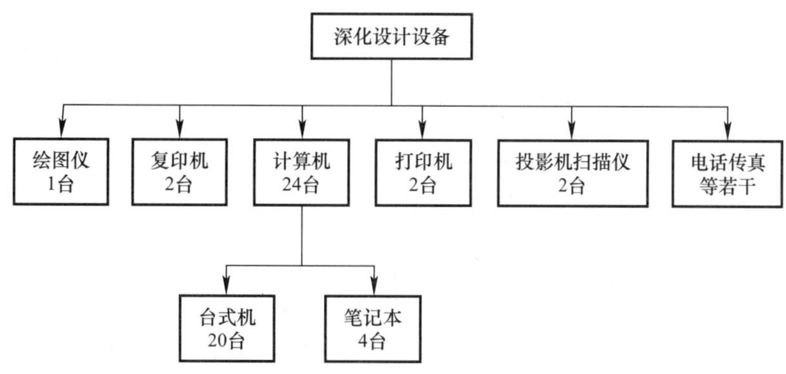

图 3.6-24　深化设计设备图

4. 深化设计的流程

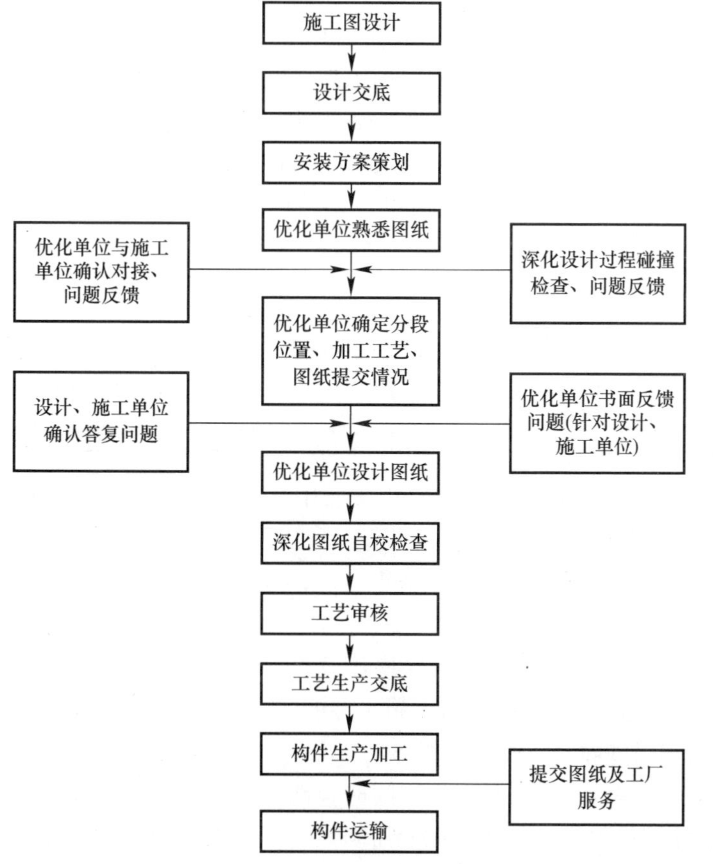

图 3.6-25　深化设计流程图

3.6.6 钢结构加工制作及运输方案

1. 常规钢结构加工制方案

（1）材料采购与试验复检

1）钢材

本工程（除特别说明外）采用的钢板或钢管材料如表 3.6-3 所示。

钢板、钢管材料 **表 3.6-3**

材料	应遵循的国家或行业标准	使用范围
Q345C	《建筑结构用钢板》GB/T 19879—2005	除注明外均采用 Q345C
Q345C-Z15	力学性能及碳、硫、磷、锰、硅含量的合格保证需符合《低合金高强度结构钢》	厚钢板（≥40mm）

2）焊材

本工程所用焊接材料均依据设计要求以及规范《钢结构焊接规范》GB 50661—2011 选用。焊缝金属应与主体金属强度相适应，当不同强度的钢材焊接时，可采用与低强度钢材相适应的焊接材料。

3）螺栓

普通螺栓符合现行国家标准《六角头螺栓　A 和 B 级》GB/T 5782 和《六角头螺栓 C 级》GB/T 5780，锚栓采用 Q235 或 Q345 钢制作。

高强度螺栓符合现行国家标准《钢结构用高强度大六角头螺栓、大六角螺母，垫圈技术条件》GB/T 1231 或《钢结构用扭剪型高强度螺栓连接副》GB/T 3632 的规定。

高强度螺栓连接范围内，构件接触面应采用喷砂处理，要求 Q345 钢的抗滑移系数为 0.50，Q235 钢为 0.45。符合现行国家标准《钢结构设计标准》GB 50017—2017 的规定。

4）栓钉

本工程用焊钉及焊钉用瓷环如表 3.6-4 所示。

焊钉及用瓷环 **表 3.6-4**

公称直径（mm）	焊钉长度（mm）	符合标准
ϕ19	150	《电弧螺柱焊用圆柱头焊钉》GB 10433—2002

栓钉材质为 ML15、ML15AL。栓钉焊接所用瓷环应与栓钉焊接方式相配套。

5）油漆

① 底漆：环氧富锌防锈底漆，涂层厚度 70um（2×35），干膜中锌粉含量检测值≥80%，体积固体含量不小于 60%。

② 中间漆：环氧云铁中间漆，涂层厚度 130um（4×32.5），体积固体含量不小于 80%，并应具有快干和在－5℃低温固化施工性能。

③ 钢构件采用喷砂除锈，除锈等级 Sa2.5。

以上防腐做法为保证涂装质量及涂层间兼容性，底、中、面漆应尽可能采用同一厂家产品，配套防腐涂层的耐候性与防腐性能需满足人工气候老化试验不小于 6000h，防腐配套涂层使用年限需达到 25 年以上。

（2）钢结构制作方案及技术措施

1）钢板矫平

为保证本工程钢构件的加工制作质量，钢板如有较大弯曲、凹凸不平等问题时，应先进行矫正，钢材矫平后的允许偏差见表 3.6-5。

钢材矫平　　**表 3.6-5**

项目		允许偏差	图例
钢板的局部平面度	$t\leqslant14$	1.0mm	t　△　1000
	$t>14$	1.0mm	

碳素结构钢铁在环境温度低于－16℃、低合金结构钢在环境温度低于－12℃时不应进行冷矫正。

采用加热矫正时，加热温度，冷却方式应符合表 3.6-6 规定。

加热温度和冷却方式　　**表 3.6-6**

加热温度、冷却方式	Q235	Q345
加热至 600～900℃，然后水冷	×	×
加热至 600～900℃，然后自然冷却	○	
加热至 600～900℃，然后自然冷却到 600℃以下后水冷	○	×

注：①X：不可实施；②○：可实施，上述温度为钢板表面温度，冷却时，当温度下降 200～400℃时，必须将外力全部解除，让其自然收缩。

矫正后的钢板表面，不应有明显的凹面或损伤，划痕深度不得大于 0.5mm，且不应大于该钢板厚度负允许偏差的 1/2。

钢板矫正后的允许偏差应符合《钢结构工程施工质量验收规范》GB 50205—2001 有关条款的规定。

2）划线

划线作业须满足加工精度要求，并注意必要事项，正确实施。如采用自动加工机械等能确保加工精度的方法加工时，无须进行划线。

高延伸率钢材（Q345B）及弯曲加工的软钢种（Q235B）表面，不能用钢印、钢针等划线。但钻孔、切割、焊接等最后去除的部分，可适当采用钢印、钢针等划线。

3）切割

材料的切割加工使用表 3.6-7 所列设备加工。

材料切割　　**表 3.6-7**

钢材种类	切割加工设备
钢板	$t\leqslant12$：剪板机、多头直条火焰切割机、数控火焰/等离子切割机、半自动火焰切割机。 $t>12$：多头直条火焰切割机、数控火焰切割机、半自动火焰切割机
H 型钢、槽钢	半自动火焰型钢切割机、手工切割、带锯
角钢、样板铁	砂轮切割机、剪板机

气割加工的零件允许偏差应符合表 3.6-8 的规定。

切割允许偏差 **表 3.6-8**

项目	允许偏差（mm）
零件宽度、长度	±3.0
切割面平面度	0.05t，且不应大于 2.0
割纹深度	0.3
局部缺口深度	1.0

注：t 为切割面厚度。

机械剪切的允许偏差应符合表 3.6-9 的规定。

剪切允许偏差 **表 3.6-9**

项目	允许偏差（mm）
零件宽度、长度	±3.0
边缘缺棱	1.0
型钢端部垂直度	0.3

4）材料的拼接

所有主要构件，除非详图注明否则一律不得随意拼接。

所有零件尽可能按最大长度下料，同时注意材料的利用率。图上有注明拼接时，按图施工，但拼接接头必须避开零件或开孔边缘 200mm 以上。图上没有注明拼接时，拼接位置应在内力较小处，一般可留在节间长度 1/3 附近。

5）端部铣平加工

钢柱现场焊接的下段柱顶面应进行端部铣平加工，箱形截面内的隔板为保证加工精度需要进行端部铣平加工；端部铣平加工应在矫正合格后进行，钢柱端部铣平采用端面铣床加工，零件铣平加工采用铣边机加工。

6）坡口加工

构件的坡口加工，采用半自动火焰切割机进行。坡口面应无裂纹、夹渣、分层等缺陷；坡口加工后，坡口面的割渣、毛刺等应清除干净，并应打磨坡口面露出良好金属光泽。

坡口加工质量如割纹深度、缺口深度缺陷等超出上述要求的情况下，须用打磨机打磨平滑；必要时须先补焊，再用砂轮打磨。

7）弯曲成型加工

弯曲成型加工原则在常温下进行（冷弯曲）。

碳素结构钢在环境温度低于－16℃、低合金结构钢在环境温度低于－12℃时不应进行冷弯曲；采用加热弯曲成型加工时，加热温度及冷却方式按照规范规定执行。

弯曲成型加工后钢材表面，不应有明显的凹面或损伤，划痕深度不得大于 0.5mm，且不应大于该钢材厚度负允许偏差的 1/2。

8）制孔

零件上螺栓孔应采用摇臂钻床、自动数控钻床加工。型钢上螺栓孔采用三维钻床加工或用磁力钻钻模板进行钻孔加工。

地脚螺栓孔，原则上采用钻孔方式加工；直径在 ϕ80mm 以上地脚螺栓孔可采用数控火焰切割加工，加工后应清理割渣并用磨头打磨孔壁符合精度要求；钻孔后孔周围的毛刺、飞边等须用打磨机清除干净。

9）高强度螺栓连接摩擦面的加工

高强度螺栓连接摩擦面的加工，采用喷石英砂加工处理。高强度螺栓连接摩擦面应保持干燥、整洁，不应有飞边、毛刺、焊接飞溅物、焊疤、氧化铁皮、污垢等；加工处理后的摩擦面，应采用塑料薄膜包裹，以防止油污和损伤。

在钢构件制作的同时，按制造批为单位（每 2000t 为一批，不足 2000t 视为一批）进行抗滑移系数试验，抗滑移系数 Q345 钢为 0.5，Q235 钢为 0.45，并出具试验报告。同批提供现场安装复验用抗滑移试件。

10）组装

组装时的注意事项：组装或组装焊接时，应对施工详图的尺寸、零部件编号及材质等进行确认，并明确组装的焊接的要求，正确使用直角定位卡具的使用方法等以保证组装质量。对接接头坡口的组装，在操作时应避免错边或电弧擦伤。组装出首批构件后应进行首检认可，经认可合格后方可继续进行组装。

组装精度：装配时应采取适当的拘束以控制焊接变形，并应加放焊接收缩余量以及合适的反变形以控制构件尺寸，保证形状正确。焊接连接制作的组装的允许偏差以及构件外形尺寸允许偏差应符合《钢结构工程施工质量验收规范》GB 50205—2001 的要求。

11）组装定位焊接

组装定位焊接采用半自动实芯焊丝气体保护焊（GMAW）进行。

从事组装定位焊接的焊应具有《钢结构焊接规范》GB 50661—2011 规定的相应资质证书。

2. 铸钢件的制作方案

福州奥体主体育场铸钢件是集计算机辅助设计（CAD）、计算机辅助制造（CAM）、计算机辅助测量（CAM）及先进的铸造凝固模拟分析技术（CAE）为一体的高科技产品。

（1）铸钢件的关键点

关键点是福州奥体主体育场铸钢件结构形式需要满足下列要求：首先，铸钢件保证原设计的外部造型及整体受力要求；其次，铸钢件保证尺寸精度及表面粗制度的设计要求；最后，铸钢件内部结构符合铸造工艺的要求。

解决方案：针对以上铸钢件的关键点，利用三维造型软件、有限元受力分析软件、计算机凝固模拟分析软件相互协调，在原设计的基础上深化设计满足上述要求的铸钢件结构形式（铸钢件三维实体模型）。

（2）铸钢件的难点

难点：由于福州奥体主体育场铸钢件的特点种类多、数量多、分支多，增加了大量的模型制作工作量。如何解决模型制作在满足设计的结构形式的前提下保证工期的要求是本工程的难点。

解决方案：针对以上铸钢件的难点，利用三维造型软件。

在模型制作环节采用木模型及消失模相结合的形式，既能满足生产过程对模型的要求，而且又能大大缩短模型制作周期，进而确保整个铸钢件的制作周期及铸钢节点的质量

图 3.6-26　三维实体模型图

与精度的控制。

(3) 铸件制作

1) 铸钢件三维实体模型设计

① 设计依据

福州奥体主体育场图纸及资料、中国工程建设标准化协会标准《建筑用铸钢件技术规程》。

② 计算机凝固模拟分析确定铸钢件铸造工艺方案

凝固模拟是以铸件充型过程、凝固过程数值模拟技术为核心对铸件进行铸造工艺分析。它可以完成铸件的凝固分析、流动分析以及流动和传热耦合计算分析。确定铸钢件的浇注温度、浇注速度、浇注时间、钢水需求量、砂型中冷却时间等工艺参数，同时预测铸件缩孔和缩松的倾向。对改进和优化铸造工艺、提高铸件质量、降低废品率、保证工艺设计水平稳定等起到积极的作用。通过凝固模拟预测铸件缺陷、优化铸造工艺，保证福州奥体主体育场铸钢件具有优良的质量。

2) 模型制作

模型的设计与制造是铸钢件制作的关键步骤。铸造中常用的模型制作方法有：木模型、蜡模型、金属型、消失模。其中，蜡模型只适用于小件生产，金属型适用于铸钢件、批量生产。因此铸钢件常用的模型制作为：木模型、消失模。木模型特点：适合小批量生产的铸钢件，但模型制作周期长。消失模特点：适合单件生产的铸钢件，模型制作周期相对缩短，但无法二次使用。根据本项目的特点（多品种铸钢件）主要选用消失模，搭配木模型生产铸钢件。

3) 铸造

铸造是获得良好铸钢件制作的重要环节之一，根据铸钢件的特殊性并结合消失模本身的特点，制定合理的铸造工艺是铸件能否成功的关键因素。

4) 热处理

热处理是通过加热、保温和冷却的方法，来改变钢的内部组织结构，从而改善钢性能的一种工艺。福州奥体主体育场铸钢件的加热速度取决于钢的化学成分、铸件的断面大小以及铸件的形状。铸件断面越大，形状复杂、断面厚薄相差较大时，加热速度要缓慢些。

5) 后处理

铸件的后处理是铸钢件生产的最后一道工序，主要内容有：打箱、折除芯骨、喷石英砂、割去浇冒口、打磨、表面涂装等，工作量极大，是形成铸件外观的关键工序，由于铸钢件铸件形状复杂、表面要求高，因此，清理工作量是普通铸件的一倍。

6) 铸钢件的焊补：

① 铸钢件可用焊补方法进行修补，施焊工艺由供方确定。

② 焊工必须是经过培训，且有资质的焊工。

③ 对较大的缺陷要对缺陷的位置和几何尺寸进行记录备案。

④ 补焊后必须经 24h 后方可进行探伤。

⑤ 重大补焊焊后进行除应力处理。

⑥ 补焊后应按照检查铸钢件的同一标准进行检测。

3. 钢结构加工制作焊接方案

(1) 焊接操作

焊接前的清理→反面清理→焊接端部的处理和引弧板、引出板→焊后清理→后热处理→矫正→焊接缺陷的修补→栓钉焊接→焊接检验。

(2) 构件检查验收

实行自检、交接检、专检三管齐下的质量“三检”制度，实现“监督上工序、保证本工序、服务下工序”的控制目标。

4. 钢结构的运输及成品保护

(1) 运输方案

1) 运输方法与路线

① 运输方法

根据构件尺寸和施工现场需求，本工程根据构件分段方案，所有构件都能满足公路运输的要求；采用全程高速公路运输的方式，力求快、平、稳地将构件运抵现场。

② 运输路线

五类货物运输车辆（载重 15t 以上）单程所需时间约 11h，全程约 847km，制作分段主要以公路的运输尺寸为限制 3m×4.5m×16m；对于超出公路运输限制的节点，采用特别通行证的方式，利用超宽车辆运输至现场。

2) 运输注意事项

① 运输时应事先对运输路径进行调查，确保车辆运输时不出现问题。另外，对工程现场及周边环境应与吊装单位进行磋商，确保运输道路的宽度、门宽高、转弯半径等问题不影响运输车辆进场卸货。

② 大型构件运输时，应对交通法规限制的运输车辆进行调查，必要时应取得当地政府的许可文件。

③ 原则上不在节假日进行构件的运输。

(2) 成品保护

1) 构件的堆放

合格入库的成品构件应放置在高度不低于 200mm 的枕木上；

构件标识应朝上放置；

构件多层堆放时上下层间应用方木隔开；

构件堆放场地应做好排水，防止积水对构件的腐蚀；

构件堆放间距应容许检查人员进行检查；

构件堆放应平稳，符合安全要求；

构件堆放时应将先发运的构件堆放在外侧或上面以方便构件发运。

2) 运输过程中的成品保护

钢结构运输时绑扎必须牢固，防止松动；钢构件在运输车上的支点、两端伸出的长度及绑扎方法均能保证构件不产生变形、不损伤涂层且保证运输安全；钢构配件分类标识打包，各包装体上做好明显标志，零配件应标明名称、数量、生产日期；螺栓等有可靠的防水、防雨淋措施。

3.6.7 结构安装方案及技术措施

1. 劲性结构及支座安装方案

（1）劲性结构及支座概况

主体育场劲性钢柱分布于场内环 A 轴处，呈环状分布，共计 66 根、每根重约 2.5t，总用钢量约为 170t。劲性柱均为十字形截面，截面大小为＋500×200×35×35，柱底标高为－3.55m，柱顶标高为 1.75m（部分为 1.79m），柱高为 5.30m（部分高 5.34m）。劲性钢梁分布于东西罩棚结构内环支座间型钢混凝土环梁内，截面为 H1200×750×35×50，长度在 10～13m 之间，用钢量约为 680t。

（2）劲性柱的安装方法及技术措施

1）劲性柱的安装方法及吊装工况

A 轴处劲性钢柱的安装在土建桩基垫层施工完成，待柱基下层钢筋绑扎完成后进行安装，采用两台 35t 汽车吊在内环道路上伴随土建施工流程方向顺时针进行吊装，吊装就位后对其临时固定连接，测量校正后完成移交工作面于土建施工。

吊装工况：采用 35t 汽车吊站位于内环道路上进行吊装，吊装半径 12m，35t 汽车吊 30.6m 臂长起重能力为 5.6t，可满足吊装要求。

2）劲性柱安装措施

根据劲性柱等构件的重量及吊点设置情况，吊装前准备足够的不同长度、不同规格的钢丝绳和卡环，并准备好倒链、缆风绳、爬梯、工具包、榔头以及扳手等机具。并依据吊装的要求配置适当长度和直径的钢丝绳，采用汽车吊将劲性柱从堆场起吊并吊装就位。

劲性钢柱垂直度校正：钢柱吊装就位到支撑架上后，确定柱身方向正确，在测量人员的测量监视下，利用斜铁、缆风绳、倒链等对柱顶标高偏差、柱身垂直度偏差、轴线偏差进行校正；使用全站仪观测在钢柱顶部相应控制点的坐标值并进行校正。

（3）外内环支座的安装方法及吊装工况

1）外环支座

① 安装方法

为控制外环支座的安装精度，保证罩棚结构的安装精度及顺利安装，外环支座可分为两部分进行安装，即罩棚墙面外支座杆节点和倒插柱两部分。

为减少倒插柱的施工措施，需在倒插柱的柱底增加锚栓；倒插柱的安装在土建柱子钢筋施工时（以倒插柱脚为界，混凝土柱分两次施工）进行柱脚锚杆的预埋，等混凝土施工至倒插柱底标高时进行倒插柱的吊装，测量校正后完成移交工作面于土建进行上部混凝土施工；待混凝土结构施工完成并达到规定强度后，进行罩棚墙面外支座杆节点的安装。外环支座安装措施及设计如图 3.6-27 所示。

② 安装流程

外环支座的安装的大致流程为，先进行倒插柱柱脚锚栓的预埋，再进行倒插柱的吊装，最后进行罩棚墙面外支座杆节点的安装。

2）内环支座钢梁

① 安装方法

内环支座可以分为两类：一类为位于混凝土 V 形撑外侧柱顶，通过十字形倒插柱及

H 型钢梁与混凝土结构相连；另一类为位于两混凝土 V 形撑之间的型钢混凝土梁上，下部无倒插柱。第一类内环支座可划分为三部分进行安装：内环支座杆节点、成品铰支座及倒插柱节点。

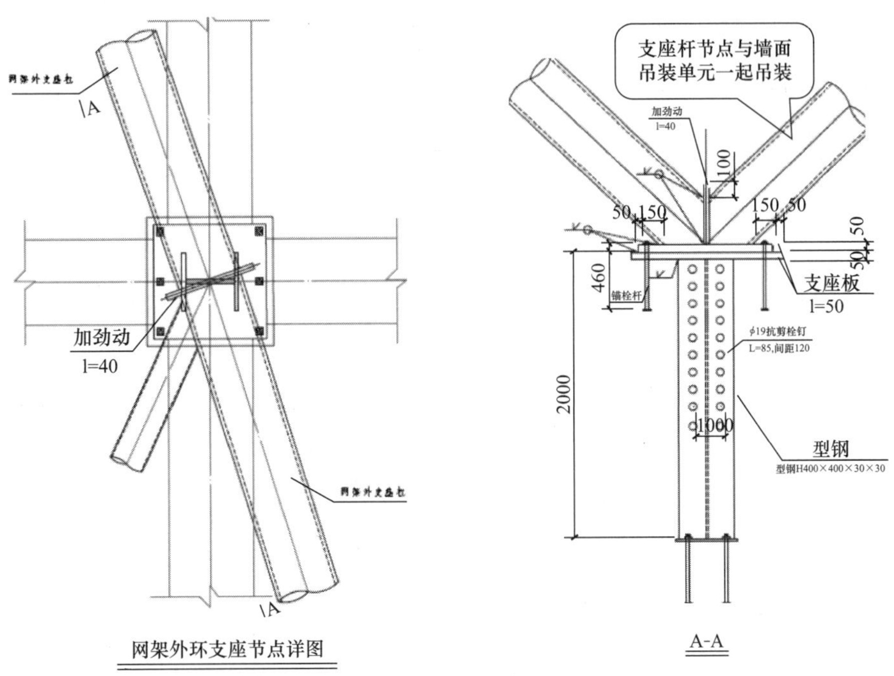

图 3.6-27　外环支座安装措施及设计

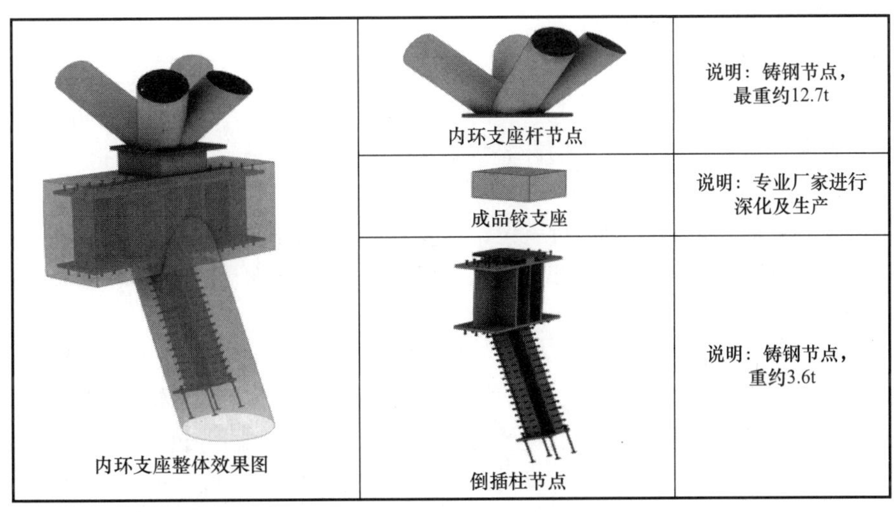

图 3.6-28　一类内环支座安装示意图

第二类内环支座，下方无倒插柱，故成品铰支座下部铸钢件需与两端劲性钢梁焊接成整体后进行吊装，如图 3.6-29 所示。

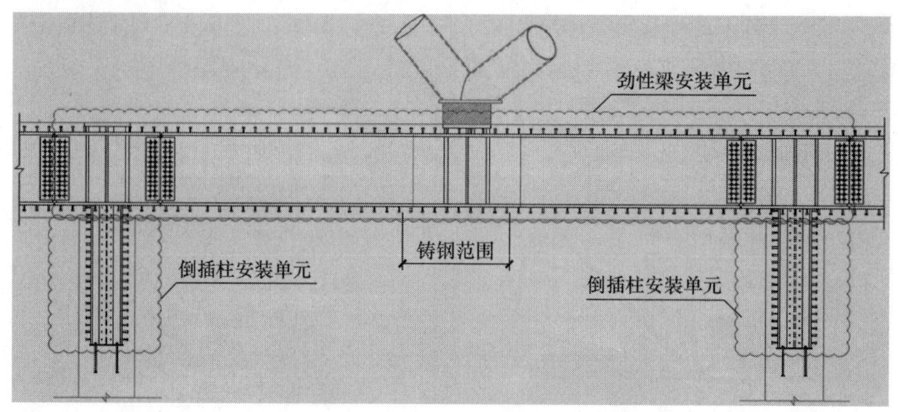

图 3.6-29　二类内环支座安装示意图

② 内环支座的安装措施

倒插柱的安装措施：在倒插柱进行深化设计时，增加倒插柱柱脚底板及锚栓，通过锚栓使倒插柱节点与 V 字撑下部混凝土结构形成一个可承受倒插柱及型钢劲性梁的稳定结构。

成品铰支座的安装技术措施：成品铰支座安装完成后，待全部恒荷载安装到位后、罩棚结构进行整体卸载前，再将支座底板与柱顶预埋钢板牢固连接；待罩棚结构整体卸载完成后，再拆除支座上盖底座间的连接钢板，使其能自由转动。

(4) 劲性钢梁的安装及措施

1) 劲性钢梁的安装

劲性钢梁待两内环支座倒插柱节点安装完成后，使用 300t 汽车吊进行吊装。劲性钢梁吊装就位后，先使用临时螺栓进固定，待测量校正完成后方可进行高强度螺栓及焊接施工。

2) 劲性钢梁的吊点设置

为方便现场安装，确保吊装安全，钢梁在工厂加工制作时，应在钢梁上翼缘焊接吊耳，吊点到钢梁端头的距离一般为构件总长的 1/4。

3) 劲性钢梁的就位与临时固定

钢梁吊装到位后，按施工图进行就位，并要注意钢梁的靠向；钢梁就位时，先用冲钉将梁两端孔对位，然后用安装螺栓拧紧；安装螺栓数量不得少于该节点螺栓总数的 30%，且不得少于 3 颗。

4) 吊篮及安全绳设置

劲性钢梁吊篮采用 ϕ12mm 的圆钢组成，待地面验收合格后吊至钢梁侧边，以方便现场施工人员对钢梁的安装和校正。钢梁吊装前，分别在钢梁两端上翼缘处各竖向安装一根 ϕ48mm 长度为 1200mm 的圆钢防护立杆，然后在两根立杆之间拉钢丝绳，确保施工人员行走安全。

5) 高强度螺栓施工

劲性钢梁与内环支座倒插柱节点间的连接采用 M20 高强度螺栓进行连接，高强度螺栓及螺母和垫圈的硬度试验，应在工厂进行；连接副紧固轴力的平均值和变异系数由厂方、施工方参加，在工厂确定。摩擦面的抗滑移系数试验，可由制造厂按规范提供试件后在工地进行。

（5）劲性结构隐蔽工程组织措施

本工程中钢结构施工与混凝土结构施工的隐蔽工程主要为外环支座、内环支座、劲性柱及劲性钢梁施工，其施工的关键在于技术组织。对隐蔽工程的技术组织，重点加强对协调准备、检查验收两环节的组织控制。

2. 安装质量保证措施

（1）检验和试验工作程序（图 3.6-30）

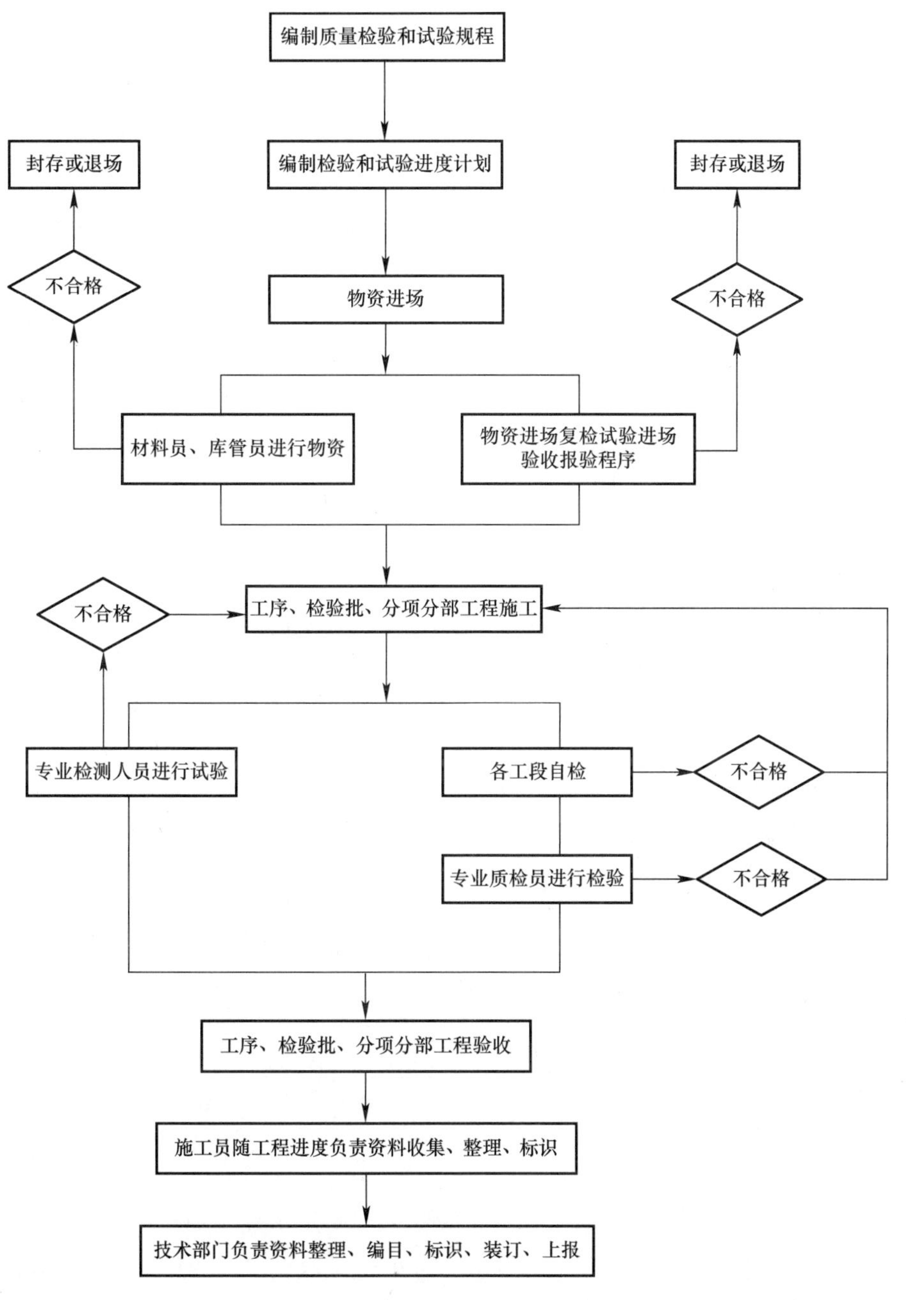

图 3.6-30　检验和试验工作程序

（2）检验和试验工作内容及取样检测方法（表3.6-10）

取样检测及方法 **表3.6-10**

序号	检验和试验内容		取样批量	取样或检测方法
1	钢结构	钢材进场检验	按同规格、同品种、同炉号60t为一批	在钢材进场时取样
2		焊接材料	按圆管、矩形管、焊接球、网架结构工厂制作和现场拼装、安装进场批号抽样复	进场时取样
3		焊缝无损检测	设计要求全焊透的一二级焊缝全数检查；要求熔透的对接和角对接组合焊缝同类焊缝抽查10%，且不应少于3条	用超声波或射线探伤，焊缝量规、现场测量
4		焊接工艺评定试验	工厂制作焊接工艺评定试验	按设计及规范要求
5			现场安装焊接工艺评定试验	按设计及规范要求
6			栓钉焊接工艺评定试验	按设计及规范要求
7		防火涂料粘结强度、抗压强度试验	薄涂型防火涂料按使用100t为一批进行复验	每批取5块试件进行测量
8			厚涂型防火涂料按使用500t为一批进行复验	每批取5块试件进行测量

（3）钢结构安装保证基本措施

1）安装前，应对构件的外形尺寸、位置、连接件位置及角度、焊缝等进行全面检查，在符合设计文件和有关标准的要求后，才能进行安装。

2）钢网架屋盖杆件定位采用空间坐标控制，由杆件拼接焊接引起的收缩变形，或其他引起杆件的压缩变形，应在制作时加以考虑并调整杆件的实际长度。

3）施工支撑措施不得随意依附在钢网架屋盖结构上。

4）构件安装顺序应认真设计，尽快形成一个刚体以便保持稳定，也利于消除安装误差。

5）结构安装时，应注意日照、焊接等温度变化引起的热影响对构件的伸缩和弯曲引起的变化，并采取相应的措施。

6）须利用已安装好的结构吊装其他构件和设备时，应进行必要的验算。

7）钢结构安装前，应根据定位轴线和标高基准点复核和验收土建施工单位设置的制作预埋件或预埋螺栓的平面位置和标高。

8）钢网架屋盖的安装要求允许偏差，应符合《钢结构工程施工质量验收规范》《网壳结构技术规程》的要求。

第 4 章　BIM 在装配式体育建筑中的应用

4.1　BIM 系统简介

4.1.1　BIM 建模软件

国内已有不少企业开始从事预制构件设计，但是专业的预制构件设计 BIM 软件很少（图 4.1-1、表 4.1-1）。

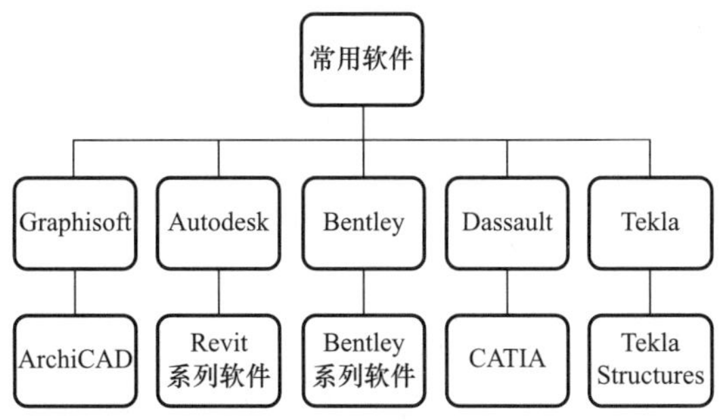

图 4.1-1　常用软件

常用设计软件　　**表 4.1-1**

序号	软件名称	供应商	主要技术特点	成熟度及应用情况
1	iDrawin-BIM	中民筑友自主研发	CAD 建模底图转三维模型，信息模型	全过程全专业 BIM 设计、建模更迅速更精确、信息数据传输无缝对接；目前在试用阶段
2	PKPM-Bim	中国建筑科学研究院	建筑转结构，结构转 PC，信息模型	全过程全专业 BIM 设计，出图功能不够完善，数据传输对接还有待完善；应用初期，已有部分设计单位使用
3	YJK	北京盈建科软件股份有限公司	建筑转结构，结构转 PC，信息模型	全过程全专业 BIM 设计，出图功能不够完善，数据传输对接还有待完善；应用初期，已有部分设计单位使用
4	Planbar	内梅切克	CAD 底图翻模，信息模型	主要针对混凝土拆分设计，能出深化图和提供工程量清单及项目信息，操作方式不符合国内设计师习惯，设计师上手时间较长，目前国内应用不多
5	Revit	Autodesk 公司	三维建模，信息模型	主要针对混凝土拆分设计，能出深化图和提供工程量清单及项目信息，目前国内已有部分设计单位使用
6	Tekla	芬兰 Tekla 公司	三维建模，信息模型	早期主要应用于钢结构深化设计，也能用于混凝土拆分设计，能出深化图和提供工程量清单及项目信息，目前国内有少部分设计单位用于混凝土拆分设计

作为国内主流的 BIM 软件，Revit 的功能很强大，在国内企业摸索装配式建筑设计的初期就尝试用 Revit 来进行预制构件设计。Revit 有强大的族库功能，可通过建立参数化的构件族来快速生成各种预制构件，Revit 也支持对构件进行制造模拟、施工安装模拟和进行碰撞检测，但是 Revit 的优势在于可视化和可持续性设计，在预制构件设计的专业性、便捷性和功能的完整性上存在较多的问题，同时缺少与工业生产对接的模块，暂时还不能满足预制构件设计的需求。Bentley 软件的情况与 Revit 软件相似。

为了适应装配式建筑的设计，国内的结构设计软件 PKPM 和盈建科都已开始研发装配式建筑设计软件。2015 年 6 月 PKPM 发布了装配式结构设计软件的试用版，其包含的功能只有装配式建筑整体分析中的设计工作，离真正实现完整的装配式建筑设计还需较长的研发时间。盈建科软件于 2015 年 9 月发布了装配式结构设计软件 YJK-AMCS。YJK-AMCS 是在 YJK 的建模和结构计算功能的基础上，扩充钢筋混凝土预制构件的指定、预制构件的相关计算、预制构件的布置图和大样详图绘制等工作；该软件中很多细节处的设计问题不能解决，也还需要一段时间的改进。

Dassault 公司的 CATIA 是全球最高端的机械设计制造软件，在航空、航天、汽车等领域具有接近垄断的市场地位，应用到工程建设行业无论是对复杂形体还是超大规模建筑，其建模能力、表现能力和信息管理能力都比传统的建筑类软件有明显的优势，而与工程建设行业装配式建筑特点和人员特点的对接问题则是其不足之处。也有一些企业尝试用制造业的设计软件来进行预制构件的设计，这些软件都操作便捷、功能强大，只是毕竟属于机械设计和钢结构设计软件，应用于预制构件的设计也是还有很多专业性的问题待解决。

4.1.2 BIM 应用装配式建筑流程

在 BIM 协同设计过程中各相关专业通过建筑云平台，将各自专业所设计的相关构件及整体设计方案实施模拟，同时各专业还可以从装配式建筑族库中匹配相应的模型，进而更加提高设计效率。就装配式建筑而言，各专业所设计的构件不但要满足空间合理、结构安全、功能方便等要求，还要考虑相应的构件加工难度及工厂加工能力。故而 BIM 协同设计可以很好地实现建筑模型与装配式建造过程各阶段的信息关联，保证装配式建筑在加工、生产之前的相关模拟，使所设计的产品具有可行性与准确性。同时通过 BIM 协同设计所完成的建筑信息模型可以很好地实现信息数据自动归并和集成，便于后期工厂及装配现场的数据关联和共享，有效地解决各环节信息不对称的问题。下面将从以下几个流程具体阐述。

1. 建模及施工图设计

通过 BIM 系统的基础软件（如 Revit，Tekla，AutoCAD），把组成工程实体的构件和零件全部建立到基础模型中。使工程相关专业（如建筑、结构、水电安装等）相互结合协调一致。并通过其系统软件（如 Revit-Navisworks，Tekla）自动检查各构件之间的位置关系，判断是否发生相互碰撞及干涉情况；如存在以上问题，可在设计阶段及时处理修正，使工程各专业内容充分融合，高度协调一致。

在装配式建筑中进行详细设计的主要目的在于为相关构件作出详细空间位置确定，明确相应的装配式构件的具体尺寸，为下一步的构件设计提供原始数据支持。BIM 协同设计主要在此过程中起到将平面的、数据化的建筑实现三维展示，其模型信息包括各种基本的建筑构件以及构件的尺寸、材料、强度等物理特性。在装配式建筑详细设计中主要协同专业由建筑、结构、水暖电等相关专业组成，各专业通过建筑云平台实现相互配合设计，并实时完成各专业之间的碰撞检查，使整体详细设计方案更加具体、明确、精准。

（1）工艺拆分模型

工艺拆分模型是在 SW 内对其进行预制化，并建立准确的外形轮廓。

（2）工艺模型（初步设计）

工艺模型（初步设计）是在工艺拆分模型的基础上添加完整的钢筋、主体预埋件。

（3）工艺模型（深化设计）

工艺模型（深化设计）是在工艺模型（初步设计）的基础上添加水电预埋件及构件的属性。

（4）机电模型

机电模型需包括：通风空调系统、空调水系统、给水排水系统、消防水系统、照明系统、插座、弱电系统、火灾报警系统（仅为单层管线综合）。

2. 工程量的提取

从确定的三维基础模型中，可将其工程导入相关预算软件，把预算人员从繁重的工程量统计工作中解放出来，且准确、方便、快捷，大大提高工作效率，缩短工期。

3. 构件设计

装配式建筑的模型不仅仅包括建筑的整体模型，其中更主要的部分是各相关装配式构件的模型信息与过程数据，以及各装配式构件如何有序完整地在一个整体建筑中的展现和装配顺序的说明。模型中使用的装配式构件由两部分组成：①BIM 软件自带产品构件族库。该部分构件族库在中国的本土应用度不高，主要取决于所涉及的 BIM 软件以外来引进为主，很难实现不做更改的调取应用；②自建装配式构件族库。该部分模型主要由各相关单位自主设计完成，具有一定的知识产权。且该部分装配式构件模型可以很好地实现相关过程数据的存储，使建造过程及整体模型实施过程有依靠数据（图 4.1-2）。

图 4.1-2　参数化 BIM 设计流程图

4. 工厂加工

在建筑领域，工厂加工方法仅在装配式建筑中存在，其特殊性在于可以在工厂实现某些特定构件的预制化加工，降低了施工现场的施工难度，提升了信息变成实体建筑的准确性保障。实现工厂预制化管理的重点在于信息化，而 BIM 协同应用可以将建筑信息实现模型化、数据化、三维化展现，为工厂的自动化加工提供可能。使装配式构件的生产人工干扰率降到最低，进而提高装配式建筑的生产效率与加工质量。最终由工厂加工所产生的各项数据再次传回到建筑云平台，供BIM协同过程的其他流程调用，通过BIM协同技术实现装配式构件的全方位管控。

在工厂加工中所要求的BIM信息模型应全面包含装配式构件的类型、尺寸、受力分析、自重、材料等相关属性。将该部分模型通过工厂加工自动化生产线实现精准加工，提高作业效率和精准度，实现精益生产。最终以RFID技术为依托，将所生产的装配式建筑预制构件进行信息载入，为后续构件仓储、物流、装配、验收、运维、拆除等过程提供数据支持，真正实现BIM协同视角下的全流程信息管理。

5. 现场装配

装配式建筑的现场装配阶段是以工厂加工后的装配式构件及设计件形成的详细设计方案为依托的建筑整体实施的过程。在装配式建筑装配的过程中BIM模型所产生的数据共享与协同是其核心价值。装配式建筑在此过程中以进度管理为主线，以BIM模型为载体，以工厂预制构件为依托，以各相关专业形成的BIM协同详细设计成果为技术支持，将现场装配信息同设计信息和工厂生产信息共享与集成，将现场装配和虚拟装配有效结合，实现项目进度、成本、方案、质量、安全等方面的数字化、精细化和可视化管理，减少后续二次变更，从而提高装配式建筑工程建造的装配效率、质量和管理水平。

可视化的三维实体模型，便于工程技术人员选择并制定合理的施工方案。并可按照时间维度进行现场施工模拟，使整个施工过程管理更为清晰、流畅、可靠。三维实体模型在施工过程中，工程技术人员根据施需要，可直接提取面积、标高、构件尺寸、重量等参数，为现场施工服务。施工中所需的一切资料均可从三维实体模型中提取，具备以往二维施工图纸中不具有的优势资源，为工程顺利实施保驾护航。

6. 建筑物的后期服务与管理

根据传统的行业模式，工程竣工后，相关专业图纸资料应存档以便后期服务之用。若工程体量巨大（如上海国金中心），各专业存档的图纸资料数量惊人。后期工程在使用过程中因局部功能发生转变，需要进一步确认建筑功能是否满足新的使用要求，技术人员需查询大量的各专业相关图纸资料。汇总在一起，综合考量。时间久、工作量大。BIM系统介入建筑行业后，每项工程在竣工验收后均备存一个BIM系统的工程实体模型。以上工作可在其备存的实体模型上直接操作，所需的相关资料均可直接从备存的实体模型中提取；缩小工作量，加快了时间进度，且准确无误。给建筑的后期使用提供更快捷的服务。

4.1.3 BIM与传统CAD不同

传统的CAD为点、线、面之二维呈现，各点线与平面图形并没有关联性存在，模型是以点与线构成，如数量等有做进阶分析之信息，需要靠人力再进行计算，不能直接从图档中读取，CAD软件仅是实现计算机辅助绘图的工具软件。

在BIM建模软件中，各对象皆有其单独的特性，且相互存在关联性，因而程序可以迅速地读取如数目、体积等进阶分析所需信息内容，其信息关联性也维持数据的一致性。此外，在BIM 3D模型视觉展示下，提高设计者的设计可视度，提升与业主及施工厂商间的沟通效率（图4.1-3）。

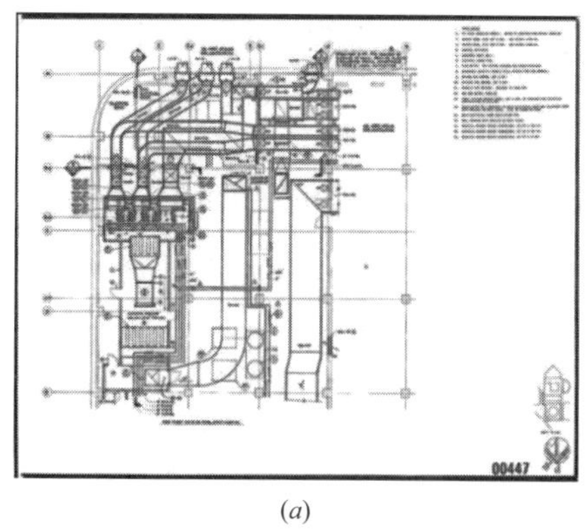

(a)

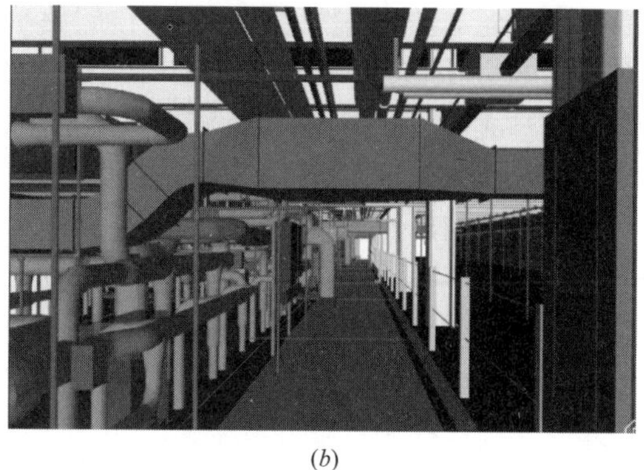

(b)

图 4.1-3　BIM 与传统 CAD 不同

(a) 手绘、CAD；(b) BIM

CAD 时代众多专业各自工作，工作流线交错复杂，重复工作量大，错漏碰缺，设计变更难以避免。

BIM 时代提供协同工作平台，工作流线有序简洁，综合信息共享，唯一模型，实体与设计成果一致。

4.1.4　BIM 应用存在的问题

BIM 在实践过程中也遇到了一些问题和困难，主要体现在以下 4 个方面：

(1) BIM 应用软件方面。目前，市场上的 BIM 软件很多，但大多用于设计和招投标阶段，施工阶段的应用软件相对匮乏。大多数 BIM 软件以满足单项应用为主，集成性高的 BIM 应用系统较少，与项目管理系统的集成应用更是匮乏。此外，软件商之间存在的市场竞争和技术壁垒，使得软件之间的数据集成和数据交互困难，制约了 BIM 的应用与发展。

(2) BIM 数据标准方面。随着 BIM 技术的推广应用，数据孤岛和数据交换难的现象普遍存在。作为国际标准的 IFC 数据标准在我国的应用和推广不理想，而我国对国外标准的研究也比较薄弱，结合我国建筑工程实际对标准进行拓展的工作更加缺乏。在实际应用过程中，不仅需要像 IFC 一样的技术标准，还需要更细致的专业领域应用标准。

(3) BIM 应用模式方面。一方面，BIM 的专项应用多，集成应用少，而 BIM 的集成化、协同化应用，特别是与项目管理系统结合的应用较少；另一方面，一个完善的信息模型能够连接建设项目生命周期不同阶段的数据、过程和资源，为建设项目参与各方提供了一个集成管理与协同工作的环境，但目前由于参建各方出于各自利益的考虑，不愿提供 BIM 模型，不愿协同，不愿精确和透明，无形之中为 BIM 的深入应用和推广制造了障碍。

(4) BIM 人才方面。BIM 从业人员不仅应掌握 BIM 工具和理念，还必须具有相应的工程专业或实践背景，不仅要掌握一两款 BIM 软件，更重要的是能够结合企业的实际需求制订 BIM 应用规划和方案，但这种复合型 BIM 人才在我国施工企业中相当匮乏。

4.2　体育建筑 BIM 模型预装配解析

1. 准备工作

除协同方式的选择，标高、轴网和族库也是 Revit 必不可少的一部分。Revit 中通过轴网和标高来确定各个构件之间的相对空间关系，也是实现专业之间协同设计的前提。通过参考原始 CAD 图纸的方式，在 Revit 中建立该项目的最初始模板，包括标高、轴网和族库等。这些准备工作将确保不同专业在同时进行设计时，可以在统一的边界参数下进行设计，以便后期整合工作的进行。Revit 中“族”（Family）是 BIM 模型中重要的组成部分，是某一种相同属性图元合集的合成。同一种“族”内的图元之间会有一些区别，但其属性的设置是相同的。如系统选项卡的风管族，是 Revit 中自带的系统族。通过对风管的属性进行设置，例如标高、形状、系统分类和流量进行设置，除此之外还可以添加标识数据，来组成项目中完整的排风和进风系统。族有两种形式，一种是系统族，另一种是可载入族。在本项目中因为空调机房较多，机组也是有厂商定制的，因此统一的族库是必不可少。

2. 建筑专业建模

BIM 建模过程是将已有 CAD 图纸导入 Revit 软件，进行创建模型工作，把图纸中简单的线条转化为具有参数化、信息化、可视化特点的三维模型。

建筑模型主要用于表现建筑物的外观以及内部的细节方面，可以进行渲染出图，主要包括墙体及其面层、顶棚、门窗和幕墙、楼梯、家电等。本项目中所创建的完整模型（图 4.2-1、图 4.2-2）。

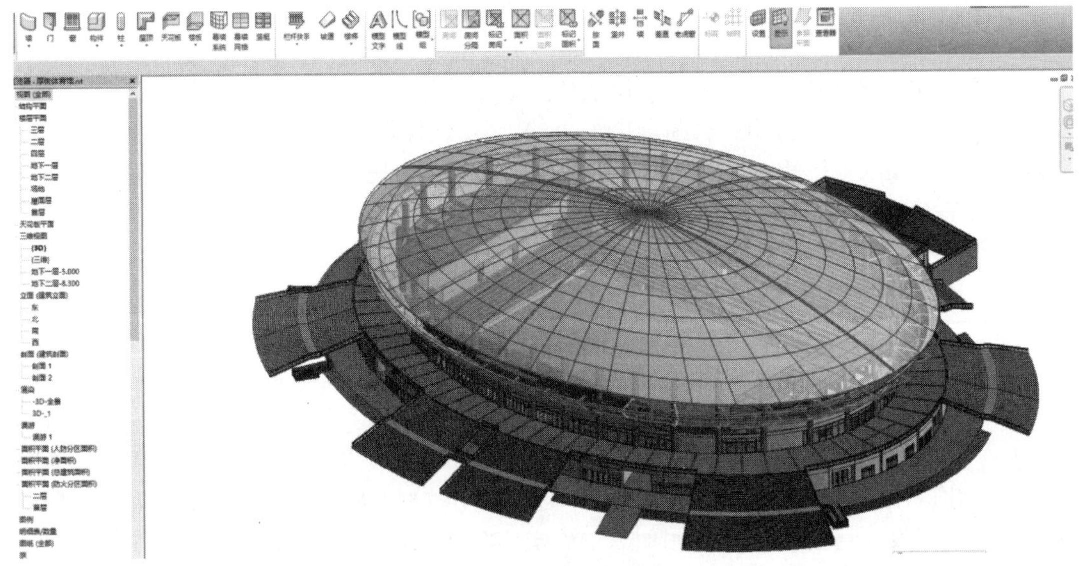

图 4.2-1　建筑模型效果图

3. 结构专业建模

结构模型主要对建筑中主要承受荷载的构件进行创建，其中包括剪力墙、梁、板、柱和钢筋等构件。使用 Revit 软件的结构模块对项目进行建模，其结构模型的效果图如图 4.2-3 所示。由于 Revit 本身在建筑模块和结构模块中都可以绘制梁板柱等构件，但在建筑模块中构件将无法添加钢筋等族，并无法进行受力分析，只能进行简单的尺寸修改等，因此无法使用建筑模块进行统一创建。Revit 所建立的结构模型可以通过 IFC 格式导出与有限元分析软件进行结合，从而对结构进行分析。钢筋是钢筋混凝土结构中主要的受力部分，因此在结构模型中钢筋族的存在使得模型进行受力分析后的结果具有说服力。建筑结

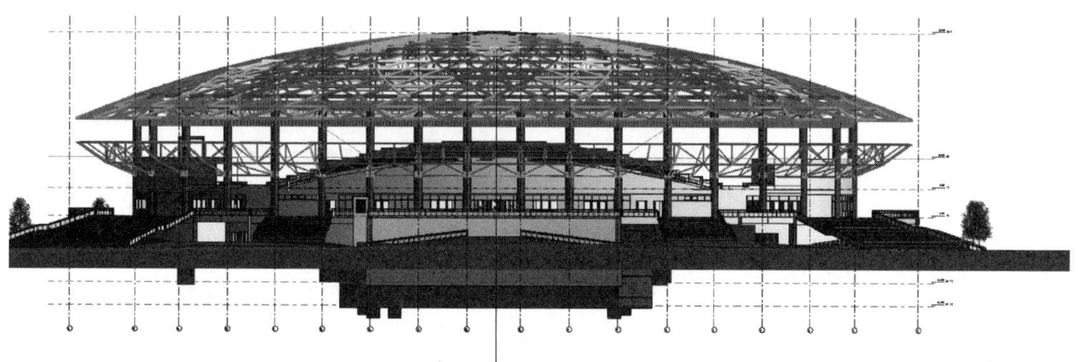

图 4.2-2　建筑剖面图

构模型创建顺序都是自下而上，如果建筑面积较大，可进行横向拆分，但要按一定顺序依次进行，每块完成须和相邻块链接，检查（图 4.2-3）。

图 4.2-3　结构模型效果图

由于目前 BIM 技术尚未成熟，在结构方面的钢筋应用依然是一个难点，在实际项目中没有很好的使用效果。由于钢筋是框架结构中十分重要的一个受力部分，广泛存在建筑物每个受力构件中，数量繁多，形式复杂多变，这些都对钢筋在 Revit 软件中的应用造成了一些困扰（图 4.2-4）。

图 4.2-4　梁配筋示意图

4. 机电专业建模

机电专业可以分为暖通专业、给水排水专业和电气三个专业，分别建模以后组成机电专业整体的模型，如图 4.2-5 所示。在机电模型中主要包括风管、水管、喷淋、消防和电桥等构件。由于 Revit 中丰富的族库，可以为不同类别的构件添加其详细参数，其中包括尺寸、系统、标高等。除此之外，软件本身默认将不同机电构件采取不同颜色显示以便区分。在本项目中的电气模型中，电缆直径明显小于其他管道尺寸，因此可以在实际模型中不予体现，以电桥代替。本工程为大型公共游泳馆，机房数量较多且集中分布在地下一层。这就使地下一层的管道布置十分复杂，因此会增加了设计和施工难度。

至目前为止，机电专业是唯一可以较为成熟地应用 BIM 技术的专业，也是应用最广泛的。因为机电专业管道的复杂以及繁多等原因使得其在传统二维 CAD 图中存在较多错误，因此机电专业是目前 BIM 技术的价值较好的体现。其中最为直观的是由于管线颜色不同，便可以明显地观察出管道碰撞等问题并进行初步的修改，便于后期碰撞检查后的深化设计。

尽管目前使用 Revit 进行机电专业建模在应用 BIM 技术是较为成熟的，但是依然存在许多不便，选取几种较为特殊的情况进行说明。如在管道中安装管道附件和弯头软件会默认要求有一定的预留位置，这样对于空间较为狭小的机房会造成很多不便；当风管中遇到尺寸不相同的三通管件时，连接顺序的不同影响着最后的结果，甚至会出现无法连接的情况，这就需要设计师寻找问题的所在。

5. 全专业模型

最后，将三个专业模型在 Revit 中链接在一起。

其中由于顶棚的存在无法详细观察建筑物内部管道的情况，因此在模型中，将楼板以及顶棚等通过过滤器使其暂时隐藏以便观察（图 4.2-5、图 4.2-6）。

图 4.2-5　全专业整体图

图 4.2-6　全专业局部图

6. 碰撞检查及出图

传统设计软件和设计模式的局限性给不同专业在设计过程中的协调造成 TIP 大的困扰，并且在二维 CAD 图纸时代做碰撞检查时不仅需要审阅大量图纸，还需要多个专家会审。这就会加大设计师的任务量，影响效率。通过 BIM 技术就可以准确迅速地解决这些问题。通过 Navisworks 软件便可以将不同专业之间自由分别进行碰撞检查，同时所产生的结果也便于观察和修改（图 4.2-7）。

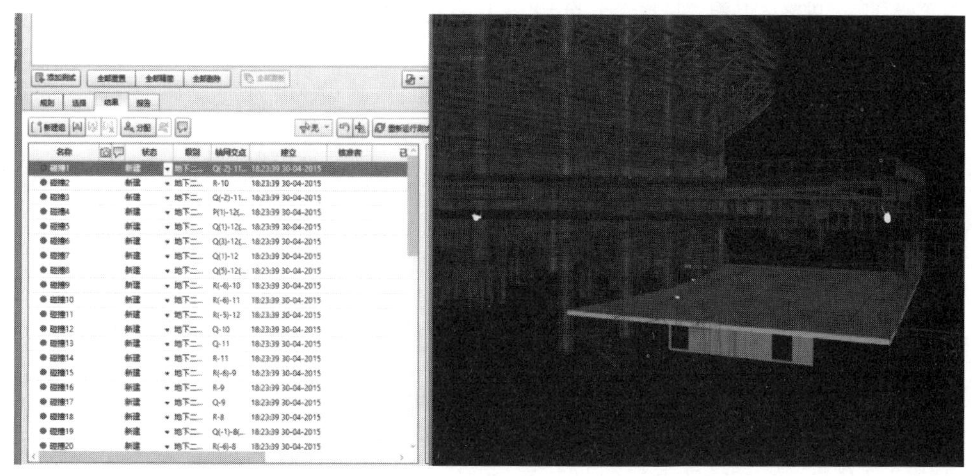

图 4.2-7　碰撞检查及出图

考虑到该项目本身较大、内存占用率高，全专业模型使用 Navisworks 软件进行碰撞检查和分析，并将问题返回至原文件进行修改。Navisworks 可以使模型轻量化有利于软件的运行，并且能与 Revit 软件完美结合，可以实现同时应用的程度。其中需要注意的是，在机电专业内的碰撞理应遵循管综调整原则对模型进行修改。

碰撞检查的目标是：

（1）发现机电专业内的各专业之间的碰撞，生成检查报告并修改。

（2）发现机电专业与建筑结构专业之间的碰撞，通过修改纠正模型中洞口错误，减少图纸返工。

（3）最后基于校核，争取实现项目中不存在碰撞问题。

在我国，施工图作为最终设计的主要表达方式，包含了建筑物中所有构件的技术标注，图纸有其不可替代的作用。随着 CAD 的普及，设计师的绘图速度以及效率大大提升。但是相对于 BIM 技术，CAD 仅仅是一种工具，CAD 图纸并不能达到真正的信息化，有着明显的不足：当绘图完成以后，项目的某个局部需要变更，则需要同时变更与其有关的多张图纸，会带来许多重复的工作。BIM 模型是完整描述建筑空间与构件的 3D 模型，是建筑真正意义上的信息化。基于 3D 模型出图是一种理想的方式，它可以将模型中某一平面的全部信息准确表达出来，并且当模型发生变动时相应的图纸也会自动更新，而且生成图纸也是 BIM 建模软件多年来努力发展的主要功能之一。在建筑、结构和设备三个不同的专业中，Amodesk 公司的一些数据表明，通过 BIM 模型出图方面，建筑可以达到 100% 出图率，结构最大为 90%，设备专业需要付出较大的工作量才能达到 75%。目前国内的图纸主要分为建筑设计图和施工图，在建筑设计图方面 Revit 生成的模型可以完美替代传统方法设计的图纸，但由于施工图的特殊性——抽象的注释符号表示钢筋信息，极大程度上减少了绘图工作量和图纸数量等优点，在国内广泛应用。但在 BIM 中由于其软件的可见性使得钢筋的绘制较为复杂，影响软件运行速度等原因使得在国内并不常见。

4.3 BIM 应用装配式体育建筑设计

为了认真贯彻落实国家关于“信息化和工业化深度融合”“促进工业化、信息化、城镇化、农业现代化同步发展”的精神，加快转变建筑业发展方式，增强建筑企业核心竞争力，构建现代建筑业产业发展新体系，根据住房和城乡建设部的要求，我国将在待建的项目中广泛开展建筑信息模型 BIM 技术（以下简称 BIM 技术）推广应用工作。BIM——建筑信息模型（Building Information Modeling）是以建筑工程项目的各项相关信息数据作为模型的基础，进行建筑模型的建立，通过数字信息仿真模拟建筑物所具有的真实信息。它具有可视化，协调性，模拟性，优化性和可出图性五大特点。

建立以 BIM 应用为载体的项目管理信息化，提升项目生产效率、提高建筑质量、缩短工期、降低建造成本。

通过 BIM 系统的基础软件（如 Revit、Tekla、AutoCAD），把组成工程实体的构件和零件全部建立到基础模型中。使工程相关专业（如建筑、结构、水电安装等）相互结合协调一致。并通过其系统软件（如 Revit-Navisworks、Tekla）自动检查各构件之间的位置关系。

九华山为我国四大佛教圣地之一，其莲花湾风景区展示中心，在概念设计中与佛教文化紧密接合，以“舍利子”为设计元素转化而来。又如一颗璀璨的宝石镶嵌于丛林之中。造型独特、新颖，如图 4.3-1、图 4.3-2 所示。

图 4.3-1　九华山莲花湾风景区展示中心造型（1）

图 4.3-2　九华山莲花湾风景区展示中心造型（1）

（1）根据建筑的概念设计，首先在 AutoCAD 中用 Line（L）、Pline（PL）命令，结合 UCS 转换，建出初步的三维单线条模型，如图 4.3-3 所示。

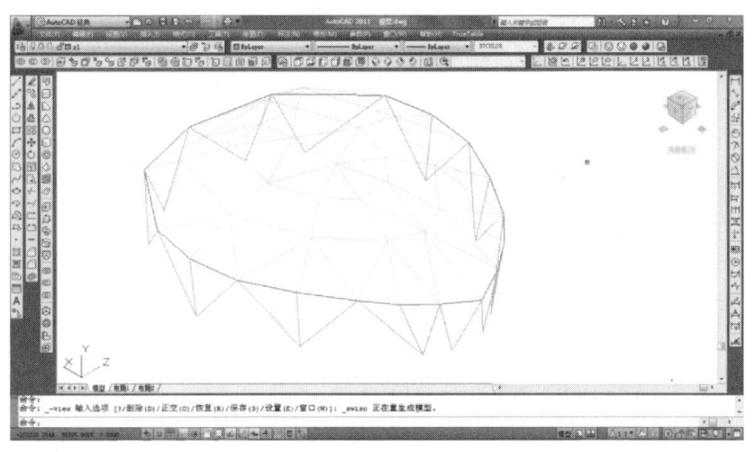

图 4.3-3　三维单线条模型

（2）整个建筑外部维护的幕墙与铝板均被划分成由三角形和四边形组成的不同面。因三点决定一个面，由四个角点组成的四边形不一定共面。

① 检查四边形的四个角点是否共面：选择 UCS 中三点定义坐标系命令，如图 4.3-4（*a*）、图 4.3-4（*b*）所示；用 REG 选择四边形的四条面形成面域，如图 4.3-4（*c*）所示；用着色命令观察一下，如图 4.3-4（*d*）所示，如能形成面域，表明四点共面。如不能形成面域，则需四边形的角点。如图 4.3-4（*e*）所示，表明此四边形共面。

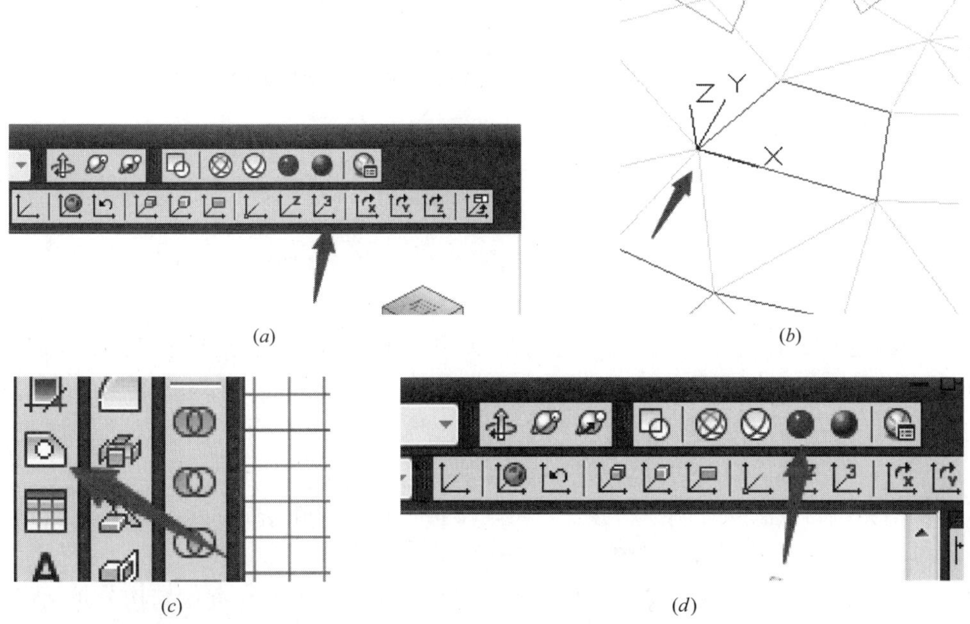

(*a*)　(*b*)

(*c*)　(*d*)

图 4.3-4　检查四边形的四个角点是否共面（一）

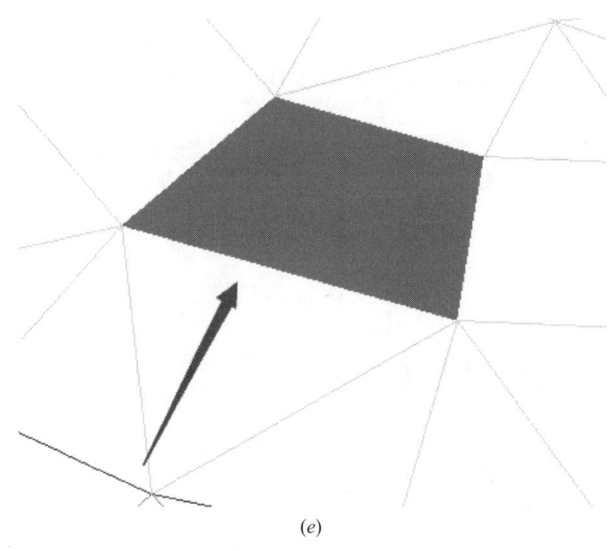

(*e*)

图 4.3-4　检查四边形的四个角点是否共面（二）

② 如四边形角点不共面则需做出调整：首先用 UCS 转化三点确定坐标系，用 PL 命令在 XY 平面捕捉四边形四个角点画线。因 PL 命令只能在平面内画线，所以其画出的四边形一定是共面的。形成面域，着色观察，与原有的四边形角点是否重合，如图 4.3-5 所示，将不重合角点拉伸到所在平面即可。

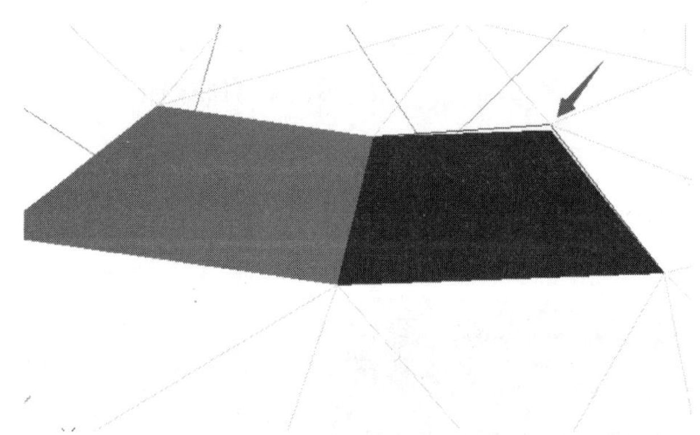

图 4.3-5　如四边形角点不共面则需做出调整

③ 如四边形四个角点不共面，也可将参照面拉伸成体，对体块进行切割来确定平面：用以上同样的方法形成面域，用 EXT 命令拉伸成体（图 4.3-6*a*、图 4.3-6*b*）；用 SL 命令通过 XY 平面，在角点处进行切割（图 4.3-6*c*、图 4.3-6*d*）；删除切割过得体块上部分（图 4.3-6*e*）；将不共面的四边形角点拉伸到体块的切割面上。

（3）用类似的方法反复调整、修正，可建出整个建筑的外轮廓及其内部柱梁分部的三维线条模型，如图 4.3-7（*a*）和图 4.3-7（*b*）所示。

（4）将三维线条模型导入结构计算软件（3D3S、MIDAS 等）进行结构分析，确定结构截面积节点做法，如图 4.3-8 所示。

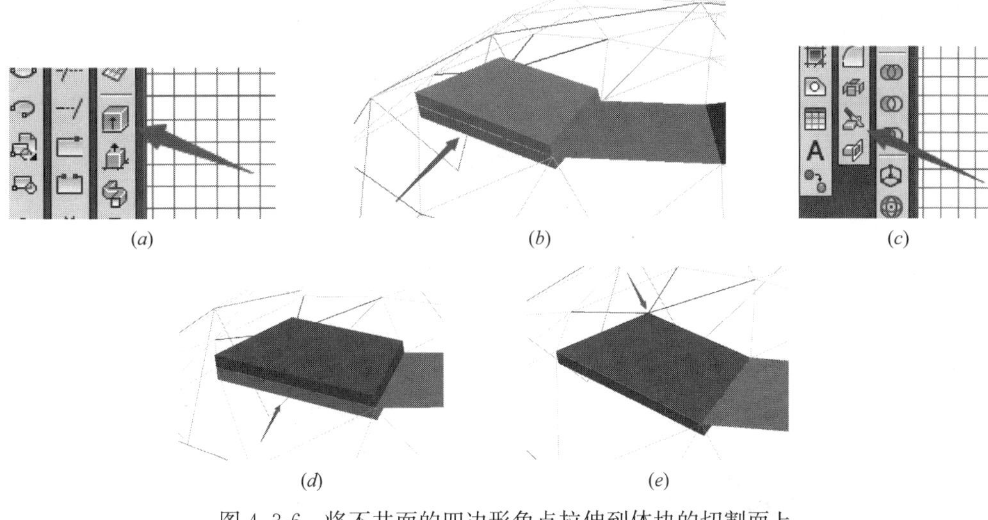

图 4.3-6　将不共面的四边形角点拉伸到体块的切割面上

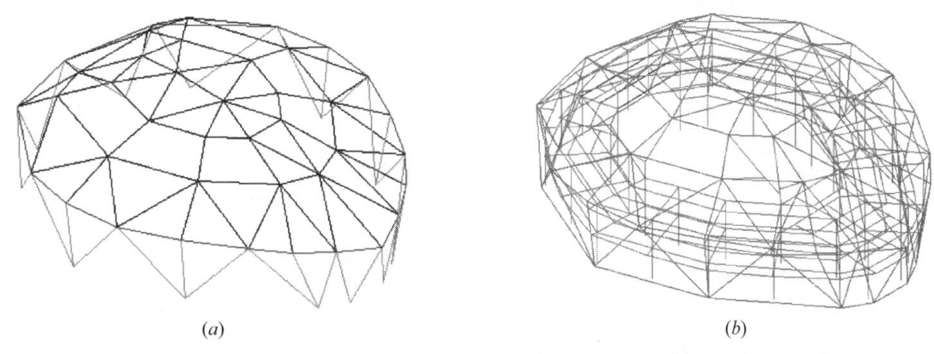

图 4.3-7　三维线条模型

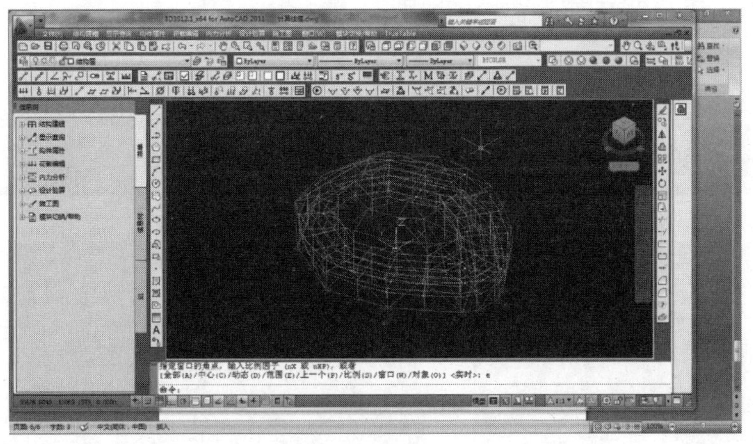

图 4.3-8　结构分析

（5）将结构计算确定的截面信息及节点做法绘出结构三维实体模型。

① 将构件面形状绘出，并形成面域。用 SWEEP 命令选定截面，按中心线扫掠形成构件实体，如图 4.3-9（*a*）和图 4.3-9（*b*）所示。

② 通过构件扫掠、拉伸、放样、切割等方法建出组成工程实体的所有构件及零件，如图 4.3-9（*c*）～图 4.3-9（*h*）所示。

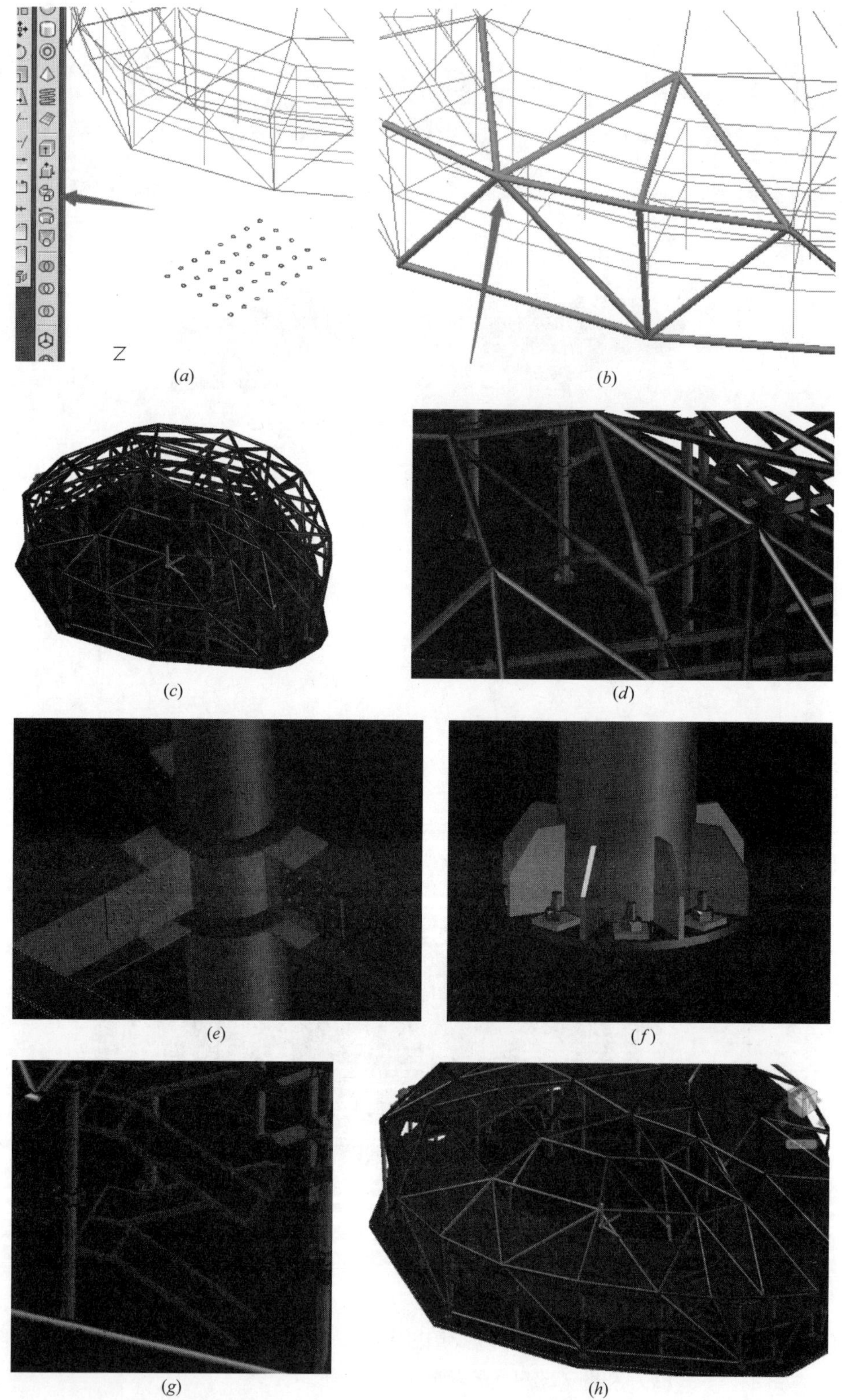

图 4.3-9　绘出结构三维实体模型

（6）工程信息的提取及施工图纸的导出。

① 可从三维模型中，通过面域提取出楼面、屋面、墙面等所需的面积参数通过查询中距离、面域质量特征及列表可提取构件的长度、质量等参数，如图 4.3-10（a）所示。通过 ID 命令，提取任一点的三维坐标，如图 4.3-10（b）所示。

② 进入布局中的图纸模型空间，通过-SOLPRLF，可提取出建筑的平面、立面、轴侧及构件零件大样图，并辅助以提取线及面的命令加以完善，如图 4.3-10（c）～（k）所示。

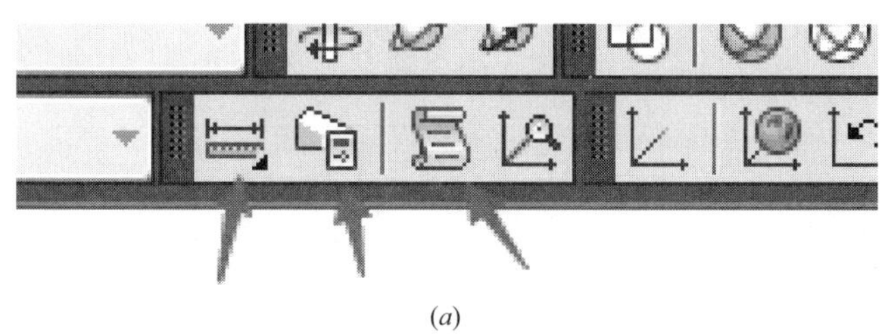

(*a*)

命令: id
指定点: X = -6032.8002   Y = -6840.4419   Z = 14513.7016

(*b*)

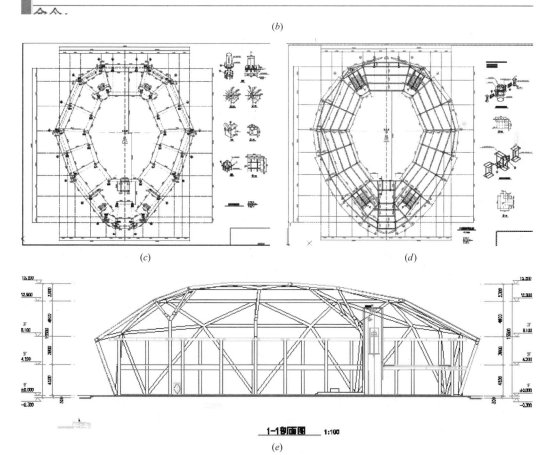

(*c*)　　(*d*)

1-1剖面图　1:100

(*e*)

图 4.3-10　提取工程信息及导出施工图纸（一）

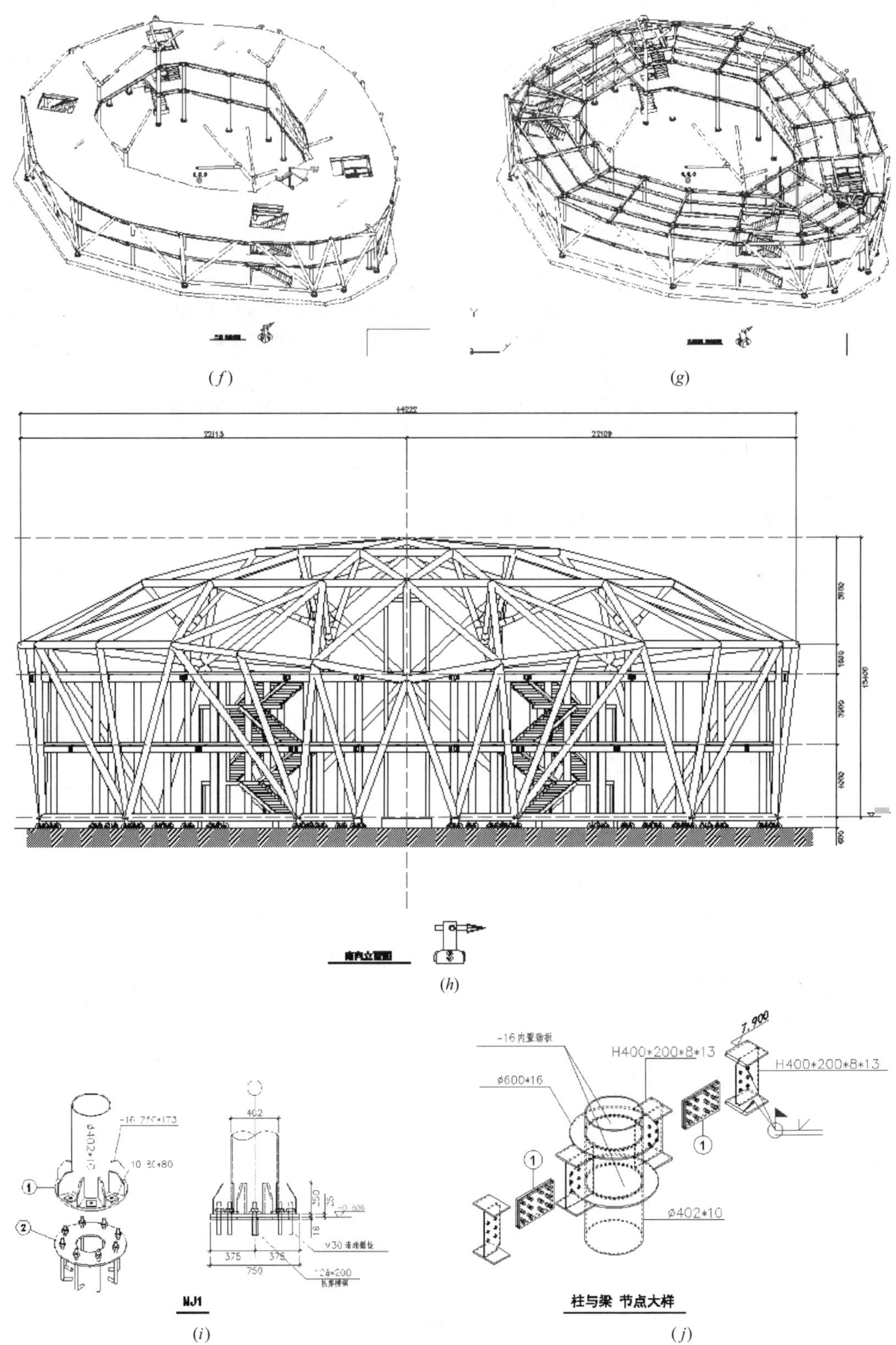

图 4.3-10　提取工程信息及导出施工图纸（二）

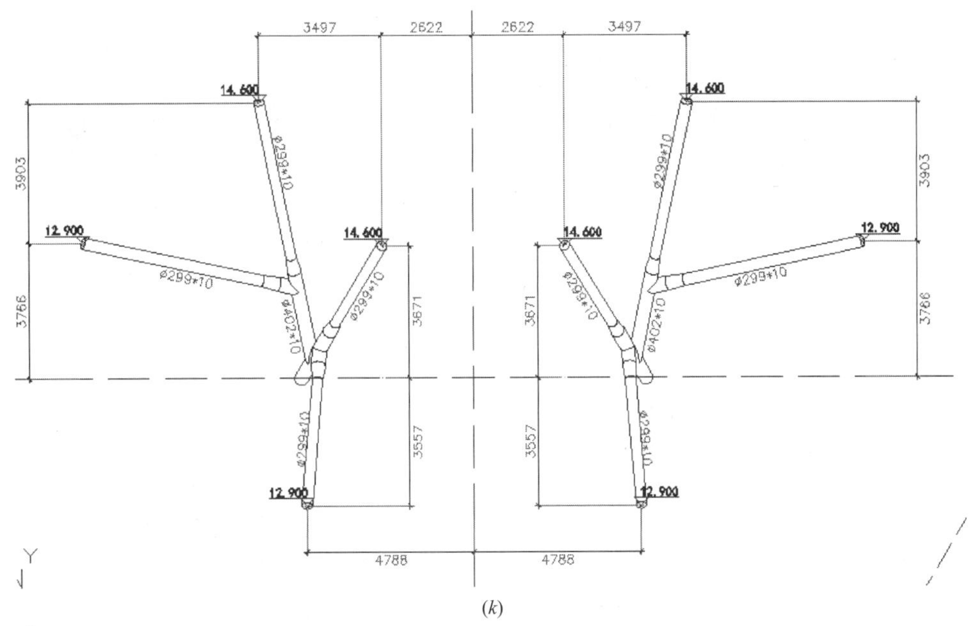

(k)

图 4.3-10　提取工程信息及导出施工图纸（三）

4.4　BIM 应用装配式体育建筑施工

济南体育中心建筑地点在济南市西城区，二环西路以西，滨州路以东，威海路以南，日照路以北。建筑总面积 352629.94m^2，其中地下 126389.00m^2，地上 226240.91m^2。柱距 18m、跨度 70m，建筑高度 49.75m。体育中心共分为 5 个馆。主体结构为大跨度空间钢结构。1 号馆为球类馆施工难度大，最具代表性。图 4.4-1 为 1 号馆整体模型轴测图。

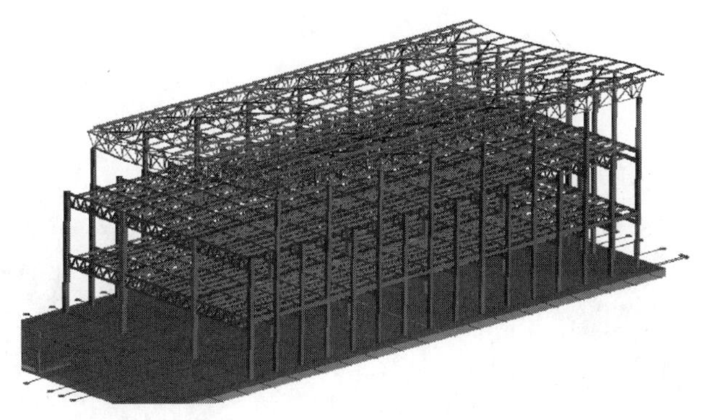

图 4.4-1　1 号馆整体模型轴测图

根据施工现场的综合情况考虑，采用以下施工顺序进行施工，施工过程演示如图 4.4-2～图 4.4-11 所示，按照此施工段的安装方法完成本工程的施工安装。

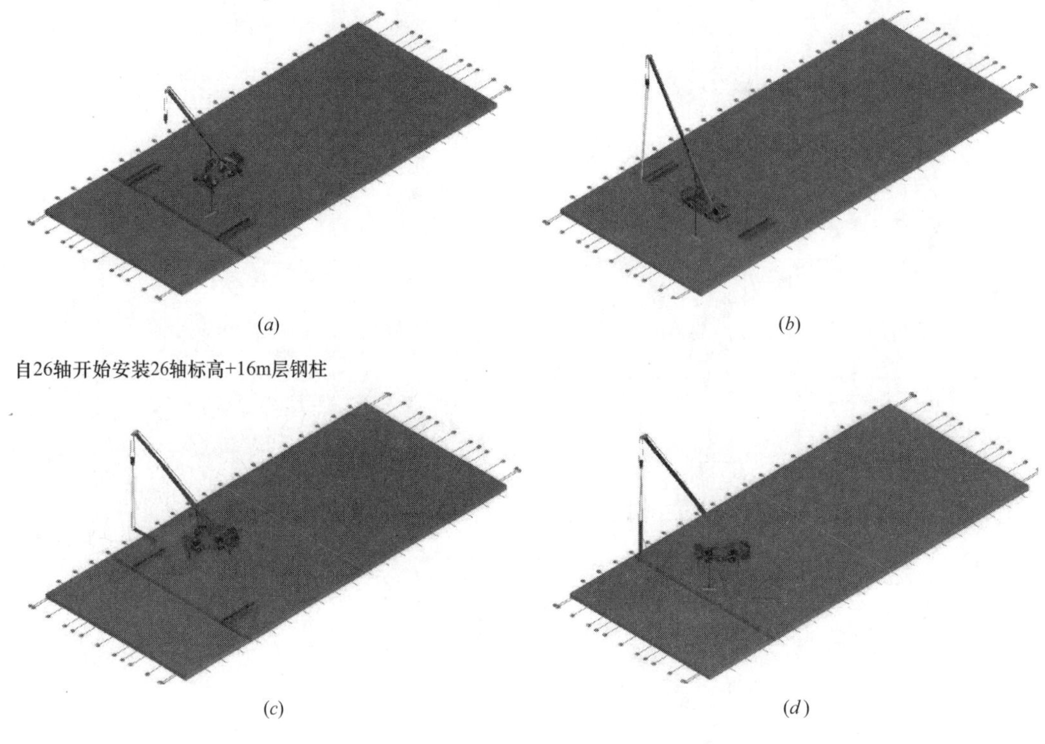
(a)
(b)
自26轴开始安装26轴标高+16m层钢柱
(c)
(d)

图 4.4-2　施工过程（1）

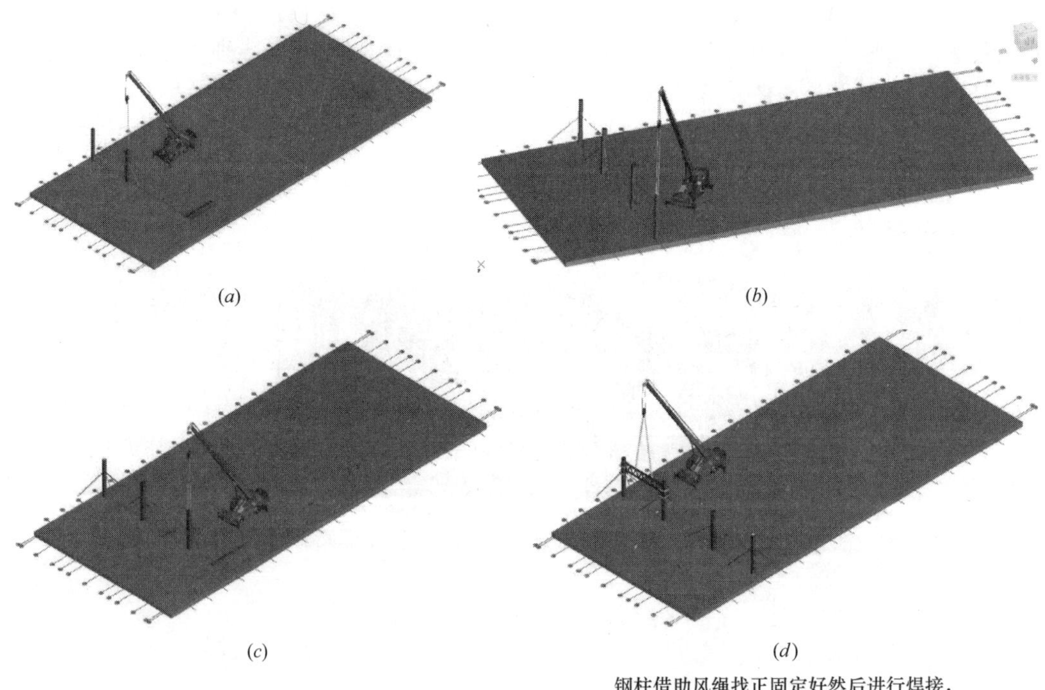
(a)
(b)
(c)
(d)
钢柱借助风绳找正固定好然后进行焊接，
焊接完毕安装26轴+15.8m桁架

图 4.4-3　施工过程（2）

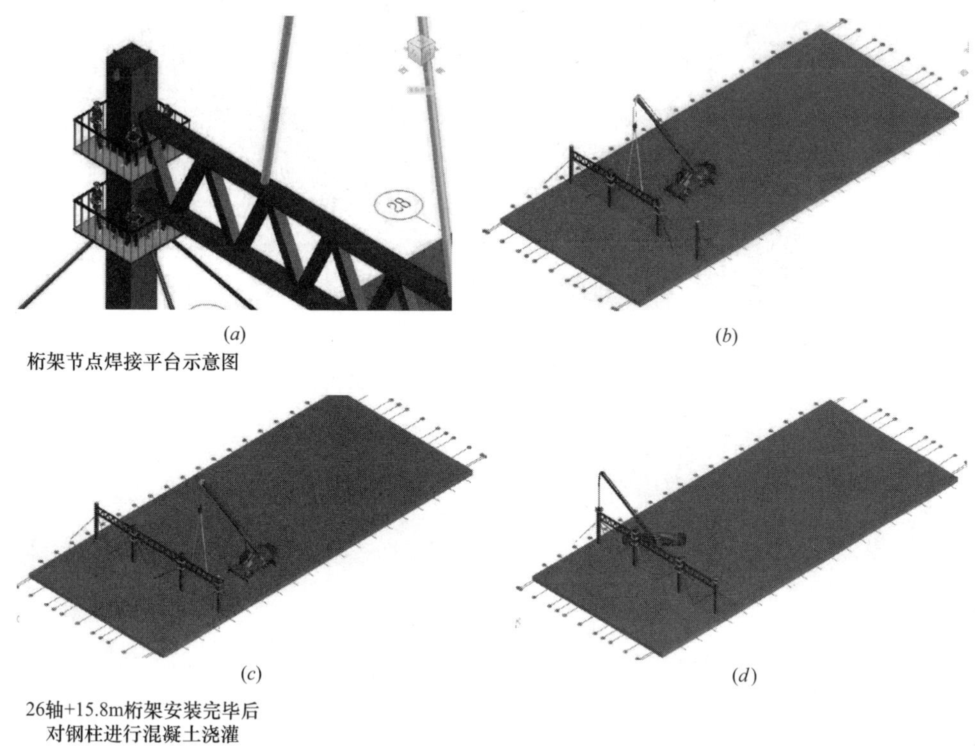

(a)
桁架节点焊接平台示意图
(b)
(c)
26轴+15.8m桁架安装完毕后
对钢柱进行混凝土浇灌
(d)

图 4.4-4　施工过程（3）

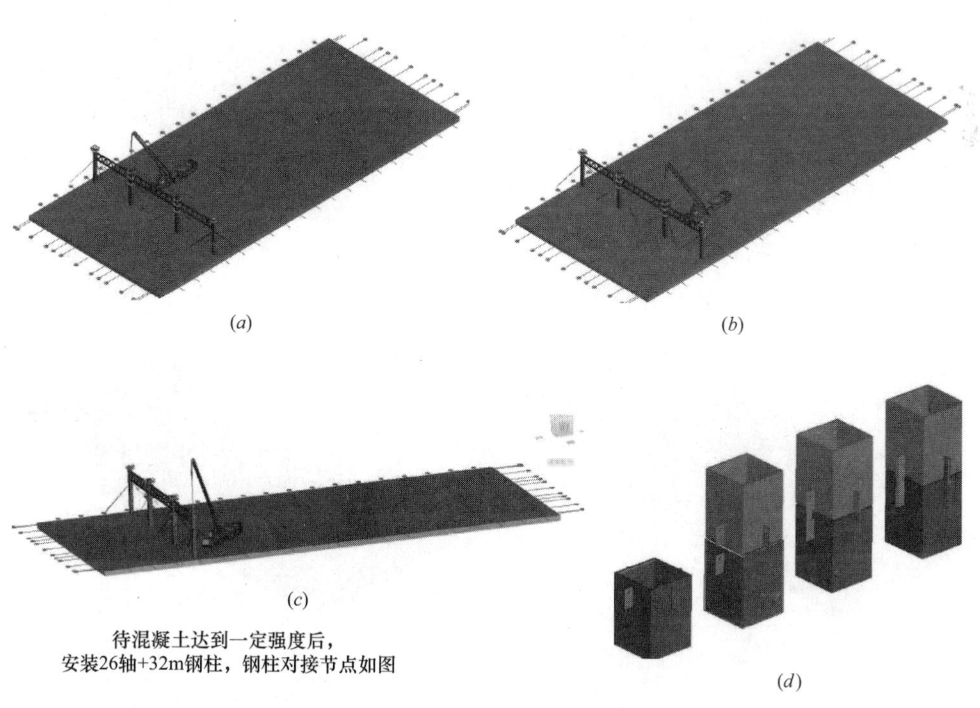

图 4.4-5　施工过程（4）（一）

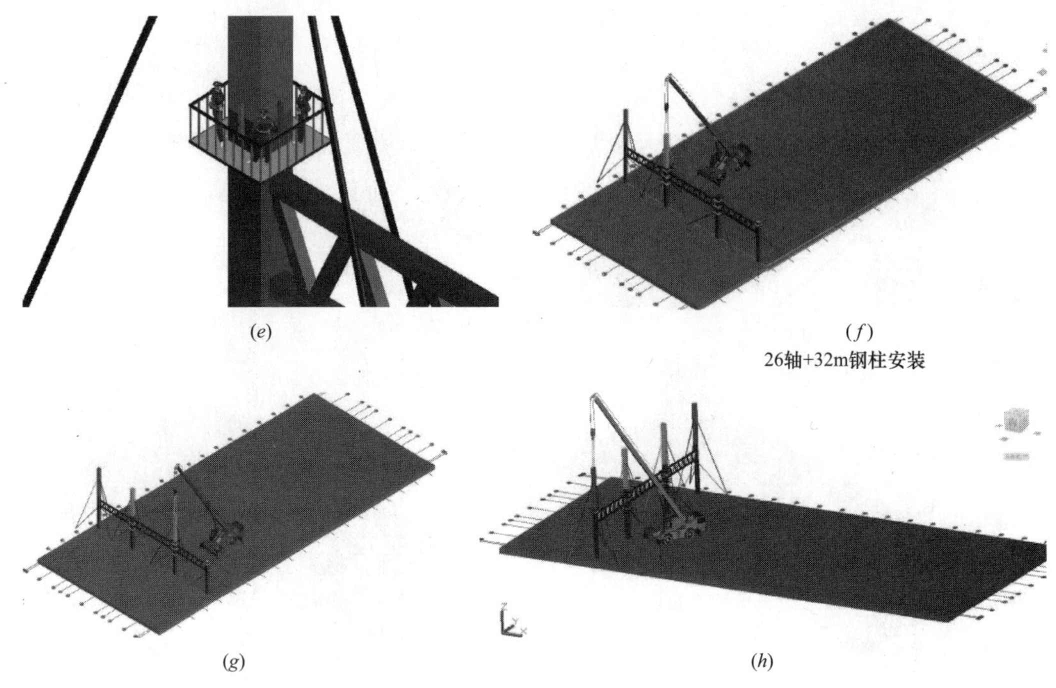

(*e*)

(*f*)
26轴+32m钢柱安装

(*g*)

(*h*)

图 4.4-5　施工过程（4）（二）

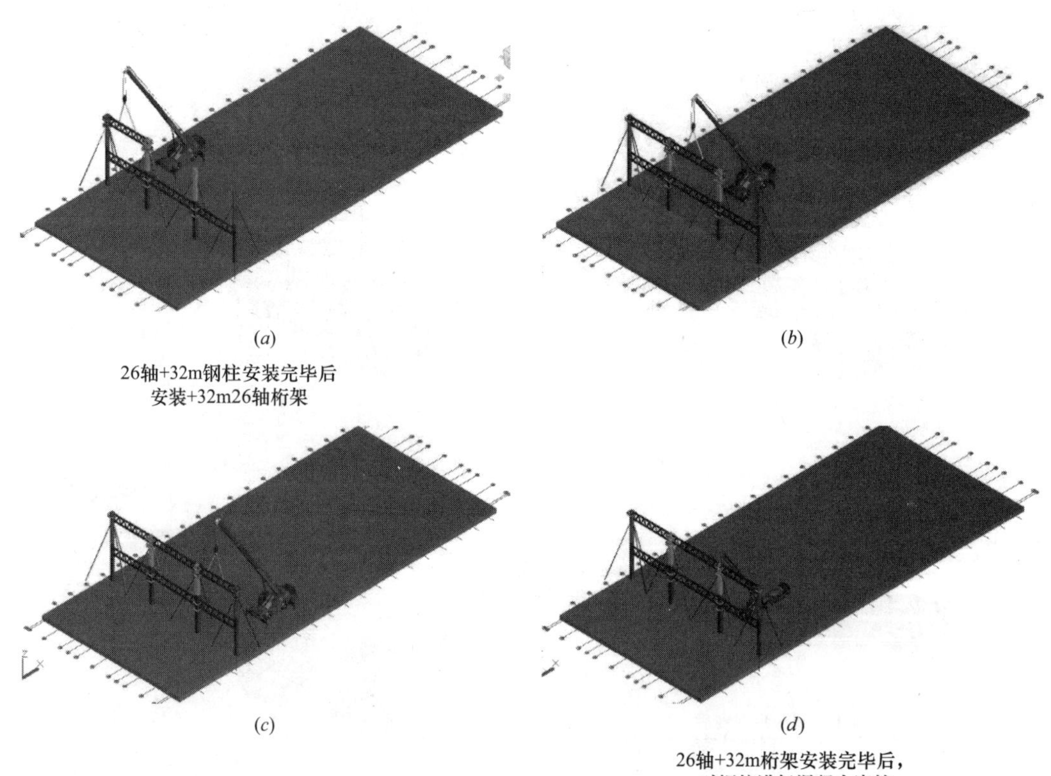

(*a*)
26轴+32m钢柱安装完毕后
安装+32m26轴桁架

(*b*)

(*c*)

(*d*)
26轴+32m桁架安装完毕后，
对钢柱进行混凝土浇筑

图 4.4-6　施工过程（5）（一）

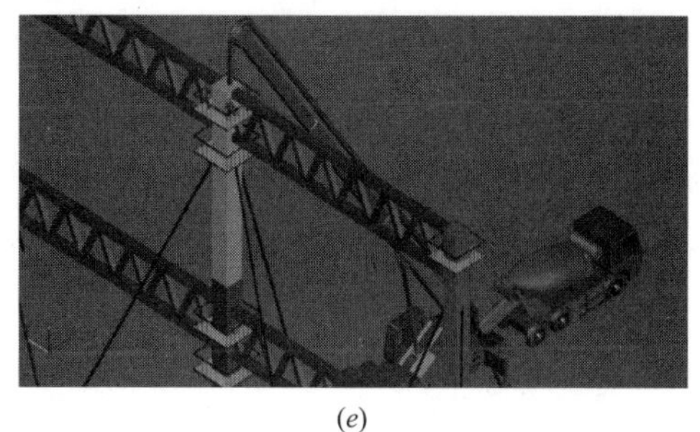

(*e*)

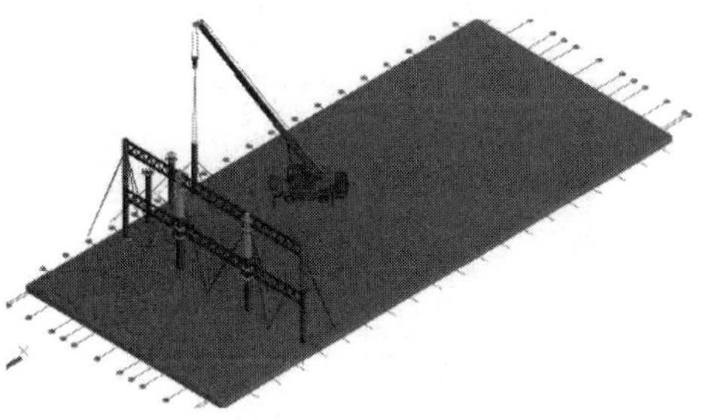

(*f*)
混凝土浇筑完毕达到一定强度后安装1/B2轴、27轴，1/B2轴、28轴，1/B2轴、29轴+16m钢柱

图 4.4-6　施工过程（5）（二）

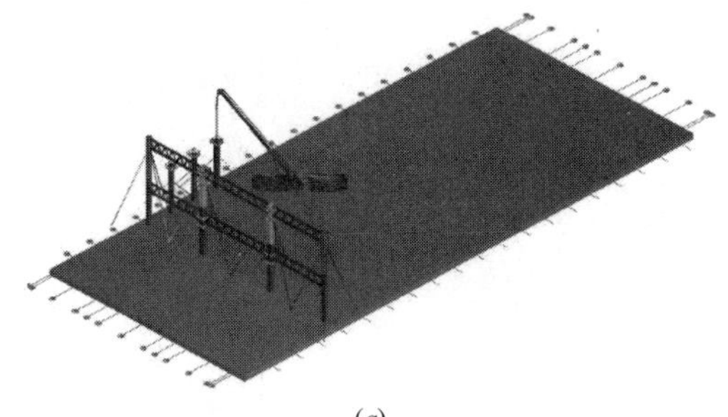

(*a*)
1/B2轴、27轴，1/B2轴、28轴，1/B2轴、29轴+16m钢柱安装完毕对其进行混凝土浇筑

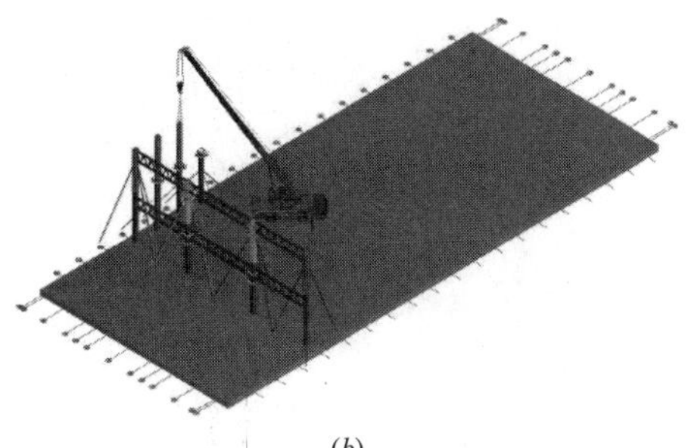

(*b*)
浇筑完毕达到一定强度后安装1/B2轴、27轴，1/B2轴、28轴，1/B2轴、29轴+32m钢柱

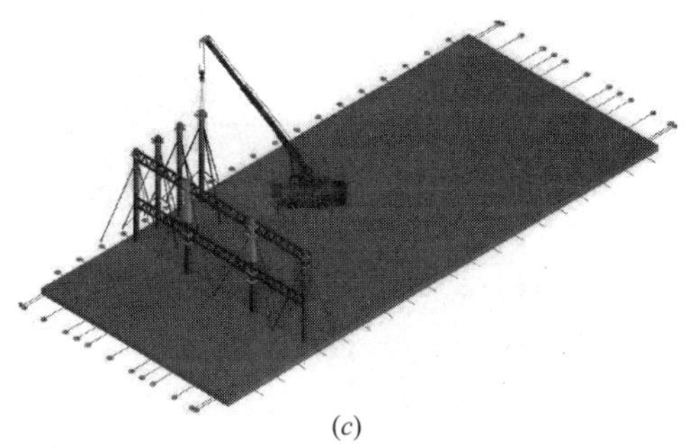

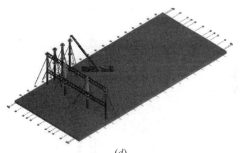

(*c*)

(*d*)
1/B2轴、27轴，1/B2轴、28轴，1/B2轴、29轴+32m钢柱安装完毕后对其进行混凝土浇筑

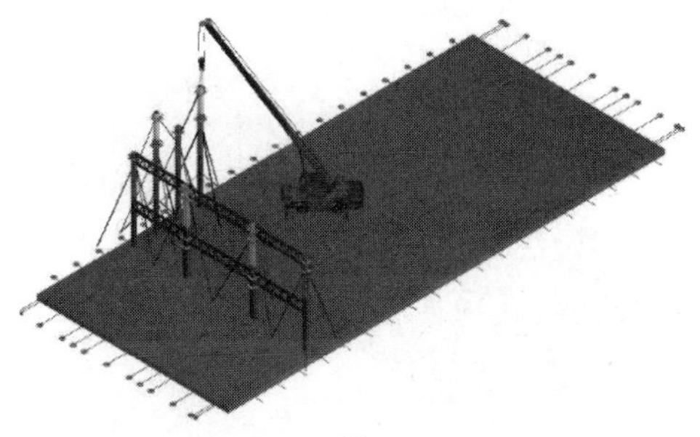

(*e*)
1/B2轴、27轴，1/B2轴、28轴，1/B2轴、29轴+32m钢柱混凝土浇筑，混凝土达到一定强度后，安装1/B2轴、27轴，1/B2轴、29轴至屋面钢柱

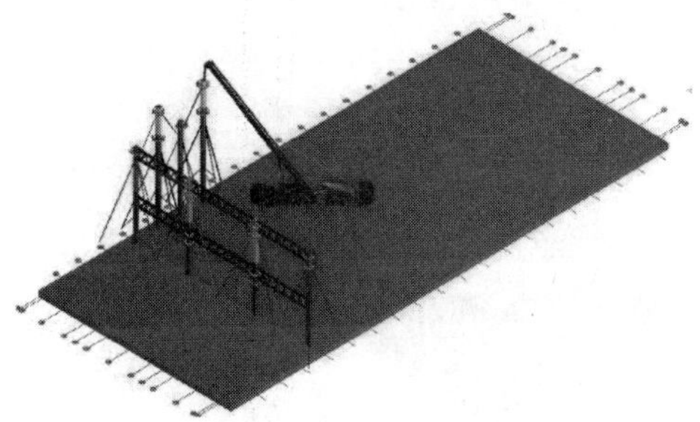

(*f*)
1/B2轴、27轴，1/B2轴、29轴至屋面钢柱安装完毕进行混凝土浇筑

图 4.4-7　施工过程（6）

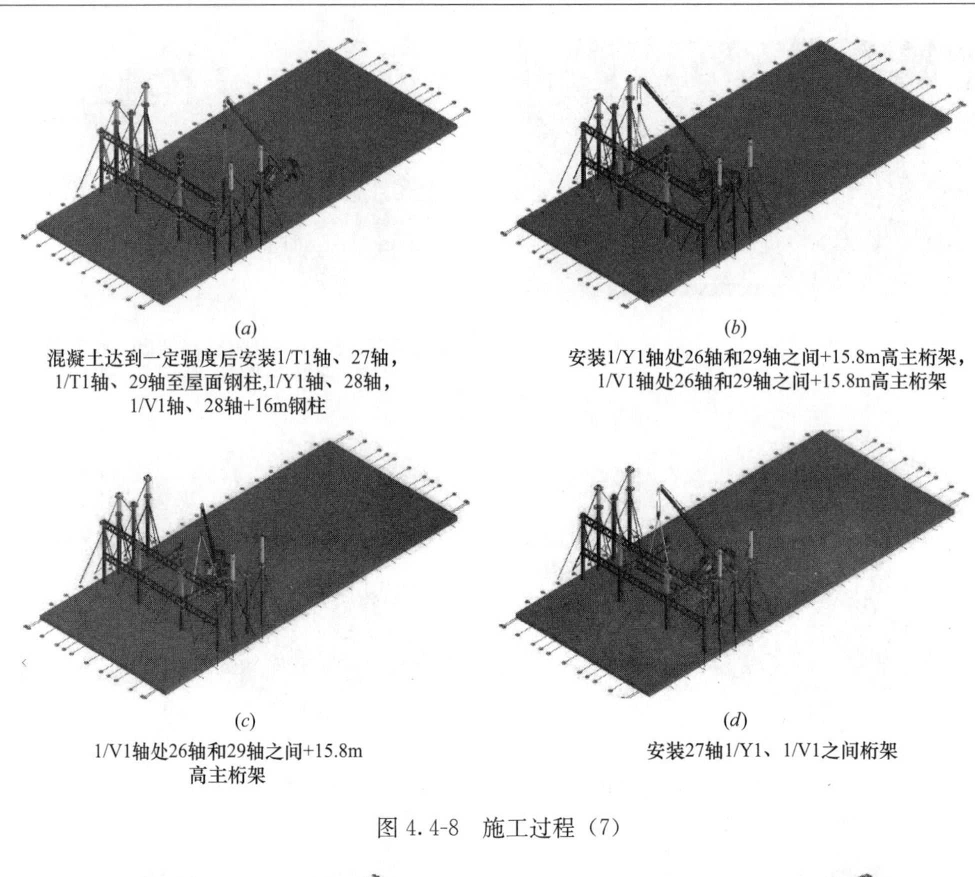

(a)

混凝土达到一定强度后安装1/T1轴、27轴，1/T1轴、29轴至屋面钢柱,1/Y1轴、28轴，1/V1轴、28轴+16m钢柱

(b)

安装1/Y1轴处26轴和29轴之间+15.8m高主桁架，1/V1轴处26轴和29轴之间+15.8m高主桁架

(c)

1/V1轴处26轴和29轴之间+15.8m高主桁架

(d)

安装27轴1/Y1、1/V1之间桁架

图 4.4-8　施工过程（7）

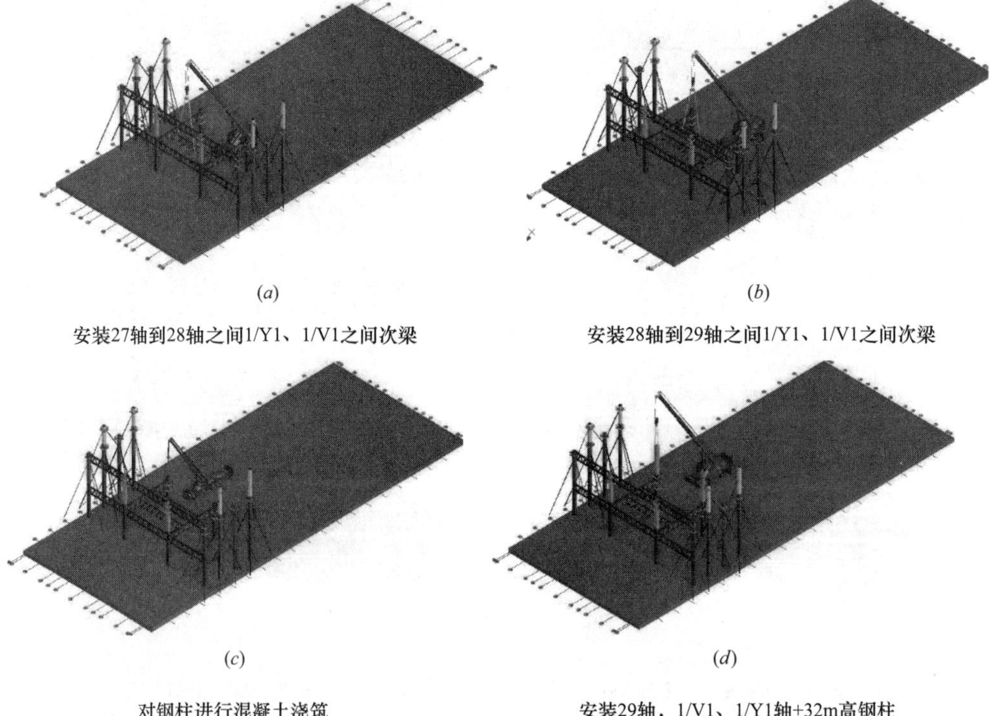

(a)

安装27轴到28轴之间1/Y1、1/V1之间次梁

(b)

安装28轴到29轴之间1/Y1、1/V1之间次梁

(c)

对钢柱进行混凝土浇筑

(d)

安装29轴，1/V1、1/Y1轴+32m高钢柱

图 4.4-9　施工过程（8）（一）

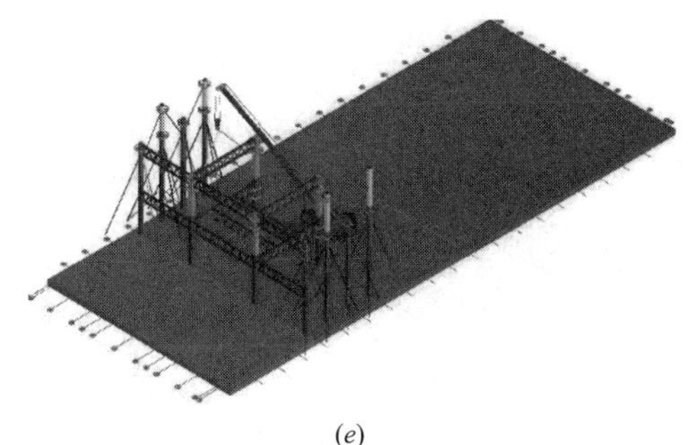

(*e*)

26轴29轴之间+32m1/Y1、1/V1轴主桁架安装

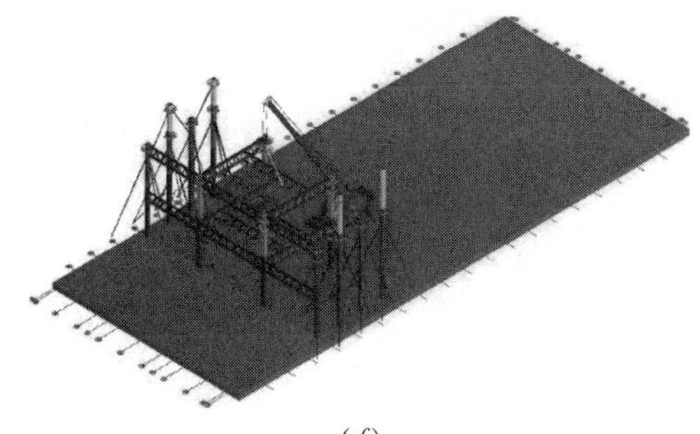

(*f*)

26轴29轴之间+32m1/Y1、1/V1轴之间次梁安装

图 4.4-9　施工过程（8）（二）

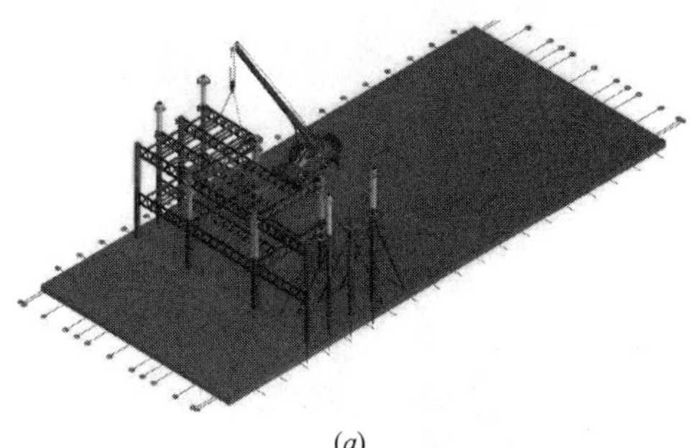

(*a*)

1/B2轴、1/Y1轴之间26轴-27轴桁架次梁安装

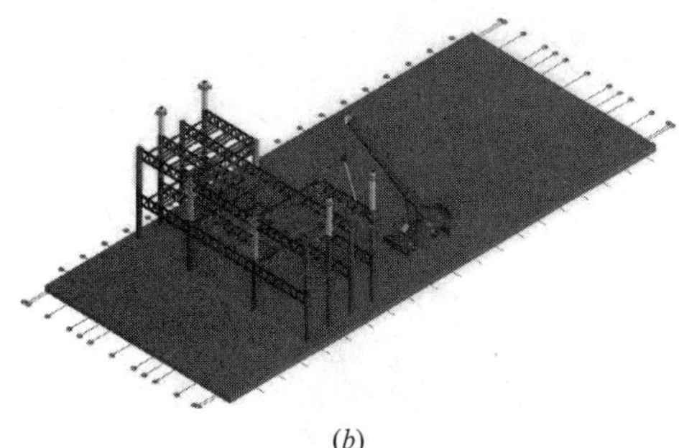

(*b*)

1/T1轴、1/V1轴之间26轴-27轴桁架次梁安装

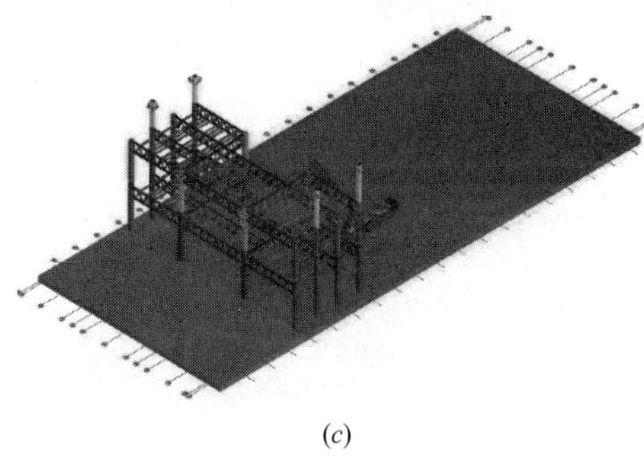

(*c*)

对1/V1交29轴、1/Y1交29轴钢柱进行混凝土浇筑

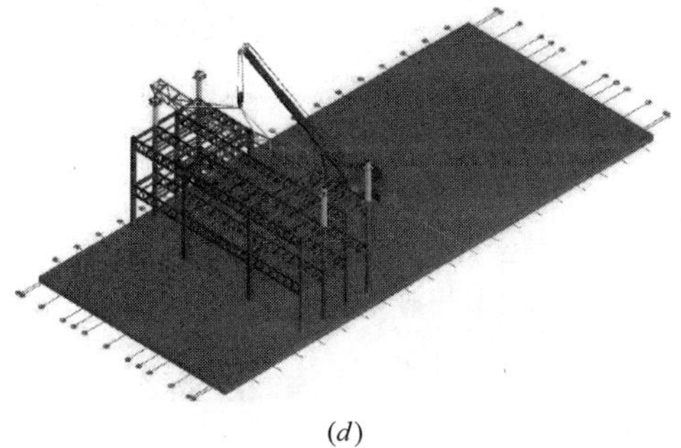

(*d*)

27轴屋面桁架安装

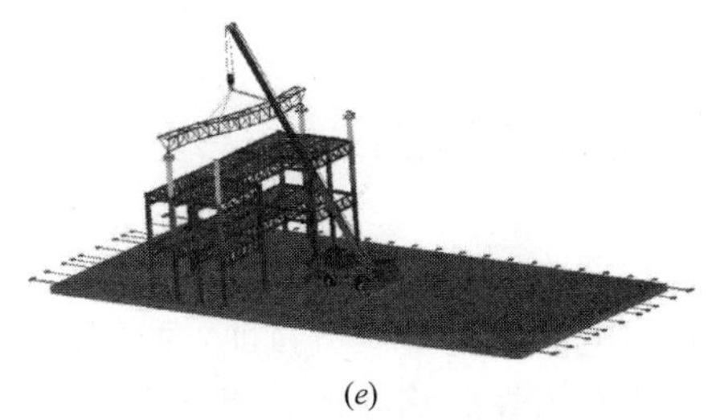

(*e*)

(*f*)

对27轴屋面桁架用八根防风绳进行定位后安装29轴1/V1、1/Y1之间+16m高桁架及28轴-29轴1/V1、1/Y1之间+16m次梁，和29轴1/V1、1/Y1之间+32m高桁架及28轴-29轴1/V1、1/Y1之间+32m次梁

图 4.4-10　施工过程（9）

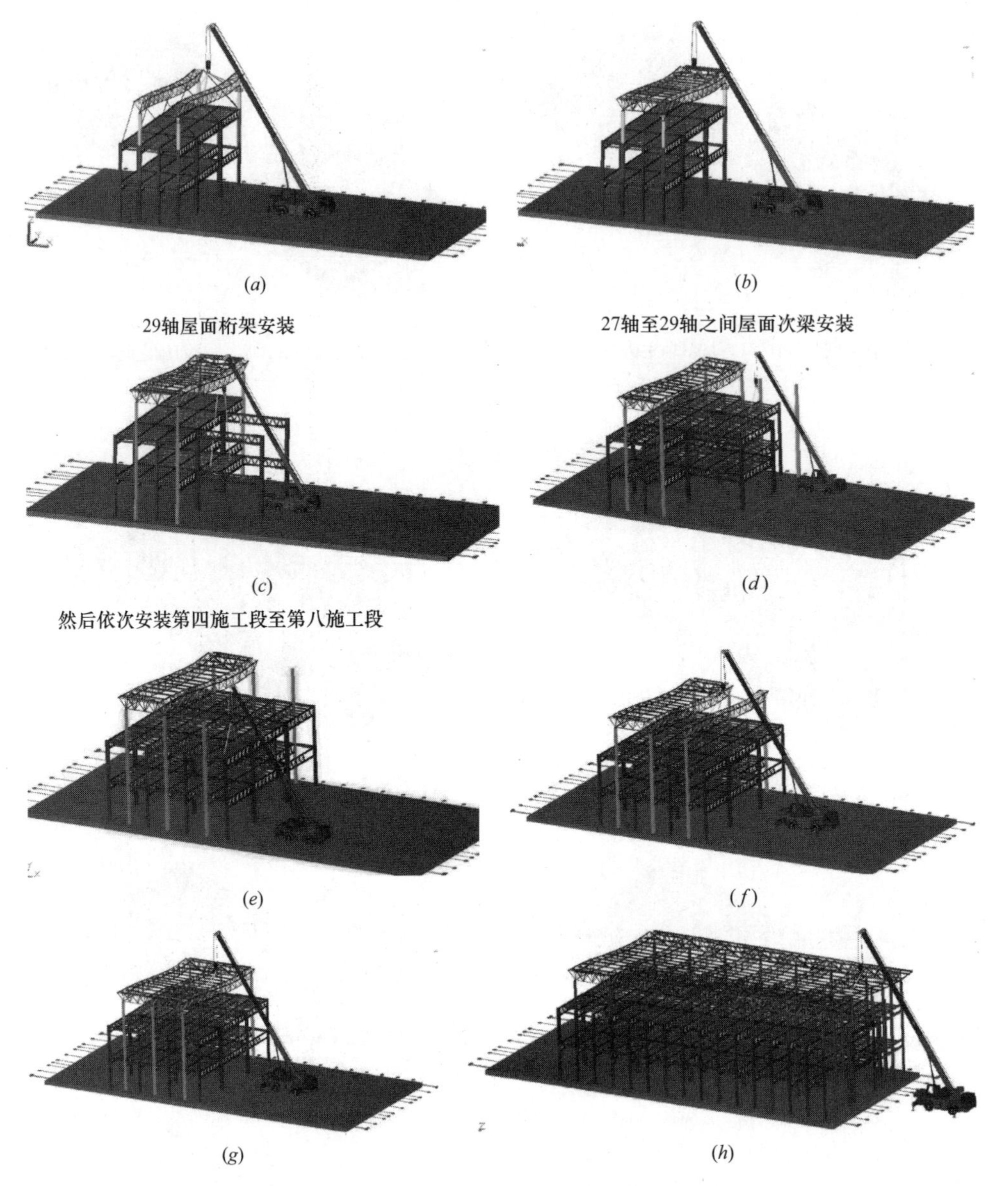

图 4.4-11　施工过程（10）

4.5　BIM 应用于体育建筑 3D 打印

随着社会的发展，信息化水平不断提高，建筑业正面临经济发展新常态、新形势、新机遇、新挑战。企业必须更新观念、与时俱进、抓住机遇，顺势发展。目前，我们已经进入互联网时代。新一代信息技术与制造业深度融合，正在引发影响深远的产业变革，形成新的生产方式、产业形态、商业模式和经济增长点。各国都在加大科技创新力度，推动三维（3D）打印、移动互联网、云计算、大数据、生物工程、新能源、新材料等领域取得新突破。国务院印发的《中国制造 2025》（国发〔2015〕28 号）是加强信息化与制造业深度融合的重大战略部署，对工程建设领域来说，BIM 技术的应用、数字化交付的推进、“互联网＋”等将使得勘察设计、工程建设进入一个新的时代，勘察设计企业可以借力信息化建设，促进设计、采购、施工等各阶段工作的深度融合，实现技术、人力、资金和管理资源的高效配置，提高工程建设效率和水平，助推工程总承包发展。

为了响应和贯彻国家住房和城乡建设部要求，在项目中采用 3D 打印技术用于辅助设计、指导施工现场管理等工作。以下两个工程为例。

(1) 首先将建好的三维模型存储为平版印刷格式（*.Stl），如图 4.5-1 所示。

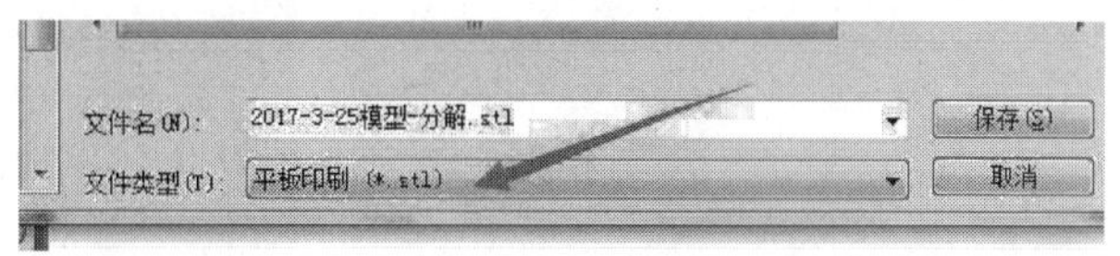

图 4.5-1 模型存储

(2) 用 3D 打印切片控制软件读数据，并且完成设备及打印模型各种参数的设定，如图 4.5-2 所示。

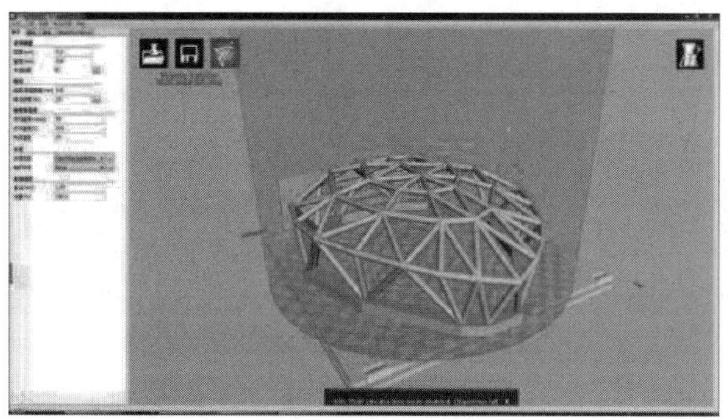

图 4.5-2 参数设定

(3) 打印建筑几何模型，如图 4.5-3 所示。

(a)

(b)

图 4.5-3 打印建筑几何模型

(4) 济南体育中心 1 号馆 3D 模型打印过程中说明：因本工程建筑规模较大，因时间限制，仅打印能指导现场施工管理控制的核心部分（图 4.5-4）。

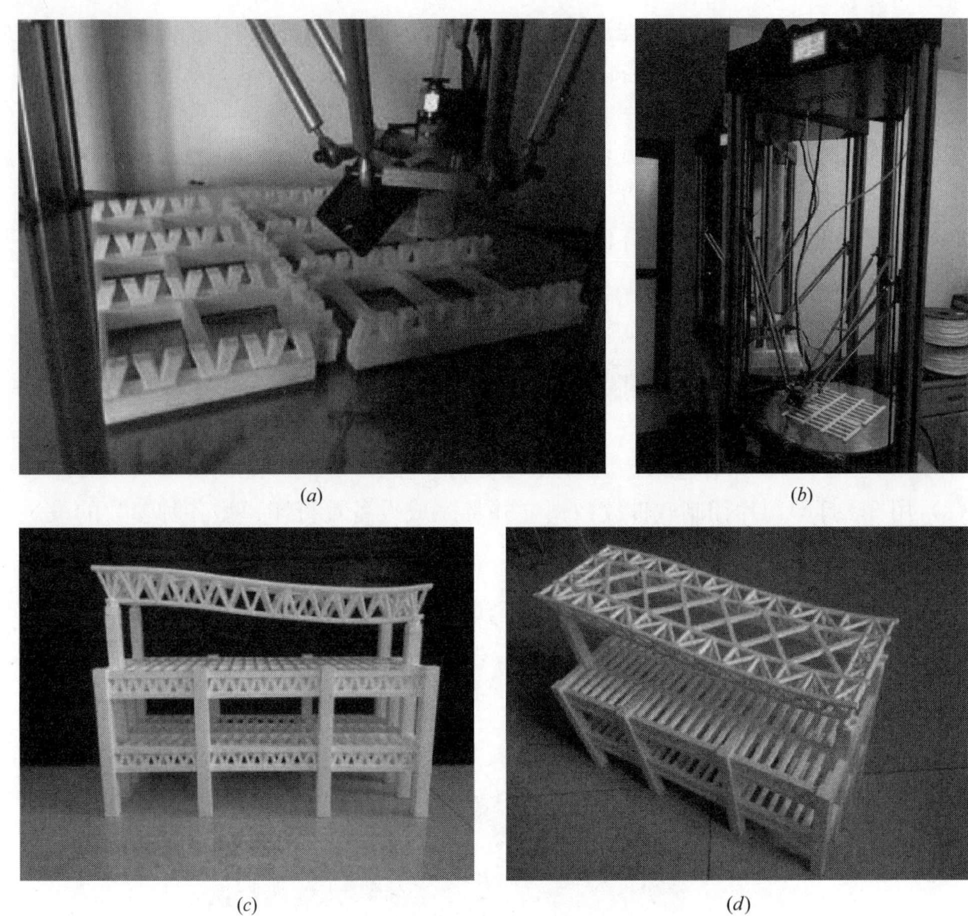

图 4.5-4　济南体育中心 1 号馆 3D 模型打印过程

第 5 章 设计施工案例分析

5.1 项目概况

深圳世界大学生运动会体育中心（图 5.1-1）位于深圳市龙岗区体育新城，东侧为 80m 宽的黄阁路，南侧为 80m 宽龙翔大道，西侧隔 70m 宽龙兴路与铜鼓岭相对，北侧为大运路、鼓岭路。体育中心由主体育场（含热身赛场）、主体育馆、游泳馆、地下停车场、人工湖等组成，总占地面积约 52 万 m^2。其中，大运会主体育场拥有 6 万个观众席位，建成后为 2011 年第 26 届世界大学生夏季运动会的主赛场。

图 5.1-1 深圳世界大学生运动会体育中心

项目简介 **表 5.1-1**

项目名称	深圳大运中心项目
工程建设地址	深圳市龙岗区体育新城
建设单位	深圳市建筑工务署
地勘单位	深圳市工勘岩土工程有限公司
设计单位	德国 gmp 国际建筑设计有限公司、深圳市建筑设计研究总院
监理单位	浙江江南工程管理股份有限公司
大运会主体育场是集全部田径比赛项目和一个国际标准尺寸草坪足球场为一体的综合性会场，可满足国际综合体育赛事和单项锦标赛的功能要求，不但能举办世界大学生运动会、全国运动会和亚洲运动会等大型运动会，还能举办世界级大型综合体育赛事，各类国际、国内单项赛事，而且是全民健身的一个基地，建成后将成为深圳市的重大标志性项目。	

主体育场采用了内设张拉膜的钢屋盖体系，钢结构形式为单层折面空间网格结构，平面形状为 285m×270m 椭圆形，最高点的高度为 44.1m，在不同的区域悬挑长度为 51.9～68.4m。

钢结构构件通过支座、背谷、背峰、肩谷、肩峰、冠谷、冠峰、内环等承力节点进行连接，形成稳定的复杂空间结构体系（图 5.1-2～图 5.1-4）。

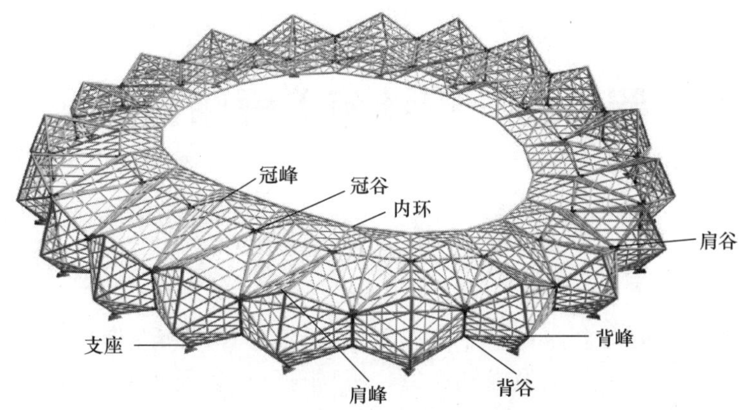

图 5.1-2　钢屋盖结构整体效果图

图 5.1-3　膜结构效果图

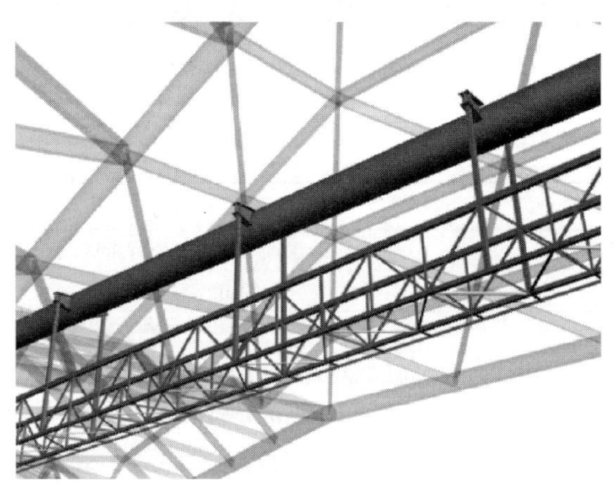
图 5.1-4　马道结构效果图

5.2 方案设计

本项目用地位于深圳市龙岗区奥体新城核心地段。地处龙岗中心城西侧，距离深圳特区约 30 分钟车程。用地临近地铁站，与在建的地铁线路有约一站距离，规划有穿梭巴士与之接驳。

用地东侧为 80m 宽黄阁路，南侧为 80m 宽龙翔大道，西侧隔 70m 宽龙兴路与铜鼓岭相对，北侧为 65m 宽如意路。南北长约 1400m，东西宽约 990m。总用地面积 91.2 公顷。南侧地块为大运会一场两馆区域；西北侧为体育商城；北侧为两栋超高层，一栋为办公楼，一栋为酒店；东北侧为高交会馆（图 5.2-1～图 5.2-5）。

图 5.2-1　项目效果图

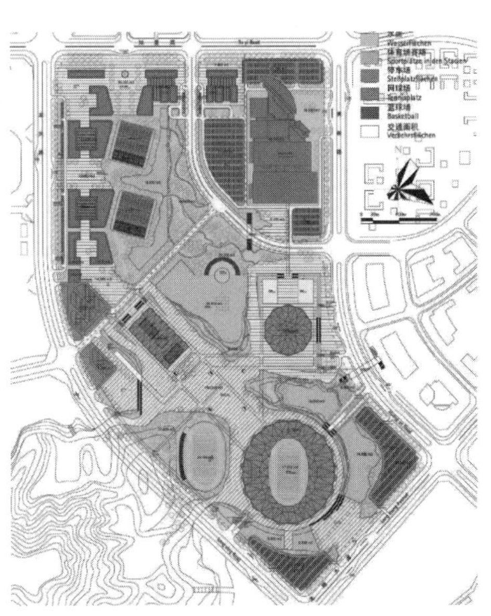

图 5.2-2　项目总平面图

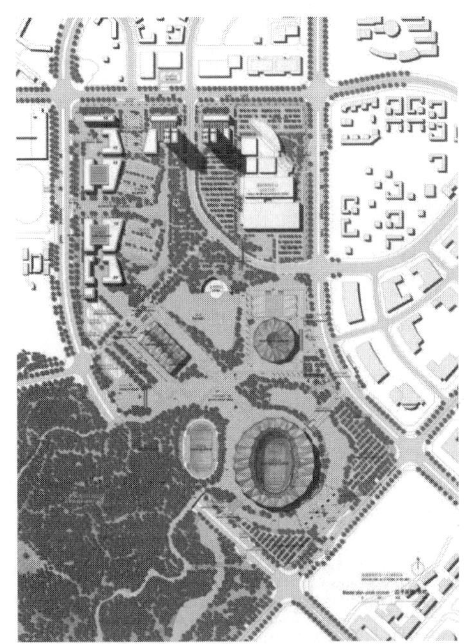

图 5.2-3　赛时规划总平面

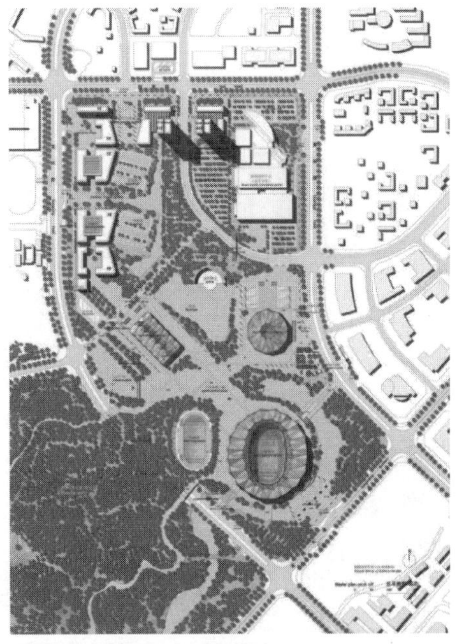

图 5.2-4　赛后规划总平面

图 5.2-5　场地剖面图

5.3　施工图设计

5.3.1　钢屋盖结构超限设计

1. 概况

建筑平面尺寸 274m×289m，可容纳 6 万名观众。钢屋盖采用单层折面空间网格结构形式。由 20 个形状相似的结构单元通过空间相互作用联系在一起，整个结构呈双轴对称。整个钢屋盖与混凝土看台完全脱开，由 20 个铸钢球铰支座支承。屋盖中间开洞尺寸 180m×130m，屋盖悬挑长度在不同区域为 51.9～68.4m。前端最高点 34.89m，后端最高点 45.90m，屋盖形状为马鞍形，内环高差 8.57m，外环高差 12m（图 5.3-1、图 5.3-2）。

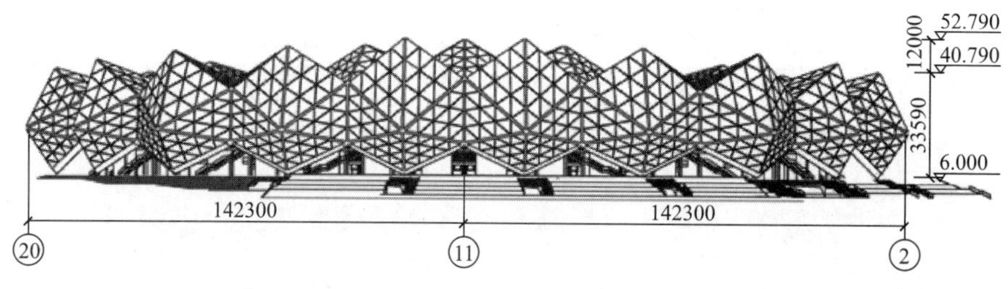

图 5.3-1　建筑东立面图

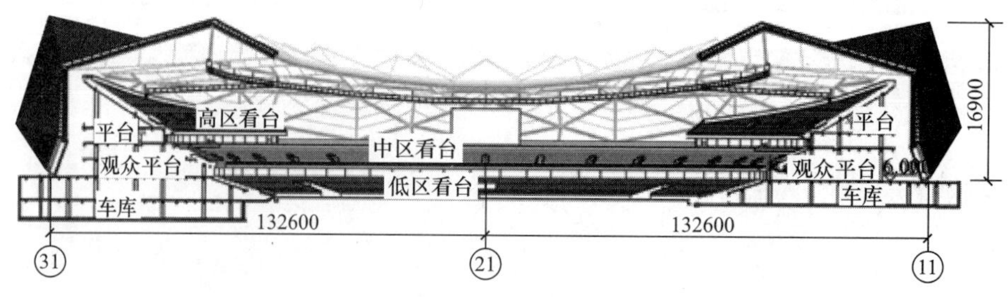

图 5.3-2　建筑剖面图

每个单元由 13 个三角形面、19 根杆件、8 个节点组成，造型的凸点、凹点等构成整个结构形状的控制点；内环点、冠峰点为焊接节点，其余节点均为铸钢节点。（图 5.3-3、图 5.3-4）

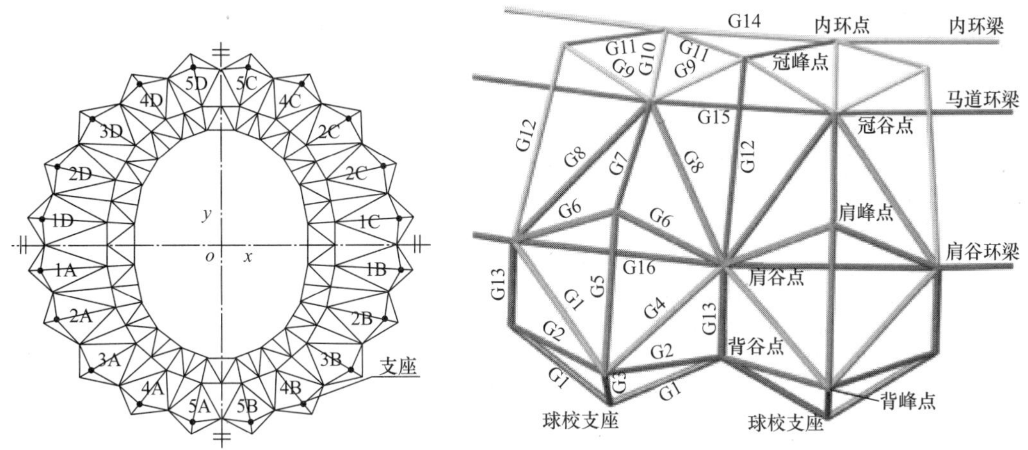

图 5.3-3　钢屋盖单元编号示意图　　　图 5.3-4　单元主杆件分组编号及节点命名示意图

三角形面面交线是结构主杆件，断面形式为圆管，直径由 700～1200mm 不等次杆件位于主杆件四分点的连线处，断面形式为焊接组合箱形断面，高度 450～600m。次杆件与主杆件、次杆件与次杆件之间的连接均采用刚性连接。（图 5.3-5）

铸钢球铰支座底盘与水平方向夹角均为 15°，该支座限制三个线位移，放松三个角位移。（图 5.3-6）

该结构由弯折的三角形折面形成面外刚度，空间效应形成环向力构成不可见的空间支撑点；次杆件网格提高了折面刚度，与相邻折面的次杆件对主杆件形成侧向约束；连通的马道、肩谷环梁等将 20 个单元紧密联系在一起；竖向和水平荷载通过主杆件的拉、压、弯等作用传递到支座，如图 5.3-7 所示。

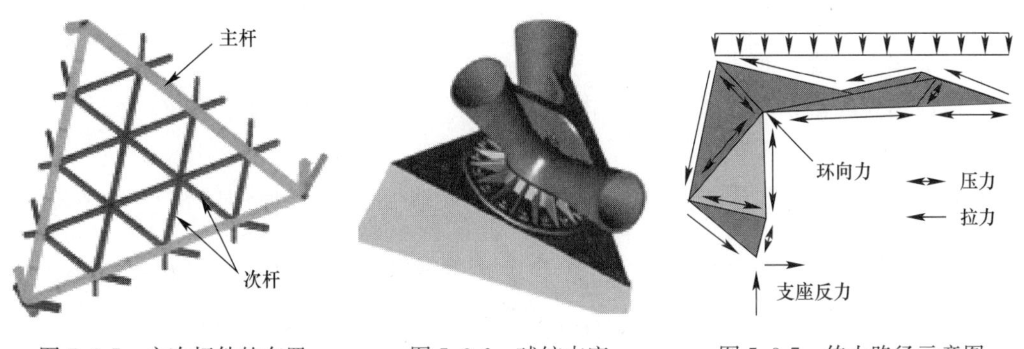

图 5.3-5　主次杆件的布置　　　图 5.3-6　球铰支座　　　图 5.3-7　传力路径示意图

2. 结构特点

(1) 结构稳定问题突出

单层结构且悬挑跨度大，体育场内部无可见结构支撑构件；空间作用显著，整体性要求高。G6、G16 联合作用提供不可见的空间支点，才能形成稳定结构，这就要求结构具有较强的整体性。

肩谷环梁、马道环梁、内环梁设置及与节点的刚接等对增强单元之间的联系作用较大。

（2）传力路径弯折

应力集中现象突出，特别是10根杆件交汇的肩谷节点，G13组杆件的上部弯矩明显大于其他杆件。

（3）工程技术综合，难度大。

80多吨的超大铸钢节点超过规程的技术要求；

承担巨大荷载的碗盖球的钢球铰支座；

钢板热成型厚壁圆管等三项技术在国内建筑工程很少应用。

3. 结构主要分析结果

（1）结构动力特性

三种计算方法得到的周期、振型较为接近；

前5阶振型均表现屋面竖向振动，体现了立面刚度较好，屋面刚度相对薄弱（表5.3-1）。

结构周期与振型 **表5.3-1**

振型	自振周期（s）			振型描述
	MIDAS	ANSYS	ABAQUS	
1阶	1.196	1.195	1.196	竖向振动
2阶	1.100	1.070	1.095	竖向振动
3阶	1.053	1.024	1.056	竖向振动
4阶	0.986	0.982	0.982	竖向振动
5阶	0.926	0.935	0.928	竖向振动

（2）结构位移

风荷载、多遇地震作用下的水平位移角均远远小于1/500，满足钢结构设计规范要求；

在各种最不利荷载组合工况下，竖向位移1/224，满足1/200的要求。

（3）构件应力比

有地震组合的应力明显低于无地震组合，风荷载起控制作用。

整体应力比控制在0.85以下，以拉应力为主的杆件应力比不超过0.70。

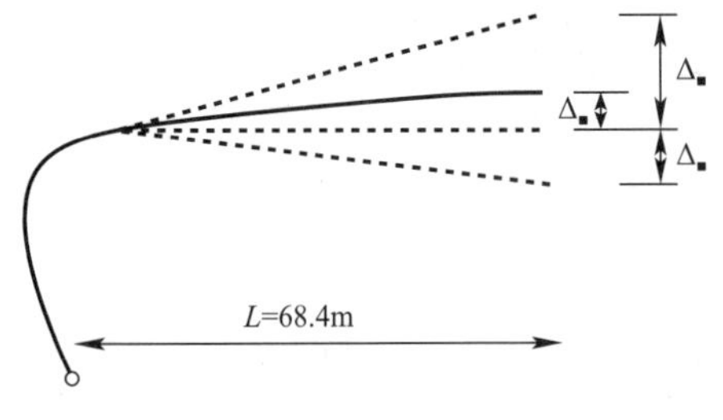

图5.3-8 位移控制

Δ_3—卸荷后设备、幕墙、降温、下压风等不利组合产生变形；

Δ_5—卸荷后升温、上吸风等不利组合产生变形

4. 位移控制

本工程采取预先起拱的方法，以减小结构变形。

适应幕墙结构变形是挠度控制的标准。主体结构卸荷后安装幕墙结构，其零应力状态发生在主体卸荷完成时主体结构变形与幕墙应力相关的是Δ_3、Δ_5，只要控制这两项数据，满足在各种工况下的变形即可（图5.3-8）。

体育场钢屋盖悬挑挠度确定为扣除结构自重的变形控制值为悬挑跨度的1/200。

5. 结构找形分析

(1) 支座位置调整

增大抗整体倾覆力臂，如图 5.3-9 所示，同时增强了 20 个单元之间的相互空间作用。

为了提高抗倾覆的结构能力，将支座外移与肩峰点垂直，使得整个结构体系平面布置合理趋向圆形（图 5.3-10）。

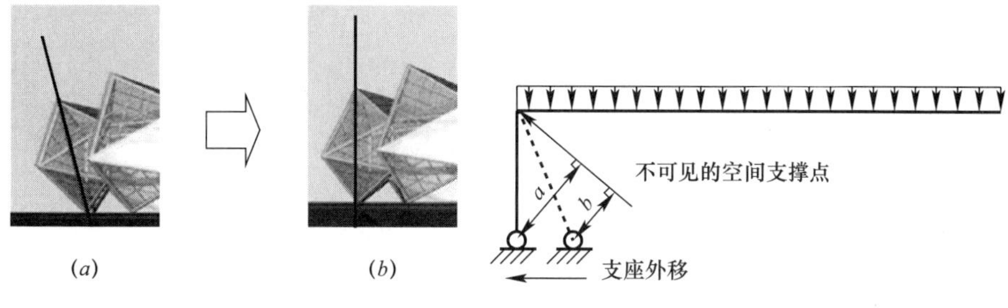

图 5.3-9　支座调整前后对比
(a) 调整前；(b) 调整后

图 5.3-10　支座位置调整

(2) 内、外环高差调整

随着内环高差由 13.60m 降到 8.57m，外环高差由 17.5m 降到 12.0m，支座的环向推力减小 13.2%。

在 G13 杆件的上部应力集中区域，合成弯矩减小了 6.7%，有效改善了应力集中的状况。

3A 单元支座反力与杆件内力对比　　**表 5.3-2**

设计方案	高差（m）		支座反力（kN）			G13 杆件内力（kN·m）		
	内环	外环	径向 F	环向 F	竖向 F	绕环向 M	绕径向 M	$\sqrt{M_1^2+M_2^2}$
调整前	13.60	17.5	10507	13343	17858	26591	14840	30452
调整后	8.57	12.0	1843	11582	18130	25457	12585	28397
$\frac{调整后-调整前}{调整前}$	−37.0%	−31.4%	3.2%	−13.2%	1.5%	−4.3%	15.2%	−6.7%

(3) 冠峰、冠谷高差调整

为了提高屋盖前端刚度，增强抗风能力，将冠峰、冠谷之间高差从 8.5m 调整到 10.7m，随着冠峰、冠谷之间高差增加，屋盖前区的挠度减小 22.7%，屋面前区与后区的挠跨比（挠度与跨度的比值）由 1.39 降到 1.10 减小 20.9%，显著改善了屋面变形不均匀状况（图 5.3-11）。

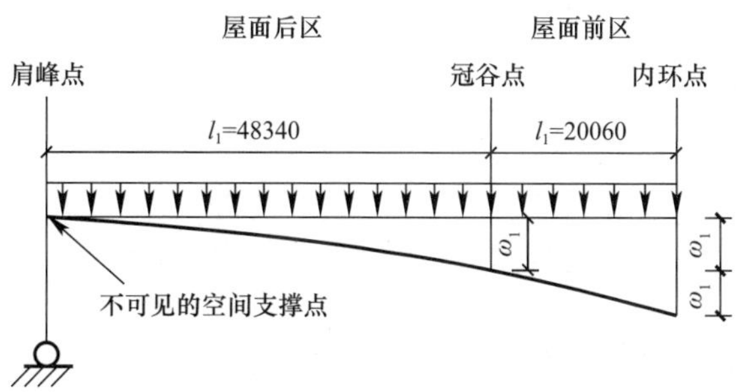

图 5.3-11　冠峰、冠谷高差调整

6. 肩谷环梁对结构影响

原方案平面变形较大，y 方向明显变长，椭圆形的洞口变得很狭长，现方案平面变形较小；屋面由四个波变为两个波（图 5.3-12）。

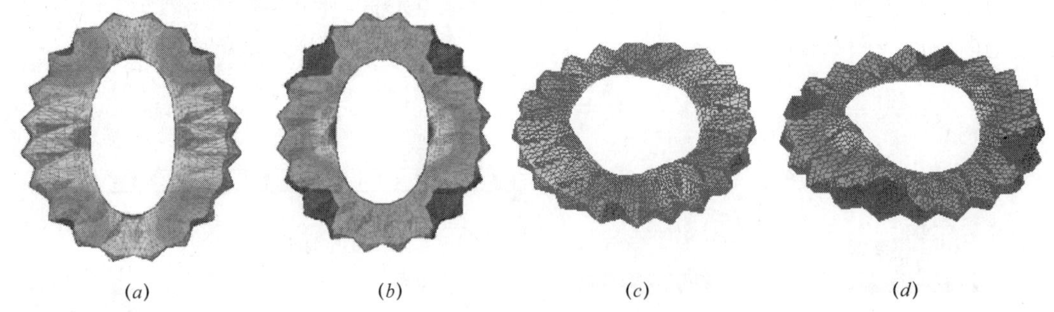

(*a*) (*b*) (*c*) (*d*)

图 5.3-12 两种方案对比图

(*a*) 原方案平面投影；(*b*) 现方案平面投影；(*c*) 原方案三维图；(*d*) 现方案三维图

7. 不同结构方案周期对比

现方案屋盖单元之间的连系增强，平面外刚度明显提高，相应的第 1 周期缩短约 30%，前 3 个周期减小明显（表 5.3-3）。

不同结构方案周期对比 **表 5.3-3**

振型	周期（s）		$\frac{现方案-原方案}{原方案}$
	原方案	现方案	
1 阶	1.70	1.20	−29.4%
2 阶	1.64	1.10	−32.9%
3 阶	1.38	1.05	−23.9%
4 阶	1.09	0.99	−9.2%
5 阶	1.05	0.93	−11.4%

8. 不同结构方案风振系数对比

结构的风振效应减小约 7%～8%，30°、45°风向角分别减小 12.4%和 16.0%（表 5.3-4）。

不同结构方案风振系数对比 **表 5.3-4**

风向角	周期（s）		$\frac{现方案-原方案}{原方案}$
	原方案	现方案	
0°	2.460	2.275	−7.5%
30°	2.176	1.907	−12.4%
45°	2.300	1.932	−16.0%
75°	2.187	2.032	−7.1%
90°	2.430	2.275	−6.4%

9. 静力性能

现方案水平位移减小 45%左右，肩峰点最大位移角达到 1/800～1/1000。单元应力集中最显著 G13 杆件的内力合力弯矩呈明显降低的趋势。

10. 支座反力

增设肩谷环梁后，结构支座的水平推力减小 1.9%～6.8%，竖向支撑力增加 2.8%～3.5%，肩谷环梁起到一定的环箍作用。

11. 结论

（1）根据变形控制要素和幕墙结构施工安装顺序，体育场钢屋盖挠度控制标准确定为扣除结构自重的变形值为悬挑跨度的 1/200，经济合理。

（2）对这种新型结构，结构找形是非常重要的。通过结构找形和增设肩谷环梁前后对比分析表明：优化后的结构周期减小，水平刚度增强，支座环向推力减小，构件弯矩减小、轴力增大，并改善了应力集中状况。

（3）在台风经常出现的深圳，结构自振周期控制在 1.2s 是合适的。

（4）在各种组合工况下，杆件应力比最大为 0.798，水平位移和竖向位移满足设计要求，表明结构体系稳定，结构安全可靠。

5.3.2　钢屋盖结构优化设计

1. 优化路线的选择

原结构方案虽然结构形式新颖，但其存在一个致命缺点，那就是结构的刚度偏弱。为满足规范对结构刚度的要求，一种办法是增大杆件截面，但这种办法不经济。另一种办法就是对原有结构体系进行改造，如在看台上立柱支撑屋面、在屋面增设环向拉梁等，这些办法往往很有效，但处理不好容易破坏原有建筑的设计效果甚至会影响建筑的使用功能。我们确定的结构体系的优化原则是：（1）不改变建筑造型；（2）尽量不影响建筑的空间效果。图 5.3-13 是建筑剖面的局部放大图，剖面图显示钢屋盖与看台之间存在一个过渡空间，它是建筑的入口大厅。为了满足节能的需要，建筑在大厅的外侧幕墙内侧还设有一层膜结构。同时，该空间与体育馆的比赛空间之间还设有分割墙。考虑人流在此仅是通过，不存在长时间逗留的可能，在这个空间做文章对建筑物的物理空间和心理空间影响最小（图 5.3-14）。

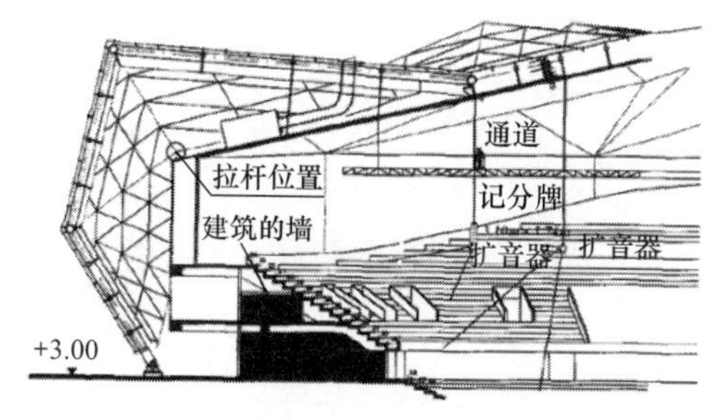

图 5.3-13　拉杆在建筑剖面中的位置

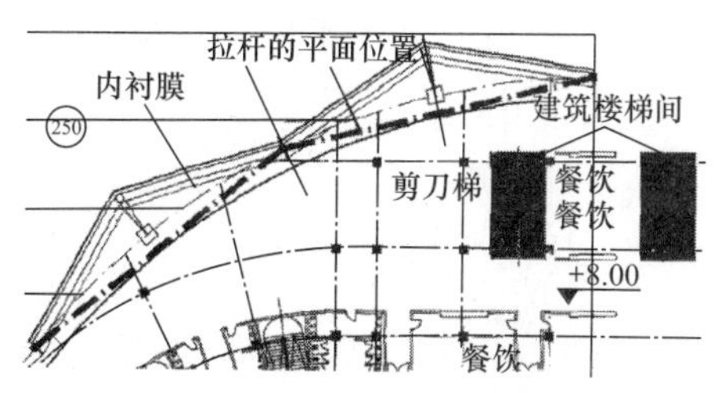

图 5.3-14　拉杆在平面图中的位置

经过反复权衡及与建筑师沟通，决定在建筑物的肩部设一圈拉环，改造后的结构方案如图 5.3-15 所示。在该位置设拉环：一是外立面看不到；二是该位置的拉杆位于空中，高度在 20 多米，对心理空间几乎没影响，且有张拉膜的遮盖，露出部分的构件被弱化了。

2. 优化效果

（1）受力情况

结构外形呈空间形式不等于结构受力为空间传递。本工程设有肩部拉环时，拉杆可使2号屋面折板及3号立面折板向几何不变方向靠近了一大步，结构刚度可得到显著加强。同时当两块折板形成一个闭合的圜形屋面后，2号折板的斜边又对1号板的变形起到一定的支撑作用，对整个屋面形成环箍，使得构成屋面的各单元之间形成良好的挤压，屋盖的整体性得到明显改善，进而使得结构的刚度得到很好的加强，结构呈现出了更好的空间受力特征。

为便于说明问题，我们现将原方案的构成杆件进行编号，如图5.3-16所示。利用SAP2000对该结构进行全面分析。分析表明，无拉杆时呈现出明显的整体受弯特征。屋面的水平推力只能靠水平构件与竖向构件在交界部位形成的整体刚接来平衡弯矩。5、7号杆为受拉杆，二者的作用结果使3号杆有被拉平的趋势，结构沿环向胀大，结构呈现出由中心向外扩散的趋势，柱底的水平推力较大。设置拉环后，整个屋面受压成份明显增多，如图5.3-16所示，梭形桁架的下弦杆也出现了部分压力，说明屋面的水平变形被很好地约束住了，屋面平面内的刚度与平面外的刚度均得到加强，说明拉杆的存在使得整个屋盖杆件内力被削峰填谷，各部位杆内力趋于均匀。表5.3-5是简单摘录的部分工况下的内力对比表，由于弯矩有左端右端及不同面之分，比较复杂，故略去。

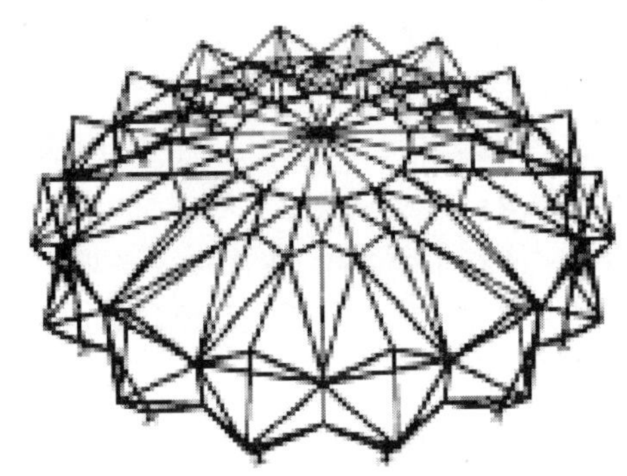

图5.3-15 改造后的结构骨架图

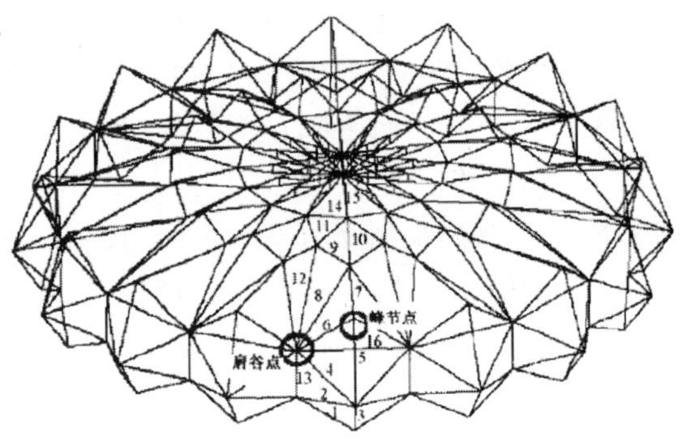

图5.3-16 拉杆编号图

杆件内控制轴力对比表

表5.3-5

自重工况	不加拉环（kN）	加拉环（kN）
1号杆轴力	4616	−1065
2号杆轴力	1180	271
3号杆轴力	−1262	−502
4号杆轴力	−227	−1129
5号杆轴力	4820	1420
6号杆轴力	−3447	−1788
7号杆轴力	2526	568
8号杆轴力	−4223	−1512
9号杆轴力	4077	1234
10号杆轴力	−1664	−530
11号杆轴力	−5143	−2935
12号杆轴力	577	352

续表

自重工况	不加拉环（kN）	加拉环（kN）
13 号杆轴力	2685	617
14 号杆轴力	－4726	－3293
支座径向反力	F_1＝3588	F_1＝1699
支座竖向反力	F_3＝3152	F_1＝3286

该表说明：结构的传力路径有了很大改变，部分杆件已经发生变号，支座水平推力大幅度减小。同时也可以看到，杆件内力的峰值已经降低，故将减小结构的用钢量。计算中，在各杆件截面尺寸保持不变的条件下将壁厚定义成多个壁厚，由程序自动优化截面，优化仍以满足强度和变形指标为主要控制目标，并尽可能使其与控制目标具有相近的控制值。优化结果如表 5.3-6 所示，拉环的设置。

加拉环前后结构用钢量对比表　　表 5.3-6

不加拉环	总用钢量（t）	4876.5	备注
	单位用钢量（kg/m²）	190	单位用钢量以展开面积计
加拉杆	总用钢量（t）	3769.9	
	单位用钢量（kg/m²）	148	

拉环的设置增加了屋面水平构件约束，因此还应当了解温度作用对结构的影响。为简单起见，本文仅列单工况的分析结果。将温度作用产生的应力值与结构恒荷载工况进行比较即可判断温度影响的轻重程度，由此可知道温度应力对哪些杆影响最大。从表 5.3-7 可以看出：1）对于有些杆，温度产生的轴力与自重产生的轴力不同号；2）如果在肩谷点和峰节点之间中和轴处做一虚构的曲面，则虚构面以外的杆受温度影响较大，如 3、9、11 号杆等。这些杆恰恰是静荷载作用时应力较小的杆，让其发挥抵抗温度的作用非常合理。拉环的设置没有给其他构件带来过多的负担。

升温 30℃与 1.0 恒工况下各杆件应力对照表　　表 5.3-7

杆件号	1.0 恒工况应力比	升温 45℃应力比	升温 30℃应力比 / 1.0 恒应力比	升温 30℃轴力比 / 1.0 恒轴力比
1	0.417	0.157	0.293	0.100
2	0.214	0.064	0.233	−0.133
3	0.221	0.154	0.543	0.823
4	0.345	0.079	0.178	0.277
5	0.358	0.107	0.233	0.247
6	0.278	0.085	0.238	0.210
7	0.324	0.114	0.274	0.277
8	0.367	0.061	0.129	0.135
9	0.186	0.091	0.381	0.498
10	0.340	0.041	0.094	−0.072
11	0.209	0.068	0.253	−0.449
12	0.419	0.085	0.158	−0.242
13	0.425	0.100	0.183	0.083

续表

杆件号	1.0恒工况应力比	升温45℃应力比	升温30℃应力比 1.0恒应力比	升温30℃轴力比 1.0恒轴力比
14	0.305	0.064	0.163	−0.287
15	0.448	0.049	0.085	−0.074
16	0.479	0.132	0.215	−0.113

(2) 结构的振型变化

本工程抵抗水平地震作用的结构可认为有两种：一是顺地震方向的沿径向剖分结构得到的类似门式刚架的结构，二是沿地震方向结构两侧的立面六棱锥形成的类柱间支撑作用。没有拉环时，结构的第一振型以中心圆顶的侧翻为主，说明构成屋盖的个单元之间的联系较弱，平面内的刚度较差，难以将屋面的水平力均匀传到侧立面六棱锥上，六棱锥起不到柱间支撑的作用；设有拉环时，屋面第一振型改变为屋盖中心的整体竖向位移，拉环的存在加强了个单元之间的联系，改善了屋面的面内受弯能力，屋盖平面内的刚度有所提高，变形如图5.3-17和图5.3-18所示。可以看出，沿地震方向结构两侧立面六棱锥的抗震作用得到了增强，也说明拉杆对屋面的改善作用明显。

图5.3-17　无拉杆时的振型

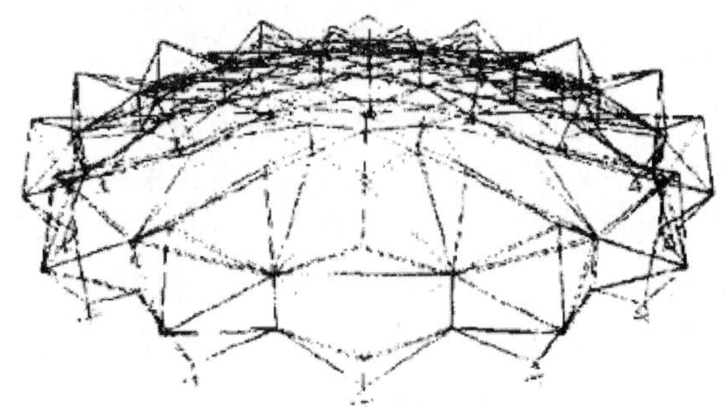

图5.3-18　有拉杆时的振型

(3) 整体刚度

为了对改造效果有个直观的认识，我们分别按有拉环和无拉环两种情况利用SAP2000进行了多种工况的分析，现将结构各控制点在各工况荷载作用下的位移汇总于表5.3-8。

结构控制点在各工况荷载作用下的位移　　表5.3-8

		U1	U2	备注
无拉环	1.0恒+1.0活	207	927	U1为11号杆上节点的径向（水平）位移 U2为中心圆环节点的竖向位移
	1.0主结构自重	66	299	
	1.0活	26.7	120	
	X向风荷载	115	384	
	小震	10	21.5	
设有拉环	1.0恒+1.0活	55	329	
	1.0主结构自重	15.5	108	
	1.0活	7	42	
	X向风荷载	23	121	
	小震	3.6	3	

该表说明：1）在静力荷载作用下，设拉环后中心点的竖向位移减小近 2/3，11 号杆上节点减小径向位移近 3/4；2）在水平动荷载作用下，水平位移减小近 1/2，中心圆顶的竖向变形则很小，刚度提高效果极其明显；3）本工程设防烈度 7 度，表中数值为反应谱法的计算结果，且不含混凝土结构的本工程结构自重的计算结果大于风荷载的计算结果，故本工程有很好的抗风性能。

（4）对整体稳定的影响

特征值屈曲分析揭示的是一种分校点失稳，是在相对比较理想的几何和荷载条件下的失稳趋势，这种分析方法比较快捷，能够快速地发现结构刚度薄弱环节并揭示潜在的失稳变形趋势。通过屈曲因子的对比可以反映出拉杆对结构整体稳定方面的贡献。以 1.35 恒＋0.98 活工况为例，屈曲因子对比如表 5.3-9 所示，可见拉杆的存在极大地提高了结构的稳定性。

屈曲因子对比表　　**表 5.3-9**

屈曲模态	加拉杆后的屈曲因子	无拉杆时的屈曲因子
1	8.103	1.927
2	9.067	2.543
3	9.131	2.546
4	9.159	2.552
5	9.462	2.558
6	9.464	2.562

（5）整体模型试验情况介绍

本结构还委托东南大学进行了整体模型试验，如图 5.3-19 所示。试验初期拉环两端与节点的连接采用了普通螺栓连接。试加载后发现结构变形很大，折算跨中最终变形近 1m，与未设拉环的计算结果相当。主要原因是螺栓连接产生了滑移变形，该变形经 1∶10 放大后导致环向拉杆不能起到预定的作用。于是将该节点连接方式进行调整，将环向拉杆与肩谷位置的焊接球节点进行焊接。试加载无异常后开始正式试验。实验结果如图 5.3-20 所示。理论分析与试验吻合较好，由拉环螺栓连接的松弛所引发的实验现象从另一个侧面说明了拉环对体系改善的重要性，也说明节点构造对实现预期目标的重要性，本工程实际采用的节点连接形式为拉环直接与两侧铸钢节点对接焊接。

图 5.3-19　整体实验模型图

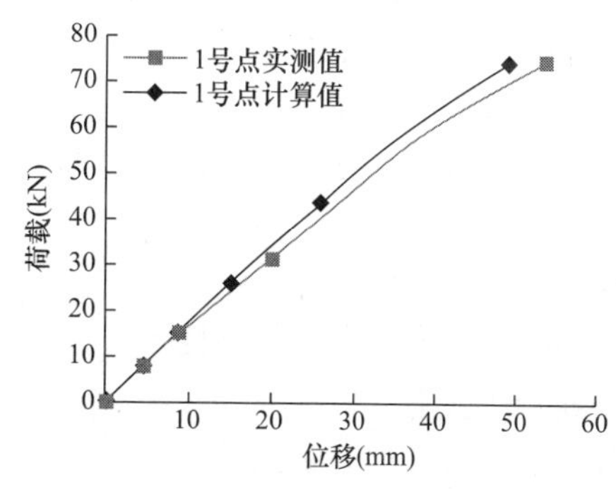

图 5.3-20　跨中变形计算与实测对比

5.3.3 混凝土支撑结构设计

1. 设计条件

(1) 岩土工程勘察报告，场地安全性评价报告

1) 地形地貌

根据深圳市工勘岩土工程有限公司提供的《深圳市大运中心全体育场岩土工程详细勘察报告》(龙岗GD0720)，拟建场地属于低丘陵地貌。主体育场大部分场地位于较平坦的填土地段，仅其西侧局部位于低丘陵斜坡处。总体地势为西高东低，场地标高介于44.32～82.53m，最大高差为43.331m。建筑设计±0.00m相当于绝对高程50.40m。

2) 地质条件

根据钻探揭露，场地内地层自上而下依次为：人工填土层（Q_{ml}）、耕植层（Q_{pd}）、第四系冲洪积层（Q_{al+pl}）、第四系坡积层（Q_{dl}）及第四系残积层（Q_{el}），下伏基岩为石炭系测水组（Cle）碎屑岩系（主要岩性为粉砂岩和炭质泥、页岩）及石炭系石橙子组（CCl_S）灰岩。其中微风化粉砂岩顶板标高5.73～58.55m，微风化灰岩顶板标高8.63～57.84m。

拟建场地位于龙岗背斜的西冀，北东向压扭性断裂从场地南侧背斜东翼通过，断裂倾向北西，倾角70°～80°。受裂断构造影响，场地测水组碎屑岩岩体破碎，裂隙发育，场地灰岩方解石脉及缝合线发育，局部地段稳定岩体埋深变化大。岩溶发育形式表现为溶蚀裂隙、溶沟、溶槽、溶孔、溶洞、土洞及岩溶堆积物等，其对拟建建筑基础稳定性存在不良影响。根据钻探揭露以埋藏型岩溶为主，个别为覆盖型岩溶。

3) 场地安全性评价

根据深圳地质建设工程公司提供的《深圳奥林匹克体育中心工程场地地震安全性评价报告》(粤震地安证乙字第038号)，本场地位于低丘陵地段，相对高差不超过20m，土层最大厚度50m左右，没有发现大型断裂构造和溶蚀现象，在地震作用下不会产生砂土液化和软土震陷等地震地质灾害，属于对建筑抗震有利地段，符合建造大型体育场馆的选址条件。

4) 水文条件

地下水埋深介于0.2～10.3m，平均埋深为4.42m，标高介于41.63～57.06m，平均标高为48.75m。

地下水处在直接临水或强透水性的碎石填土地层中：

对混凝土结构具有中等腐蚀性。

处在弱透水性地层中：

对混凝土结构具有弱腐蚀性；对混凝土结构中的钢筋无腐蚀性；对钢结构具有弱腐蚀性。

场地地下水在填土层中：

对混凝土结构具中等腐蚀性。

在其余地层中：

对混凝土结构具弱腐蚀性。

（2）材料（表 5.3-10～表 5.3-12）

钢筋等级　　表 5.3-10

钢筋类型	板	梁	柱	墙边缘件	墙
主筋	HRB335	HRB400	HRB400	HRB400	HRB335、HRB400
箍筋	—	HRB235、HRB335	HRB335	HRB335	—

注：看台楼盖设置预应力筋 f_{ptk}＝1860MPa。

混凝土强度等级　　表 5.3-11

梁、板			墙、柱	
底板	各层楼盖	有粘结预应力框架梁	B1F/1F 层	2F 及以上
C35	C35	C40	C45	C40

混凝土抗渗等级　　表 5.3-12

B1F 地下室外墙、底板（含承台）	1F（半地下室）外墙、底板（含承台）	露天看台、卫生间、淋浴间
S8	S6	S6

（3）荷载

1）竖向荷载

楼面附加恒荷载及活荷载根据《建筑结构荷载规范》GB 50009—2001（2006 版），取用如表 5.3-13 所示。

看台楼面荷载标准值（kN/m^2）　　表 5.3-13

楼层	活荷载	隔墙分摊	机电设备	面层	其他
1F 楼面（标高－1.00m）	5.0	2.0	0.5（仅用于 B1F 顶板）	1.0	消防车道等效荷载 20.0 设备用房按实际计取
2F 楼面（标高＋6.00m）	3.0（室内） 10.0（室外）	1.5（室内）	0.5	4.0（室外） 1.0（室内）	消防车道等效荷载 20.0 室外施工荷载 10.0
3F～6F 楼面	3.5	1.5	0.5	1.0	设备用房按实际计取
看台	3.5	—	0.5	1.0	施工荷载 10.0
空调机房	7.0	—	—	1.0	隔墙重量按实际输入
设备储藏室	7.0	—	—	1.0	
设备中心	10.0	—	—	1.0	
控制室	10.0	—	—	1.0	
配电室	15.0	—	—	1.0	

2）地震作用

地震荷载抗震设计将主要依据中国《建筑抗震设计规范》GB 50011—2001，考虑如表 5.3-14 所示三个水准的地震效应。

地震效应　　表 5.3-14

地震影响	50 年超越概率	重现周期（年）	建筑结构抗震规范			场地安全性评价报告		
			特征周期 T_g（s）	地面加速度峰值（g）	水平地震影响系数最大值 α_{max}	特征周期 T_g（s）	地面加速度峰值（g）	水平地震影响系数最大值 α_{max}
多遇地震（小震）	63%	50	0.35	0.035	0.08	0.40	0.0304	0.070
设防烈度（中震）	10%	475	0.35	0.10	0.23	0.48	0.092	0.211
罕遇地震（小震）	2%	2475	0.40	0.22	0.50	0.70	0.1708	0.393

3）温度作用（表 5.3-15、表 5.3-16）

深圳市 1971～2000 年月平均气温、最高气温、最低气温资料（单位：℃） **表 5.3-15**

月份	1月	2月	3月	4月	5月	6月	7月	8月	9月	10月	11月	12月
平均气温	14.9	15.5	18.7	22.5	25.7	27.8	28.6	28.2	27.2	24.7	20.4	16.4
最高气温	29.1	28.9	32.0	33.3	35.8	36.8	38.7	37.1	36.9	33.7	33.1	29.3
最低气温	2.2	1.9	3.4	9.1	14.8	19.9	20.0	21.1	18.1	9.3	4.9	1.7

看台温度取值 **表 5.3-16**

部位	+6.0m 以下的下部看台（短时间日晒）	2F 大平台建筑保温（受日晒）	双面与大气直接接触的各楼层（不受日晒）	一面与大气直接接触、一面为室内的楼层（不受日晒）	双面为室内之楼板（不受日晒）
最高温度	(50+30)/2=40	40	35	(40+30)/2=35	30
最低温度	(0+10)/2=5	5	0	(0+10)/2=5	10

注：1. 升温-基准温度 20℃；降温-基准温度 25℃；
2. 重点分析降温效应；计算温度对钢屋盖支座的影响时，重点分析升温效应；
3. 应力计算时，取松弛折减系数 0.3（内力组合系数折减）。

4）组合工况

进行弹性设计时，结构构件的承载力应根据表 5.3-17 中所列出的荷载效应组合工况进行验算。

荷载组合工况 **表 5.3-17**

序号	组合	恒载		活载		地震	备注
		不利	有利	不利	有利		
1	恒载+活载	1.35	1.0	0.7×1.4	0.0	—	结构重要性系数 $\gamma_0=1.1$
1A	恒载+活载	1.20	1.0	1.4	0.0	—	
2	重力荷载+地震	1.20	1.0	0.5×1.2	0.5	1.3	

注：1. 根据风洞试验结果，看台风荷载为向上的吸力，故整体计算时不考虑风荷载；
2. 看台施工阶段承载力验算时，基本风压取 0.75kPa；
3. 考虑温度作用效应与重力荷载效应组合，温差效应作用的分项系数为 1.2，温差效应组合系数为 0.5，温度作用工况单独考虑；
4. 考虑徐变对结构的不利影响，提取混凝土浇筑 90d 后的柱（特别是钢屋盖承重柱）的徐变位移，将其与弹性位移、温度作用位移和安装间隙一起作为球铰支座位移考虑。

（4）设计标准及要求

1）结构设计控制参数

根据《建筑抗震设计规范》GB 50011—2001 及《深圳奥林匹克体育中心工程场地地震安全性评价报告》的初步结果，结构分类类别及关键抗震设计参数取用如表 5.3-18 所示。

设计参数 **表 5.3-18**

结构安全等级	一级
设计基准期	50 年
设计使用年限（即耐久性）	100 年
抗震设防烈度（地震作用）	7 度
建筑结构抗震设防类别	乙类
抗震设防烈度（抗震措施）	8 度

续表

结构重要性系数 γ_0	1.1
结构形式	框架-剪力墙
钢筋混凝土框架抗震等级	二级（球铰支座局部一级）
剪力墙抗震等级	一级
基础设计等级	甲级
基础设计安全等级	一级
设计基础地震加速度	规范值 0.10g；安评报告 0.092g
场地类别	规范值Ⅱ类；安评报告Ⅱ类
特征周期 T_g	规范值 0.35s；安评报告 0.40s
小震阻尼比	混凝土：0.05

2）性能要求

① 抗震性能要求（表 5.3-19）

抗震性能要求　　**表 5.3-19**

地震烈度水准		众值烈度	基本烈度	罕遇烈度
抗震性能定性描述		不损坏	可修复的损坏	不倒塌
最大层间位移		1/800	—	1/100
构件性能	柱	弹性	球铰支座支承柱及相邻框架柱—弹性 1F 内外环框架柱—不屈服	不倒塌
	梁	弹性		

② 按抗震性能目标采取的抗震措施

球铰支座框架柱、与之相连框架梁的抗震等级提高一级，并按一级框架结构要求进行内力放大；

球铰支座框架柱纵筋配筋率≥1.2%，并设置芯柱；

限制球铰支座框架柱的应力比≤0.4f_c；

楼板钢筋通长配置，球铰支座区域及其连成的环周加强梁配筋量按照应力分析结果并适当提高（15%～20%）。

③ 耐火极限（表 5.3-20）

耐火极限　　**表 5.3-20**

构件	耐火极限	措施
柱	3.0h	最小截面 300mm×300mm 及 200mm×500mm
梁	2.0h	保护层厚度大于 300mm
楼板	1.5h	保护层厚度大于 15mm，最小截面厚度 100mm

3）主要构件基本尺寸（表 5.3-21）

主要框架梁、框架柱、剪力墙截面初定尺寸（mm）　　**表 5.3-21**

构件	截面初定尺寸
框架梁	环向 400×900、400×700（主次梁布置）；径向 500×1200；球铰支座 600×1200
框架柱	普通框架柱 800×800、700×700；球铰支座框架柱 1500×4200（芯柱）；相邻区域框架柱 800×800
剪力墙	400、300
地下室外墙	B1F-550；1F-500（全地下室区域）、400（半地下室）

厚度（mm） 表 5.3-22

B1F 底板	1F 底板	B1 顶板（1F 局部）	2F 楼板	3F 及以上楼板	看台板
500（锚杆抗浮）	350、400	150（200 消防车）	室内 150、室外 200	120	150（肋板 200）

注：球铰支座区域：2F 板厚 300mm。

2. 地基与基础

（1）地质情况简介

根据钻探揭露，场地内地层自上而下依次为：人工填土层、耕植层、第四系冲洪积层、坡积层及残积层，下伏基岩为粉砂岩和炭质泥岩、页岩及灰岩。其中微风化粉砂岩顶板标高 5.73～58.55m，微风化灰岩顶板标高 8.63～57.84m。建筑设计±0.00m 相当于绝对高程 50.40m。

粉砂岩和炭质泥岩岩体破碎，裂隙发育，场地灰岩方解石脉及缝合线发育，局部地段稳定岩体埋深变化大。岩溶发育形式表现为溶蚀裂隙、溶沟、溶槽、溶孔、溶洞、土洞及岩溶堆积物等，其对拟建建筑基础稳定性存在不良影响。根据钻探揭露以埋藏型岩溶为主，个别为覆盖型岩溶。

基坑开挖后，微风化岩的埋深最大为 28m，一般为 10～15m，埋深超过 15m 的约占 20%。灰岩中溶洞不大，发育少量溶洞般发育在灰岩的顶部。多数灰岩顶面起伏不大，倾斜岩面不明显。

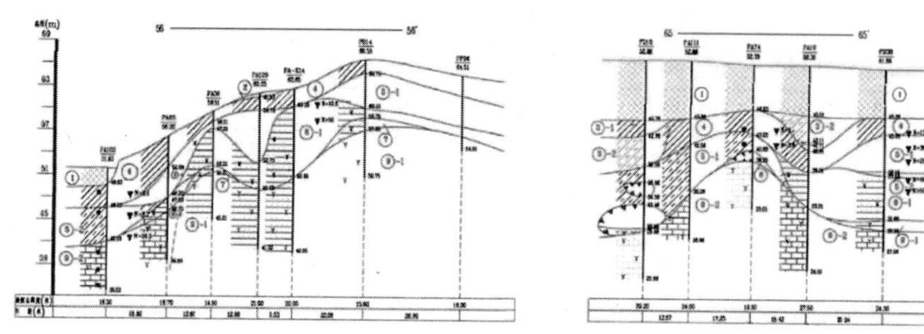

图 5.3-21 地质的剖面图

（2）基础选型

根据场地地质情况、各区域地下室的深度、施工进度以及建筑物的重要性等，主体结构拟采取下列的基础形式：

1）主体育场 1F 区域（即半地下室区域）

采用大直径冲孔灌注桩，以微风化灰岩或粉砂岩作为桩端持力层。桩长大部分在 6～15m，个别桩长 20～25m。球铰支座桩身直径 1200mm，桩身配筋率 1.0%；球铰支座相邻区域桩桩身直径 1000mm，桩身配筋率 0.6%；其他区域桩径 800mm，配筋率约 0.4%～0.5%。

2）主体育场 B1F 区（相当于结构地下二层）

微风化基岩高程为 54～34m，基坑开挖面高程为 42.9m。基坑开挖后，大部分区域的微风化基岩裸露。因此，本区域主要采用微风化基岩为持力层的独立柱基，局部微风化基岩埋藏较深处，采用冲孔灌注桩，桩端为微风化基岩，以避免地基沉降差异的不利影响。

3）当变形缝一侧结构基础形式为桩基础，另一侧为利用强夯处理后填土为地基的筏形基础时，通过计算筏形基础的沉降量，适当抬高筏形基础结构板面标高，使筏形基础沉降后抬高筏形基础结构板面标高，使筏形基础沉降后两侧标高相同；也可通过建筑垫层面调整两者的高差。

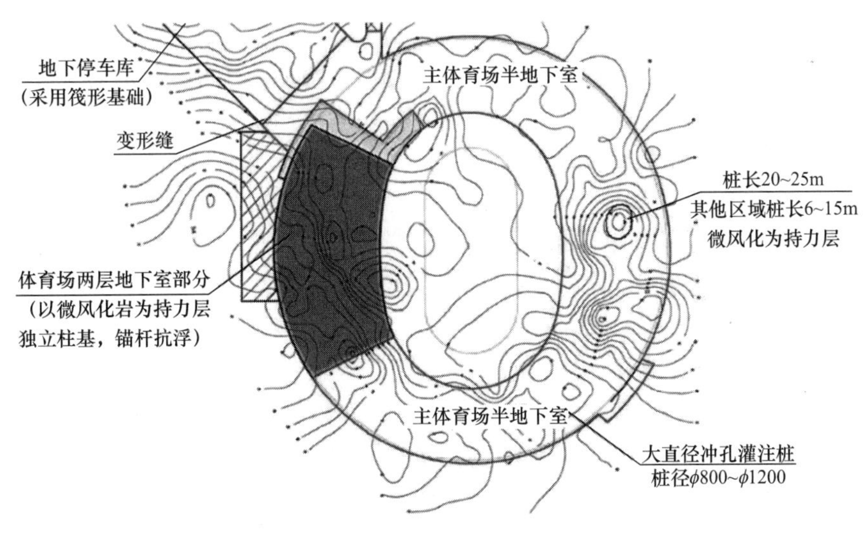

图 5.3-22　基础平面图

（3）土洞岩溶的处理措施

本场地为岩溶地区，体育场东部、东北部、西北部溶洞数量较多，停车库中部也揭示土洞岩溶的存在。基础设计时采取如下措施：主体育场采用桩基础（以及微风化岩层为持力层的天然地基基础）。对所有桩孔位置（不包括与详勘钻孔位置重合的桩孔），采用超前钻探明溶洞情况。

1）球铰支座下每根桩孔，超前钻进入桩端以下 7.0m；B1F 球铰支座下独立基础，对称布置 2 个超前钻；

2）高位看台桩基承担的竖向压力较大，每根桩孔布置超前钻，进入桩端以下 5.0m；B1F 独立基础，布置 1 个超前钻；

3）低区看台桩基承担的竖向压力较小，每根桩孔布置超前钻，进入桩端以下 3.0m；B1F 独立基础，考虑到筏板整体作用，在砂岩或泥炭质岩区域，超前钻按独立柱基的位置间隔布置（隔一布一）；在灰岩区域，每个独立基础均布置 1 个超前钻。

（4）抗浮方案

1）主体育场 1F 区域

结构底板面标高 49.10m，根据工勘岩土的补充说明，东侧场地地下水位高程 50.0m，西侧按 51.0m。结构自重满足整体抗浮的要求，底板和 1F 外墙（半地下室外墙）需进行抗浮、抗裂验算。

2）主体育场 B1F 区域

结构底板地面高程 43.10m，抗浮水位高程 51.0m。由于大部分底板直接与微风化岩接触，故采用锚杆抗浮。锚杆按照 2.0m×2.0m 均匀布置。锚杆裂缝控制 0.2mm，同时为了确保锚杆的耐久性，锚杆计算直径 $\phi28$，实际取 $\phi32$。

（5）抗裂措施

1）采用中低强度混凝土（C35）；

2）选用低水化热的水泥、优化混凝土配合比、限制坍落度、控制水化热的升温；

3）地下室底板、顶板、外墙采用膨胀混凝土；外墙掺加聚丙烯酯纤维或杜拉纤维；

4）设置后浇带，后浇带间距约 40m；当后浇带间距为 90～100m 时，每个独立板块采用“跳仓法”施工；

5）明确施工阶段混凝土构件的保温保湿等养护措施；

6）地下室底板采用锚杆抗浮，底板在锚杆位置应力集中。为尽量减少应力集中程度，锚杆部位的底板加厚局部，并增设附加钢筋；同时，锚杆锚固段顶端距底板上表面 250mm。

（6）防腐措施

如前述，岩土勘察报告书显示：

1）地下水处在直接临水或强透水性的碎石填土地层中，对混凝土结构具有中等腐蚀性；

2）处在弱透水性地层中对混凝土结构具有弱腐蚀性；对混凝土结构中的钢筋无腐蚀性；对钢结构具有弱腐蚀性。

3）场地地下水在填土层中对混凝土结构具中等腐蚀性，在其余地层中具弱腐蚀性。

主体育场 IF 地下室底板位于填土层中，故采取以下防腐措施：

① 混凝土的强度等级取 C35；桩身混凝土的水灰比不大于 0.45；底板侧墙等混凝土水灰比不大于 0.55；基础（含底板）钢筋保护层 70mm，地下室外墙保护层 50mm，桩身钢筋保护层 70mm；

② 附加涂层保护

地下室外墙构件与水土接触的表面涂环氧沥青厚浆型涂料两遍。

桩基承台、地下室底板、顶板及地梁等构件与水土接触的表面涂冷底子油两遍和沥青胶泥两遍。

3. 混凝土支撑结构计算

（1）分析软件

采用两种不同的计算程序进行分析，分别为 PKPM（SATWE 多高层建筑结构空间有限元分析程序 2005 年 9 月版本），以及 MIDAS/GEN（V7.1.2）通用有限元结构分析程序。

（2）分析方法

1）基本假定

① 嵌固端取在 1F 底板（半地下室底板）处；

② 扭转效应和振型分析时，程序分析中采用楼板平面内无限刚度假定；内力分析时，采用弹性楼板（不考虑、面外刚度）假定。

2）方法

① 小震下弹性分析方法；

② 中震下弹性分析方法（荷载、材料均取设计值），承载力抗震调整系数 1.0，不考虑内力放大系数；

③ 弹性时程分析（表 5.3-23）。

弹性时程分析波 **表 5.3-23**

采用的波	采集地点	时长（s）	步长（s）	加速度峰值（cm/s^2）
EL-Centro	美国加利福尼亚帝国河谷	50	0.02	341.7（NS）
Taft	美国加利福尼亚克恩县	50	0.02	175.9（EW）
人工波	本工程拟建场地	40	0.02	32.7

（3）主要计算结果

1）周期与振型（表 5.3-24、表 5.3-25）

周期计算结果 **表 5.3-24**

周期	PKRM	MIDAS
T1	0.3329（Y 平动）	0.4020（Y 平动+扭转）
T2	0.3254（X 平动）	0.2995（X 平动）
T3	0.2913（扭转）	0.2591（扭转）
T4	0.8750	0.6445

振型计算结果 **表 5.3-25**

振型	周期（s）	振型参与质量（%）					
		X	合计	Y	合计	R	合计
1	0.4020	0.61	0.61	45.11	45.11	40.42	40.42
2	0.2995	77.43	78.05	0.59	45.70	0.13	40.54
3	0.2591	0.05	78.09	25.41	71.12	29.95	70.50
4	0.1699	0.02	78.11	1.61	72.73	5.73	76.23
5	0.1589	20.77	98.88	0.05	72.78	0.03	76.25
6	0.1400	0.00	98.88	0.02	72.79	0.01	76.27

2）层间位移角验算（表 5.3-26、表 5.3-27）

X、Y 方向水平地震力作用下层间位移角验算-刚性楼板 **表 5.3-26**

计算楼层	层顶标高（m）	层高（m）	X 方向			Y 方向		
			最大层间位移（mm）	最大层间位移角	验算	最大层间位移（mm）	最大层间位移角	验算
5F	20.100～32.600	12.50	0.31	1/39910	<1/800	0.27	1/46299	<1/800
4F	20.100	4.50	0.68	1/6640	<1/800	0.54	1/8294	<1/800
3F	15.600	4.50	0.63	1/7134	<1/800	0.53	1/8520	<1/800
2F	11.100	5.10	0.66	1/7725	<1/800	0.55	1/9359	<1/800
1F	6.000	7.00	0.35	1/20055	<1/800	0.33	1/21158	<1/800

X、Y 方向水平地震力作用下层间位移角验算-弹性楼板　　表 5.3-27

计算楼层	层顶标高（m）	层高（m）	X 方向			Y 方向		
			最大层间位移（mm）	最大层间位移角	验算	最大层间位移（mm）	最大层间位移角	验算
5F	20.100～32.600	12.50	0.30	1/42215	<1/800	0.26	1/47510	<1/800
4F	20.100	4.50	2.05	1/2199	<1/800	1.31	1/3439	<1/800
3F	15.600	4.50	2.37	1/1898	<1/800	1.12	1/4011	<1/800
2F	11.100	5.10	1.64	1/3118	<1/800	1.31	1/3886	<1/800
1F	6.000	7.00	0.89	1/7838	<1/800	1.12	1/6250	<1/800

3）结构不规则验算（表 5.3-28、表 5.3-31）

扭转不规则验算（扭转位移比）-X 方向　　表 5.3-28

计算楼层	层顶标高（m）	层间位移最大值（mm）	层间位移平均值（mm）	层间最大位移/层间平均位移	验算	最大位移（mm）	位移平均值（mm）	最大位移/位移平均值	验算
5F	20.100～32.600	0.31	0.31	1.00	规则	3.32	3.30	1.01	规则
4F	20.100	0.68	0.65	1.05	规则	3.36	2.95	1.14	规则
3F	15.600	0.63	0.61	1.03	规则	2.71	2.30	1.18	规则
2F	11.100	0.66	0.63	1.05	规则	1.95	1.69	1.15	规则
1F	6.000	0.35	0.32	1.10	规则	1.36	1.07	1.27	不规则

扭转不规则验算（扭转位移比）-Y 方向　　表 5.3-29

计算楼层	层顶标高（m）	层间位移最大值（mm）	层间位移平均值（mm）	层间最大位移/层间平均位移	验算	最大位移（mm）	位移平均值（mm）	最大位移/位移平均值	验算
5F	20.100～32.600	0.27	0.24	1.12	规则	4.98	3.61	1.38	不规则
4F	20.100	0.54	0.46	1.18	规则	4.78	3.21	1.49	不规则
3F	15.600	0.53	0.47	1.13	规则	4.30	2.69	1.60	不规则
2F	11.100	0.55	0.49	1.11	规则	3.69	2.00	1.84	不规则
1F	6.000	0.33	0.25	1.34	不规则	3.58	1.71	2.09	不规则

侧向刚度不规则验算　　表 5.3-30

计算楼层	层顶标高（m）	本层侧移刚度		（本层侧移刚度/70%上一层侧移刚度、本层侧移刚度/80%上三层平均侧移刚度）较小者		是否薄弱层
		X	Y	X	Y	
5F	20.100～32.600	2164326	13954536.6	—	—	否
4F	20.100	13987819	28447894.3	9.23	2.91	否
3F	15.600	46131457	54117922.0	4.71	2.72	否
2F	11.100	30380707	34885859.0	0.94	0.92	是，地震力发大 1.15
1F	6.000	162911357	136556201.2	6.75	4.36	否

楼层承载力突变验算-规范值 0.8　　表 5.3-31

计算楼层	层顶标高（m）	X方向			Y方向		
		层剪力（kN）	本层剪力/上层剪力	验算	层剪力（kN）	本层剪力/上层剪力	验算
5F	20.100～32.600	5503	—	规则	5503	—	规则
4F	20.100	402335	73.11	规则	385995	70.1419	规则
3F	15.600	544393	1.35	规则	524491	1.3588	规则
2F	11.100	824150	1.51	规则	742160	1.4150	规则
1F	6.000	3114552	3.78	规则	2796461	3.7680	规则

4）抗倾覆验算（表 5.3-32）

X、Y 方向水平地震力作用下抗倾覆验算　　表 5.3-32

抗倾覆弯矩（kN·m）		倾覆弯矩（kN·m）		验算
X	Y	X	Y	
298653536	296448768	550205	530905	满足

5）结构整体稳定验算

结构整体稳定验算　　表 5.3-33

计算楼层	层顶标高（m）	层高（m）	上部重量（$\times10^6$kN）	刚度（$\times10^6$kN/m）		刚重比			
				X	Y	X	验算	Y	验算
5F	20.100～32.600	12.5	0.30	33.96	12.76	1425	>10 满足	531	>10 满足
4F	20.100	4.50	0.56	18.79	2.74	150	>10 满足	22	>10 满足
3F	15.600	4.50	0.81	35.75	8.10	198	>10 满足	45	>10 满足
2F	11.100	5.10	2.67	34.69	7.74	66	>10 满足	15	>10 满足
1F	6.000	7.00	3.19	162.60	46.72	357	>10 满足	103	>10 满足

6）楼层剪重比（表 5.3-34）

X、Y 方向水平地震力作用下楼层剪重比　　表 5.3-34

计算楼层	层顶标高（m）	各层及以上各层重力荷载代表值（kN）	X方向			Y方向		
			楼层剪力（kN）	层剪重比	验算	楼层剪力（kN）	层剪重比	验算
5F	20.100～32.600	—	—	—	>1.6%满足	—	—	>1.6%满足
4F	20.100	205945	49931	24.2%	>1.6%满足	33967	16.5%	>1.6%满足
3F	15.600	389480	51119	13.1%	>1.6%满足	37584	9.6%	>1.6%满足
2F	11.100	554223	119733	21.6%	>1.6%满足	88419	16.0%	>1.6%满足
1F	6.000	1678932	132166	7.9%	>1.6%满足	95609	5.7%	>1.6%满足

7）时程分析结果（表 5.3-35）

X、Y 方向水平地震时程分析楼层剪重比　　表 5.3-35

采用的波	底部剪力（kN）		剪力比		验算
	X	Y	X	Y	
振型分析反应谱法	132166	95609	—	—	—
EL-Centro	103541	70126	78.3%	73.3%	>65%
Taft	119580	85144	82.9%	89.1%	>65%
人工波	128160	90842	96.9%	95.0%	>65%
三条波平均	117093	82037	88.6%	85.8%	>80%

8）轴压比（表 5.3-36）

结构各部位轴压比　　表 5.3-36

部位	球铰支座区域	其他区域	纯地下室区域（不含 1F 外环区域）
抗震等级	一级	二级	三级
规范限值	0.7	0.8	0.9
设计情况	球铰支承框架柱 0.15，相邻框架柱≤0.5	≤0.75	≤0.85

4. 看台设计及预制看台板

（1）重点处理超长平面及露天结构的温度效应（“抗”与“放”结合）

1）对施工阶段的混凝土收缩开裂，采用以下措施：

采用中低强度混凝土（C30～C35）；

边用低水化热的水泥、优化混凝土配合比、限制坍落度、控制水化热的升温；

地下室底板采用膨胀混凝土，地下室外墙采用膨胀混凝土及纤维网或杜拉纤维；

设置后浇带，后浇带间距约 40m；当后浇带间距为 90～100m 时，每个独立板块采用“跳仓法”施工；

明确施工阶段混凝土构件的保温保湿等养护措施。

2）对建筑物使用阶段温度效应采取的措施

进行温度效应分析，使温度作用产生的拉应力尽量小于混凝土抗拉强度；并不可忽视升温产生的径向温度效应；

环向布置次梁；

增设部分剪力墙，适当增加结构刚度，避免楼板收缩导致竖向构件水平变形过大，特别是“细腰”部位竖向构件的径向变形；设置环向预应力钢筋，同时布置抗裂分布钢筋；对于未设置预应力筋区域，适当增加配筋率。

对于直接受到日晒的 2F 大平台以及露天部位的钢筋混凝土外墙，采取隔热措施（建筑保温层）；

设置诱导缝；并采用分析软件进行诱导缝的模拟分析。

3）合理设置变形缝

停车库与体育场之间、湖面桥体与体育场之间、地下通道与停车库之间，设置变形缝。

4）增加抗扭刚度（图5.3-23）

① 利用楼梯间等隔墙，设置钢筋混凝土剪力墙，控制 $T_t/T_1 \leqslant 0.85$；

② 对端部框架柱、短柱，加强构造措施；并进行中震不屈服性能目标控制。

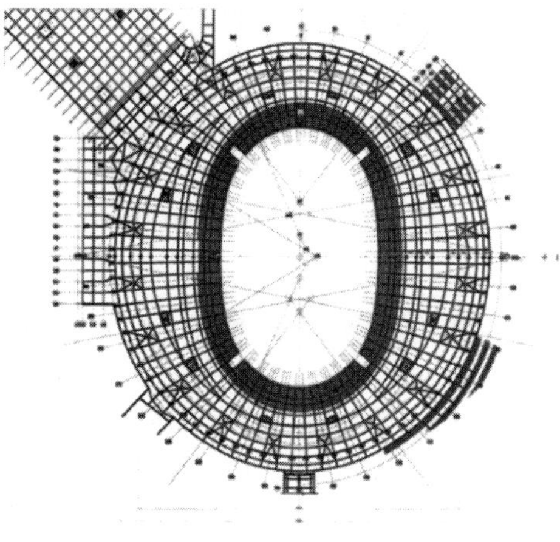

图5.3-23　增加剪力墙示意图
（深色加粗部分为增加的剪力墙）

（2）球铰支座支承结构的相应措施

1）球铰支座反力影响的分析

① 钢屋盖球产生的支座反力标准值约7500～9800kN，钢筋混凝土构件需考虑其影响；

导致2F平台产生环向和径向的拉应力；

球铰支座处构件应力集中；

球铰支座下部的框架柱承受较大的水平剪力，并将引起柱端很大的弯矩。

② 钢筋混凝土构件的下列情况，对钢屋盖产生附加的非荷载作用

混凝土构件弹性变形，包括竖向和水平方向；

徐变，包括竖向和水平方向；

温度变化，主要考虑水平方向效应；

球铰支座的安装间隙，相当于对钢屋盖支座附加了一个支座位移。

2）球铰支座的支承结构的相应措施

① 加强2F整个大平台，使其形成具有较大刚度的"环形"构件；

② 球铰支座区域的楼板加厚（取300mm），并设置柱帽；

③ 进行支座剪力作用的应力分析，控制梁板压应力小于混凝土抗压强度（$<0.6f_c$）；

④ 球铰支座框架柱的抗震性能目标：中震弹性；

⑤ 提高球铰支座框架柱、与之相连框架梁的抗震等级，并按一级框架结构要求进行内力放大；

⑥ 球铰支座对应的桩基础，桩端持力层取微风化，避免支座基础沉降不均。

⑦ 针对徐变效应而采取的措施

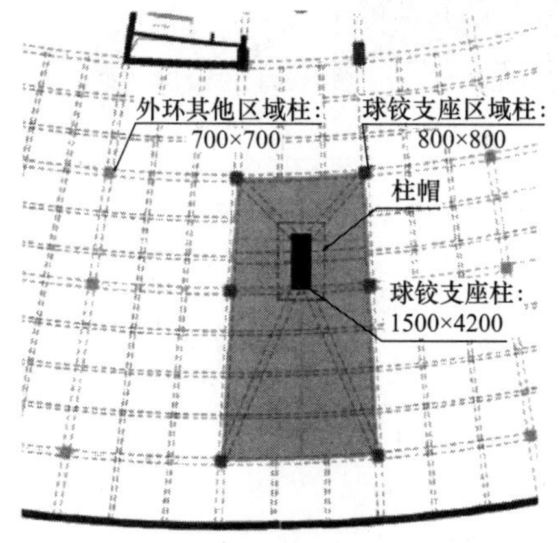

图5.3-24　支座区域示意图

适当提高构件的混凝土强度等级（框架柱C45、本层楼盖C35）；

框架柱纵筋配筋率≥1.2%；并设置芯柱，改善应力集中情况；

限制球铰支座框架柱的应力比，实际轴压比0.15；

限制水灰比（≤0.55），控制坍落度100～140mm；

楼板钢筋通长配置，球铰支座区域配筋量按照应力分析结果并适当提高（15%～20%）；

桩身直径1200mm，竖向力作用下混凝土应力比不大于0.5，偏心力作用下混凝土应力比不

大于 0.6；桩身配筋率 1.0%。

⑧ 球铰支座环形梁设置方式的比较

方式 1：沿环向均匀设置框架梁、次梁，同时设置径向次梁，使楼板面内和面外都具有较大刚度；

方式 2：沿球铰支座所在的环向轴线柱跨，周圈楼板厚度加厚为 500mm，形成刚性环梁；

通过应力分析，采用方式 1 的结构布置。

(3) 主体育场设计使用年限 100 年，采取的相应措施

1) 钢筋混凝强度等级最低 C35；抗温度效应预应力混凝土强度等级 C35；

2) 混凝土中的最大氯离子含量为 6%；

3) 混凝土中的最大碱含量 3.0kg/m^3；

4) 混凝土构件保护层比照 50 年使用年限的要求提高 40%；

地面以上一类环境中，板 21mm，墙 25mm，梁 35mm，柱 42mm；

地下室外墙保护层 50mm、桩基保护层 70mm、基础（含底板）保护层 70mm；并对地下构件增加涂层防护（详见“2. 地基与基础”）；

5) 在使用过程中，应定期维护。

本工程预制清水混凝土构件主要是预制看台板和预制装饰挂板（图 5.3-25）。看台分为低区看台、中区看台和高区看台三部分，预制看台板构件跨度最小为 3m，最大不超过 10.5m，厚度分别为 90～130mm，看台板总数量为 4167 块，其中低区 1696 块，中区 1339 块，高区 1132 块。

图 5.3-25 预制清水混凝土看台板

工程二层、三层、五层的外墙立面采用预制清水混凝土装饰挂板，挂板尺寸约为 700mm×2500mm，厚度为 80mm，预制混凝土挂板总数量 3256 块。

预制看台板、挂板在现场设预制生产线进行加工，混凝土总用量约 2.5 万 m^3，强度等级为 C40，模具采用定型钢模，钢板采用表面平整光滑、氧化皮无脱落的新钢板，采用蜡质脱模剂。

5.4　构件深化设计

5.4.1　钢构深化

1. 深化设计应用软件

(1) AutoCAD 绘图软件（图 5.4-1、图 5.4-2）

AutoCAD 是现在较为流行、使用很广的计算机辅助设计和图形处理软件。在 CAD 绘图软件的平台上，根据多年从事钢结构行业设计、施工经验自行开发了一系列详图设计辅助软件，能够自动拉伸各种杆件截面，进行结构的整体建模；构件设计自动标注尺寸、列出详细的材料表格；节点设计能够自动标注焊接形式、螺栓连接形式、统计出各零件尺寸及重量等。体育场钢结构球形支座及铸钢节点深化设计比较复杂，采用灵活性能比较好的 CAD 绘图软件进行详图设计。

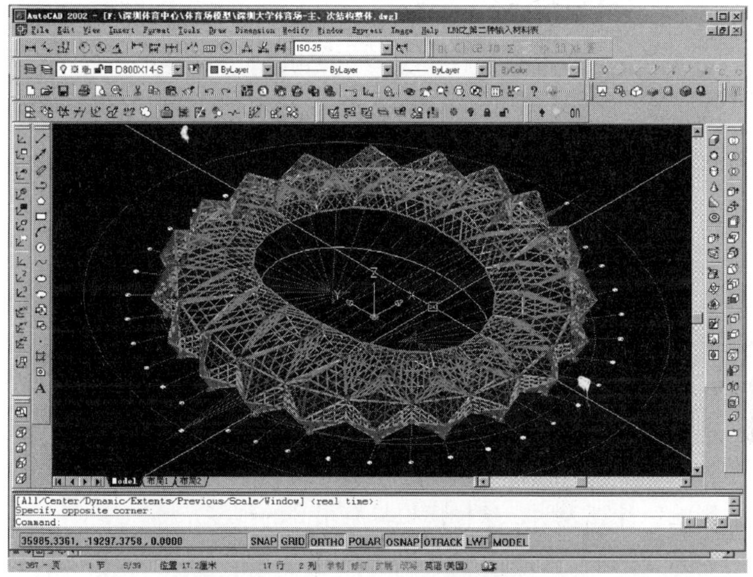

图 5.4-1　CAD 工作环境

图 5.4-2　开发的辅助软件

(2) Xsteel 绘图软件

Tekla Structures（Xsteel）软件属于建筑信息模型（BIM），它将原设计、深化设计的过程按平行模式进行了流程化处理，很大程度上提高了深化设计效率并降低了错误率。

Xsteel 软件大致可归为以下四类功能：

1）结构三维实体模型的建立与编辑；

2）各种节点三维实体模型的连接与装配；

3）构件、零件的编号与加工详图的绘制；

4）用钢量统计。

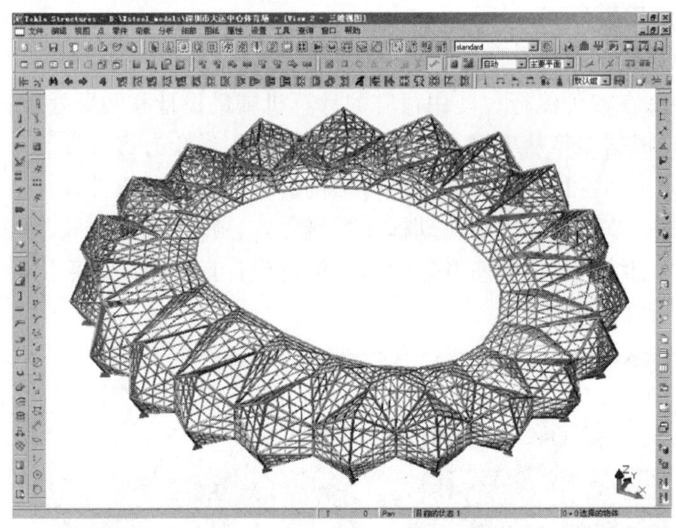

图 5.4-3　Xsteel 工作环境

（3）SAP2000 计算分析软件（图 5.4-4）

结构整体计算选用了美国 Computers And Structures 公司研制开发的大型有限元程序 SAP2000。计算模型采用空间三维实尺模型；网格的钢构件选用三个节点、六个自由度的 frame 单元，该单元可以考虑拉（压）、弯、剪、扭四种内力的共同作用。拉索采用索单元（仅受拉，不受压和不受弯）模拟，胎架则采用仅受压、不受拉的 frame 单元模拟。拉索和网架之间的撑杆采用拉压二力杆单元。为了更能准确模拟拉索张拉，考虑了结构的大变形和应力刚化的影响。计算表明，这样模拟具有很高的精度。

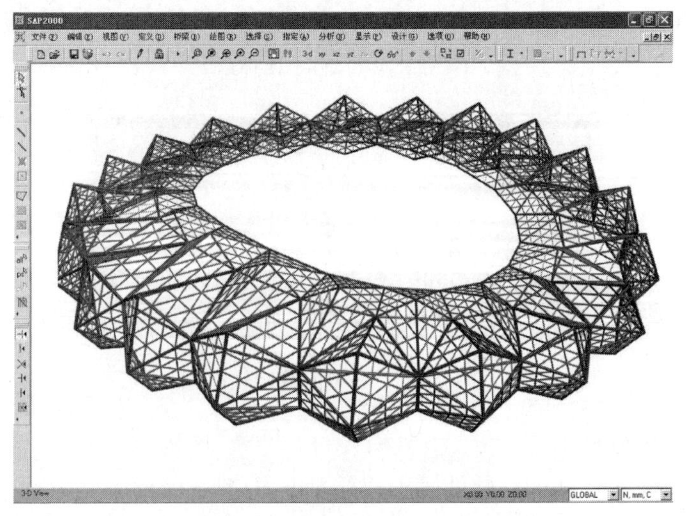

图 5.4-4　SAP2000 工作环境

（4）ANSYS 节点有限元分析软件

体育场钢结构工程的典型节点设计采用 ANSYS 有限元计算软件进行分析，建立计算模型时，考虑到实体模型直接由 AutoCAD 导入，计算采用适合于复杂模型自由划分网格的单元，每个结点三个自由度，即 X、Y、Z 方向的位移，如图 5.4-5 所示。单元具有塑性、大变形、应力强化等性质。

计算中考虑材料非线性。构件材料大多 Q345B、Q390-B、Q390GJ-C、LX420、GS-20Mn5V 钢，屈服准则为适合金属材料的 Mises 及其相应流动准则，定义材料为双线性等效强化，根据钢材强屈比和延长率的规范规定，确定钢材强化阶段的切线模量 E_c 为弹性模量的 1/100，比采用理性弹塑性模型更接近于实际。钢材料的应力-应变关系如图 5.4-6 所示。

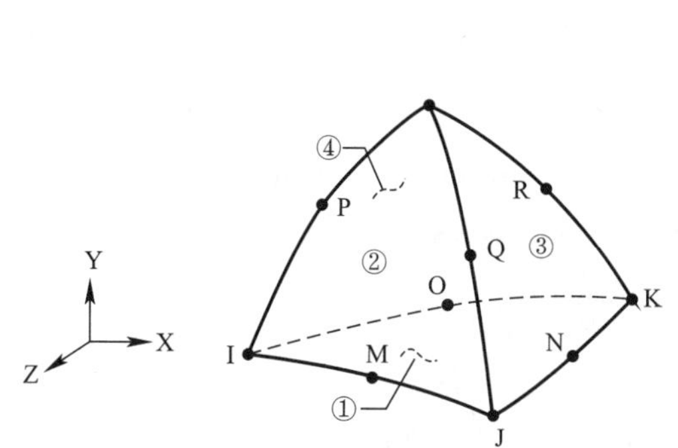

图 5.4-5 10 结点 SOLID92

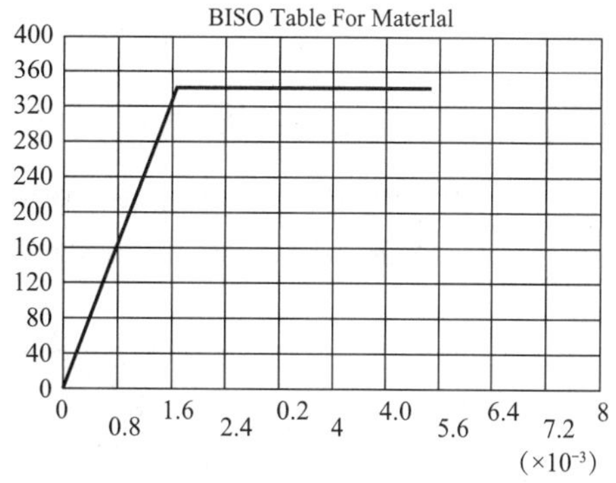

图 5.4-6 材料的应力-应变曲线

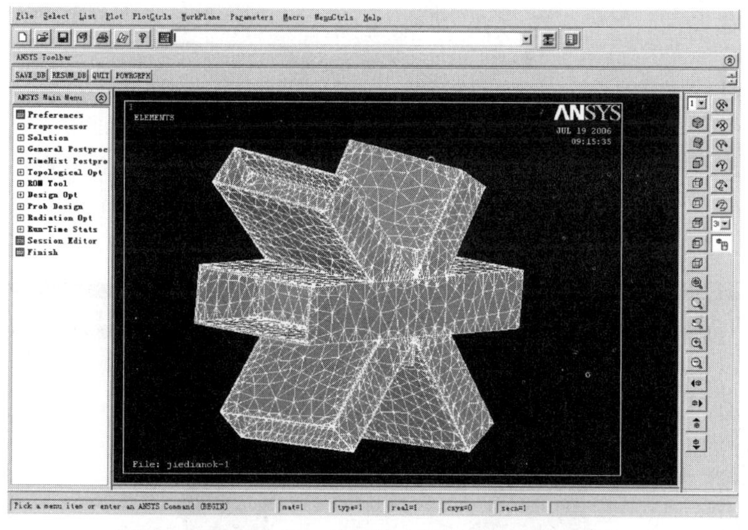

图 5.4-7 ANSYS 工作环境次杆件节点分析示意图

（5）SolidWorks 软件

SolidWorks 是 Window 原创的三维设计软件，其易用和友好的界面，能够应用在整个产品设计的工作中，SolidWorks 完全自动捕捉设计意图和引导设计修改。在 SolidWorks 装配设计中可以直接参照已有的零件生成新的零件。无论设计用“自顶而下”方法还是“自底而上”的方法进行装配设计，SolidWorks 都将大幅度地提高设计的效率。SolidWorks 有全面的零件实体建模功能，其丰富程度有时会出乎设计者的期望。用 Solid-

Works 的标注和细节绘制工具，能快捷地生成完整的、符合实际产品表示的工程图纸。体育场钢结构工程的典型节点如图 5.4-10～图 5.4-15 所示。

2. 深化设计步骤

针对体育场钢结构工程的特点以及以往工程的设计经验，将根据具体的设备和工艺状况，采用国际上较流行的通用有限元程序 SAP2000 作为验算程序来进行较核，对结构形式、结构布置、材料种类、节点类型向设计单位提出详细的建议；节点验算采用通用有限元程序 ANSYS 10.0 进行分析，对焊接连接、螺栓连接、拱支座、节点板和加劲肋进行计算和完善，给出详尽合理的预拼装及吊装方案；采用 AutoCAD 和 Xsteel 软件相结合的方式完成体育场钢结构工程的深化设计，自动生成满足加工和工艺所需的施工图纸、数据。

(1) 结构分析

采用有限元程序 SAP2000 作为验算程序来进行较核（图 5.4-8、图 5.4-9）。

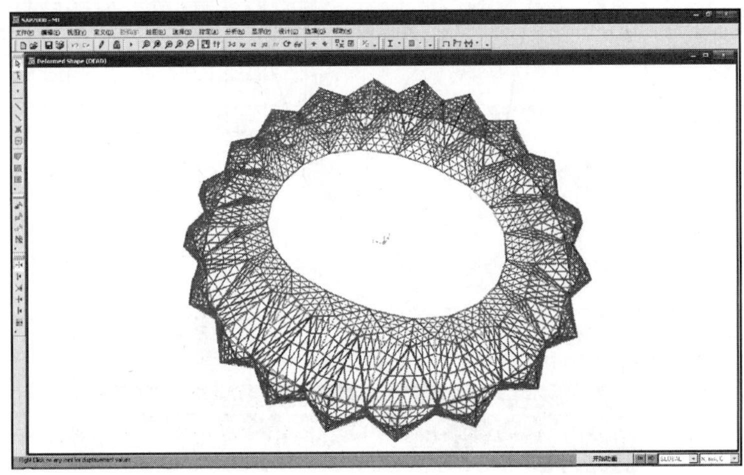

图 5.4-8　导入 SAP2000 的计算模型

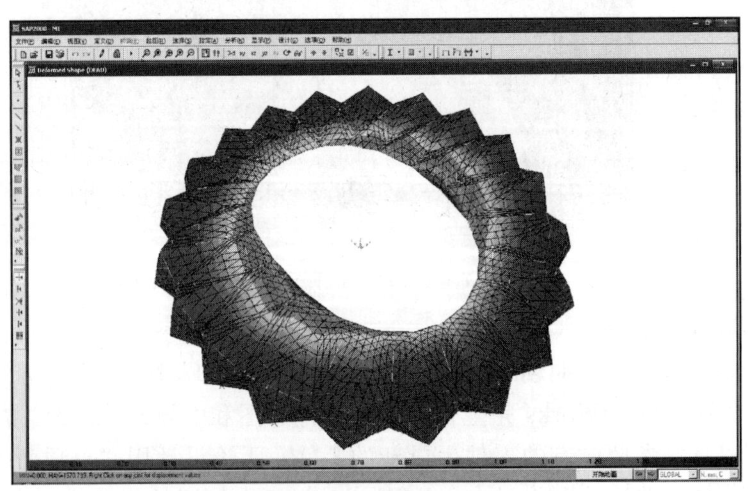

图 5.4-9　恒载作用下结构整体变形分布图

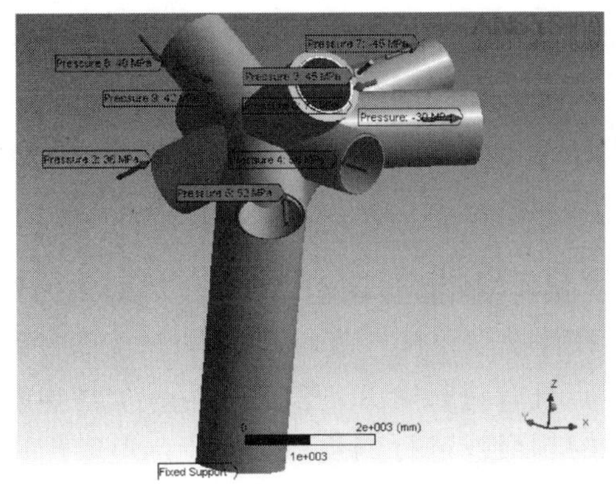

图 5.4-10　肩谷点铸钢节点有限元计算模型图

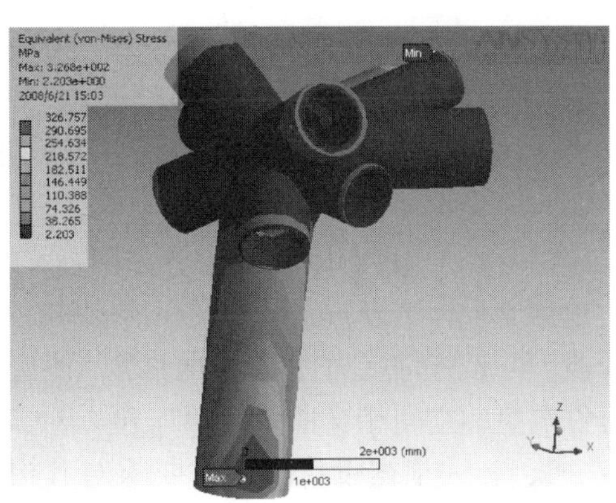

图 5.4-11　单元等效应力图

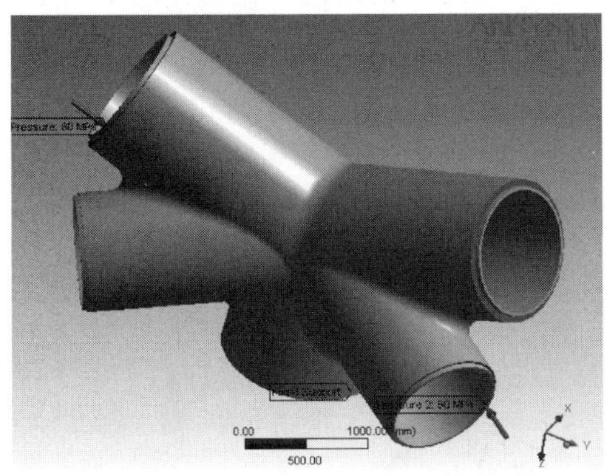

图 5.4-12　背谷点铸钢节点有限元计算模型图

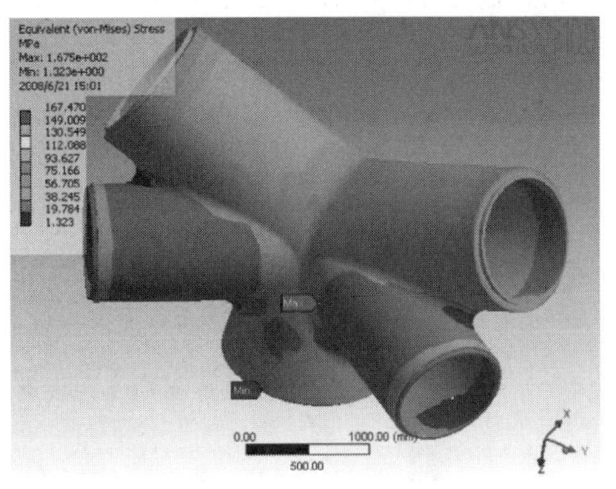

图 5.4-13　单元等效应力图

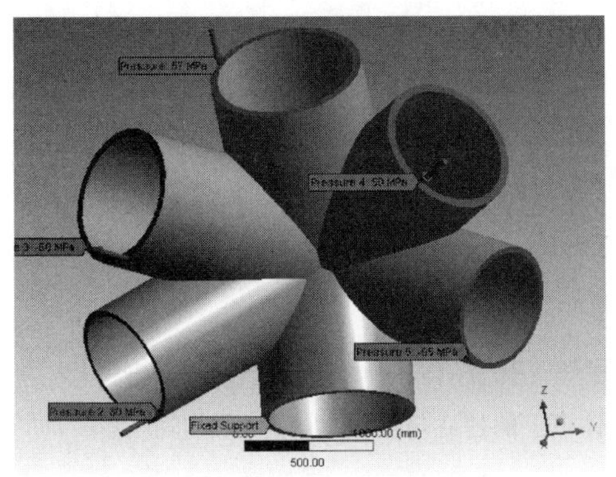

图 5.4-14　背峰点铸钢节点有限元计算模型图

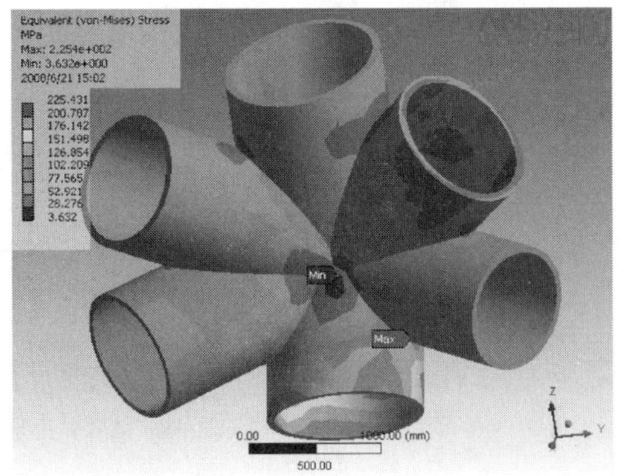

图 5.4-15　单元等效应力图

节点验算采用通用有限元程序 ANSYS10.0 进行分析：

1）按荷载规范选取恒载、活载、风载（左风与右风）、地震荷载（按地震反映谱分析得到）、温度荷载，在各荷载工况及组合下进行结构线性分析，校核应力及位移是否满足规范。

2）结构自重（考虑一半的活载下）的自振分析，找出结构的薄弱环节。

3）进行控制荷载组合下的极限承载力分析，反映结构的薄弱环节。

4）考虑材料弹塑性特性的变形分析，跟踪结构的加载路径，确定实际承载力。

（2）深化设计

铸钢节点采用 AutoCAD 设计详图：

根据原设计图进行主结构的三维实体建模；按铸钢件设计图在杆件节点处对铸钢件支管分段，并按杆件受力性能划分主次，使次要杆件被主要杆件裁切（差集），从而自动生成杆件端口的空间相交曲线；第三步，对其节点杆件进行合并，使之成为一个整体的构件（并集），并根据设计图纸的要求对其构件的相交线进行倒角；第四步，形成深化设计图。

利用三视图原理，投影、剖面生成深化图纸上的所有尺寸，包括杆件长度、断面尺寸、杆件相交角度均是在杆件模型上直接投影产生。因此，钢结构深化图在理论上是没有误差的。

相对简单的次结构采用 Xsteel 软件设计详图：

AutoCAD 与 Xsteel 中的实体模型可互相导入，两套软件设计出来的构件，理论上数据完全吻合。软件对话框如图 5.4-16 所示。

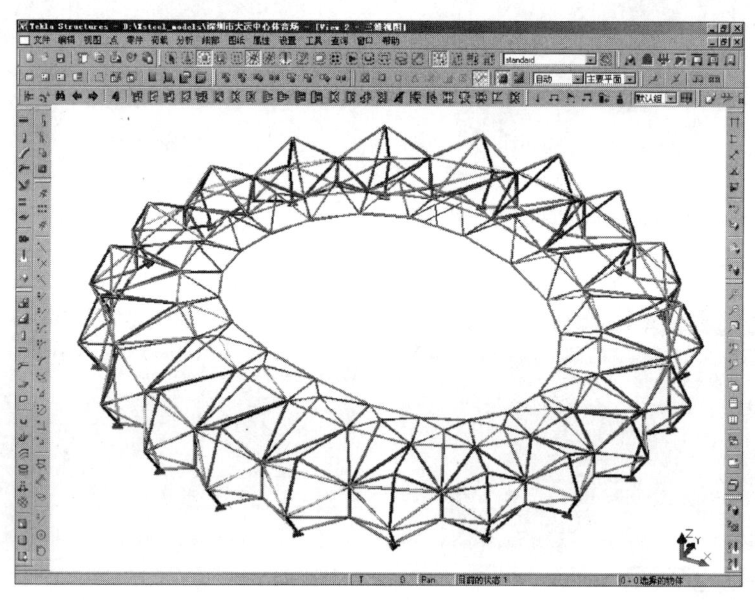

图 5.4-16　整体三维实体模型的建立与编辑

1）命令“修改截面目录”。操作对话框如图 5.4-17 所示。该命令用于选定所要的截面类型、几何参数。

2）命令“添加构件”，建立次结构的实体模型。软件提供了多种建模方式，使用者可以根据情况灵活选用。次结构的实体模型如图 5.4-18 所示。

3）在整体模型建立后，需要对每个节点进行装配，结合工厂制作条件、运输条件，考虑现场拼装、安装方案。对话框如图 5.4-19、图 5.4-20 所示。

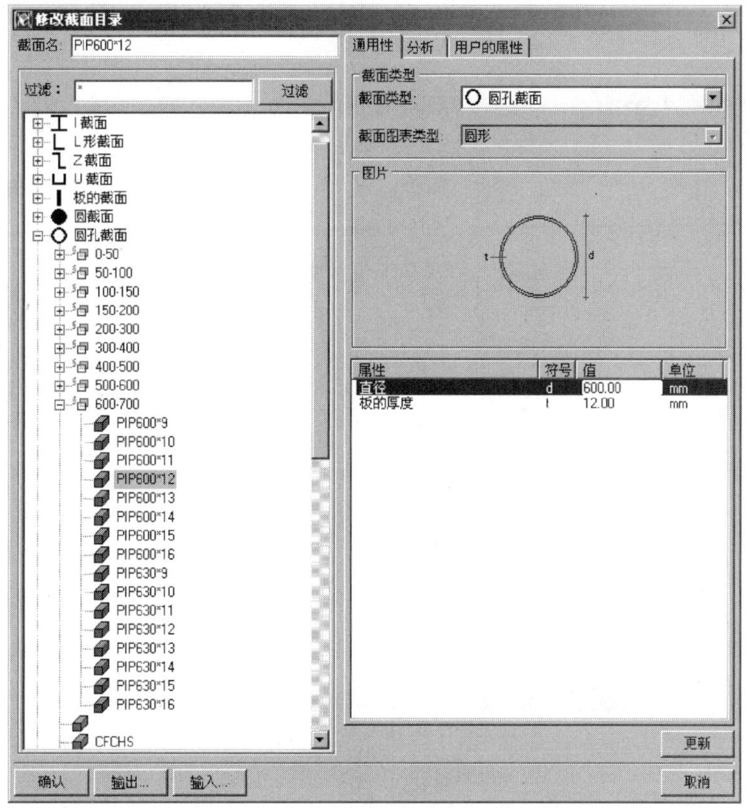

图 5.4-17　修改截面对话框

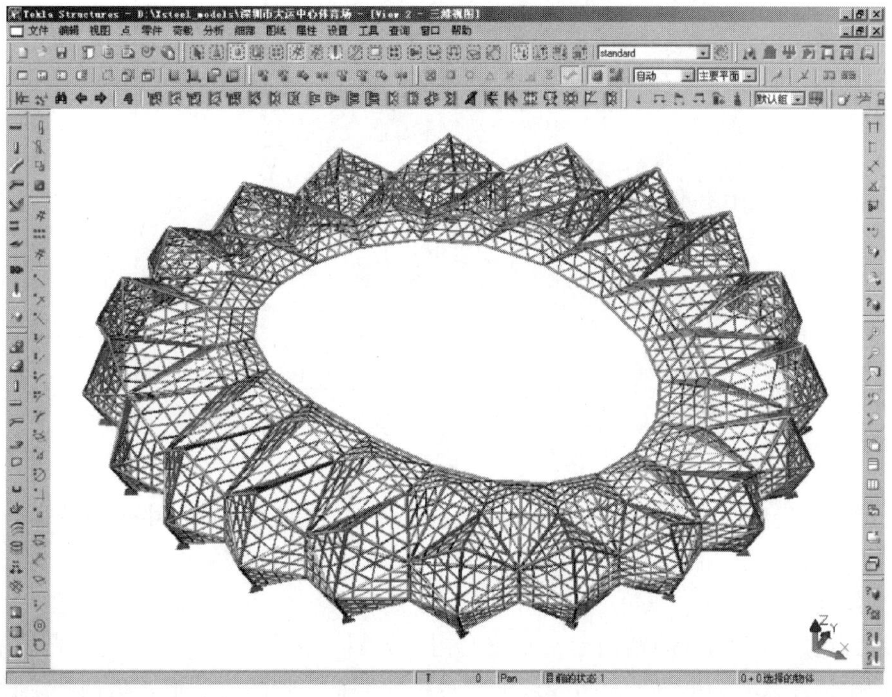

图 5.4-18　在主结构上建好次结构的实体模型

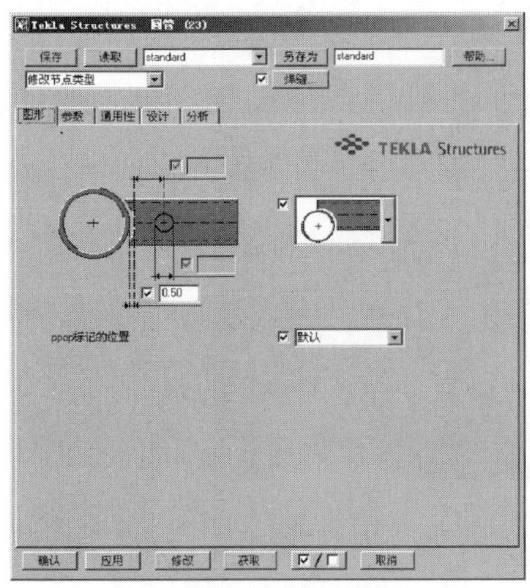

图 5.4-19　节点参数对话框

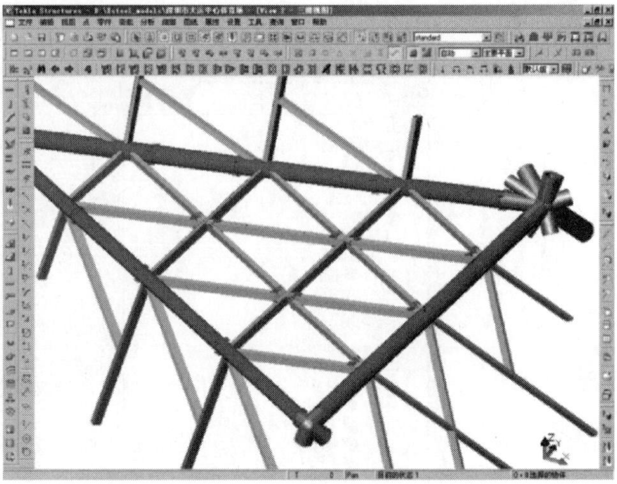

图 5.4-20　节点实体模型

4）节点装配完成之后，根据设计施工图纸中编号原则对构件及节点进行编号，编号设置对话框如图 5.4-21、图 5.4-22 所示。

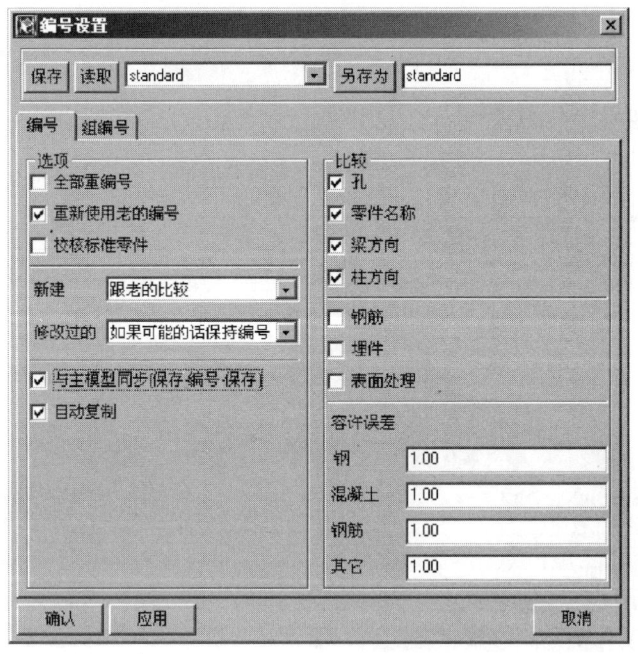

图 5.4-21　编号设置对话框

5）编完号后出图，图纸列表对话框见图 5.4-23，在这个对话框中可以修改要绘制的图纸类别、图幅大小、出图比例。

用钢量统计。

可统计选定所有构件的用钢量，并按照构件类别、材质、构件长度进行归并和排序，同时还输出构件数量、单重、总重及表面积等统计信息。软件还能把表格内的统计信息写入文本文件，以便于制作各种材料统计报表，如图 5.4-24～图 5.4-26 所示。

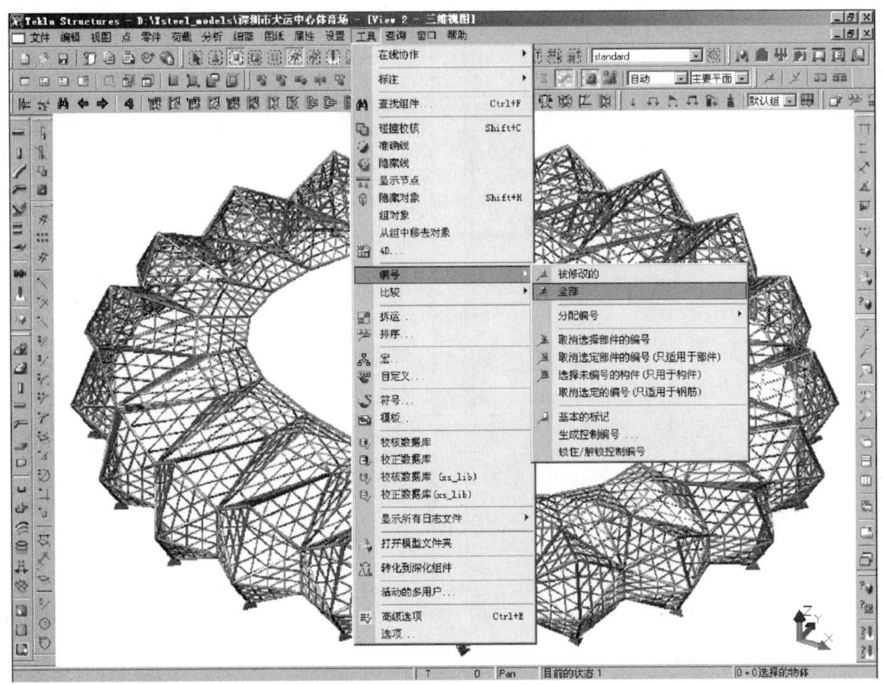

图 5.4-22　构件编号对话框

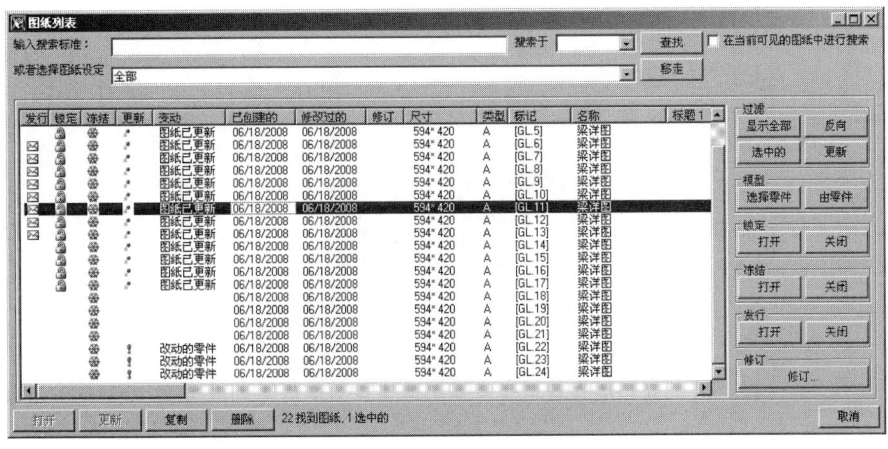

图 5.4-23　图纸清单对话框

铸钢节点及焊接节点的深化设计：

深圳大运中心体育场空间结构体系，杆件交错，节点受力复杂，节点采用铸钢节点和焊接节点两种形式。

铸钢节点如图 5.4-27～图 5.4-29 所示。

铸钢节点的深化设计原则：

（1）复核设计院初步设计、节点轴线图、空间坐标及原点。

（2）节点肢杆和主杆件间为对接熔透焊缝，因此节点各肢杆端面加工坡口。

（3）避免截面壁厚突变而产生应力集中，平滑面过渡（节点壁厚变化斜率 1/4）。

图 5.4-24 钢量统计报表对话框

清单

报告

TEKLA STRUCTURES 材料清单　　工程号: 1　　页: 1

工程名:深圳市大运中心体育场　　期号:　　日期: 06/18/2008

型材	材质	数量	长度 (mm)	面积 (m2)	重量 (kg)
PD1200*18	Q345B	1	15388	57.1	8040.7
PD1200*18	Q345B	1	15933	59.2	8325.4
PD1200*18	Q345B	5	17430	64.7	9108.0
PD1200*18	Q345B	1	18153	67.4	9485.6
PD1200*18	Q345B	1	19357	71.9	10114.6
			155980	579.2	81506.4
PD1400*20	Q345B	2	21030	91.2	14255.5
PD1400*20	Q345B	1	22327	96.8	15134.6
			64387	279.1	43645.5
TUB450*150*6*10	Q345B	1	12703	14.8	931.8
TUB450*150*6*10	Q345B	1	14584	17.0	1069.7
			27287	31.9	2001.5
TUB450*200*6*14	Q345B	1	14390	18.1	1423.3
TUB450*200*6*14	Q345B	5	11740	14.8	1161.2
TUB450*200*6*14	Q345B	1	15038	19.0	1487.4
			88126	111.1	8716.5
TUB600*250*12*16	Q345B	1	8878	14.6	1604.0
			8878	14.6	1604.0
TUB600*300*8*18	Q345B	1	10620	18.5	2035.5
TUB600*300*8*18	Q345B	1	12200	21.3	2338.3
TUB600*300*8*18	Q345B	10	8629	15.1	1654.0
TUB600*300*8*18	Q345B	10	13652	23.8	2616.6
TUB600*300*8*18	Q345B	2	17688	30.9	3390.2
			281013	490.7	53860.4
TUB600*350*10*30	Q345B	5	22523	41.0	6435.9
TUB600*350*10*30	Q345B	1	30673	55.9	8764.6
			143291	261.0	40943.9

确认

图 5.4-25 材料统计清单

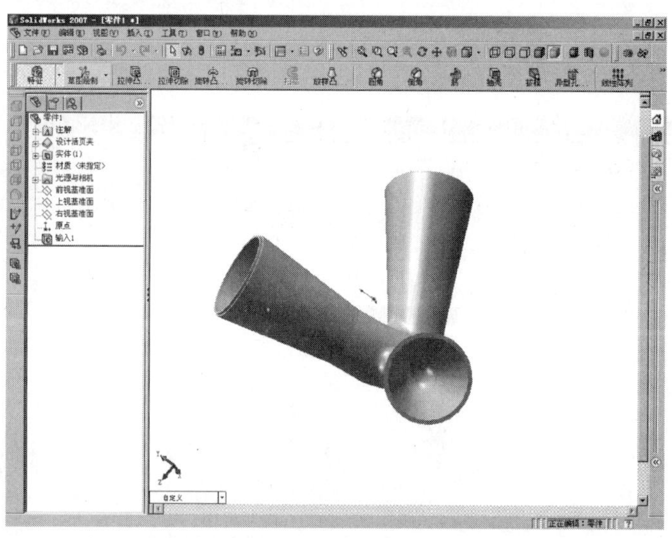

图 5.4-26 SolidWorks 工作环境示意图

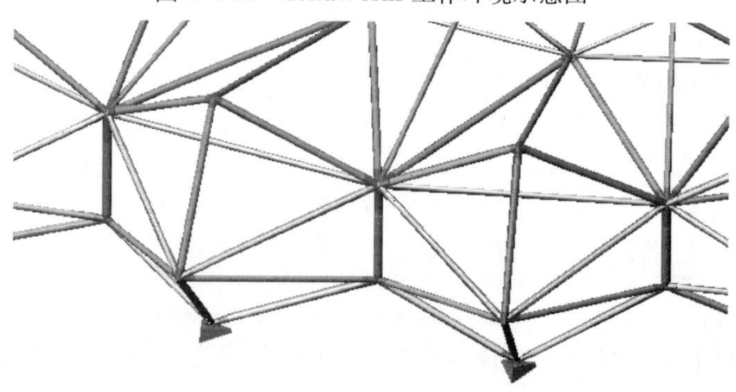

图 5.4-27 体育场主结构局部

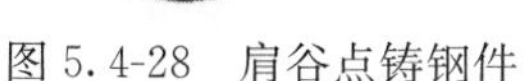

图 5.4-28　肩谷点铸钢件

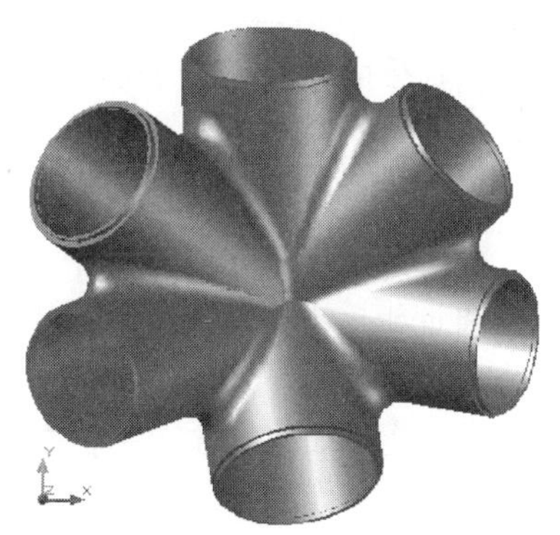

图 5.4-29　背峰点铸钢件

（4）除注明倒角尺寸外，其余为构造倒角（按建筑用铸钢节点技术规程送审稿执行）。

（5）铸钢件支管间的净距要满足焊接操作空间不小于 300mm。

（6）铸钢节点圆管相贯支管优先贯通原则：节点中贯通的为主管，其余为支管；其他支管直径大的优先与主管相连，若支管直径相同，壁厚大的优先与主管相连；若支管直径、壁厚均相同，则应同时与主管相贯（图 5.4-30、图 5.4-31）。

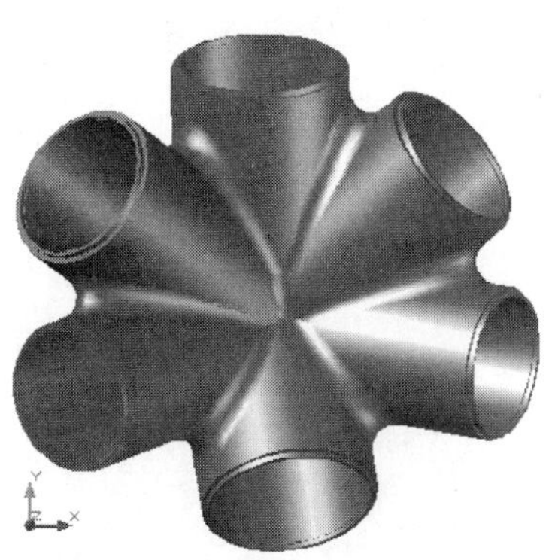

图 5.4-30　铸钢节点轴测图一

图 5.4-31　铸钢节点轴测图二

预埋锚栓与球铰支座：

钢结构地面基础为预埋预应力锚栓和铸钢节点球铰支座，其施工顺序为：预埋套管和锚栓，浇捣混凝土，安装、调平铸钢球铰支座底板，基座混凝土强度达到 70%时，张拉固定锚栓（图 5.4-32～图 5.4-34）。

图 5.4-32　铸钢支座轴测图

图 5.4-33　基座底板轴测图

图 5.4-34　球铰支座轴测图

焊接节点：

焊接节点的深化设计的基本原则（图 5.4-35～图 5.4-37）：

1）根据设计院提供的初步设计资料、节点轴线图，各肢杆相交于空间坐标原点，避免产生偏心扭矩。

2）焊接节点支管间的净距要满足焊接的操作空间（杆件之间的边缘距离不小于500mm）。

3）焊接节点圆管相贯支管优先贯通原则：

① 节点中贯通的为主管，其余为支管；

② 其他支管，直径大的优先与主管相连若支管直径相同，壁厚大的优先与主管相连；

③ 若支管直径、壁厚均相同，则应同时与主管相贯。

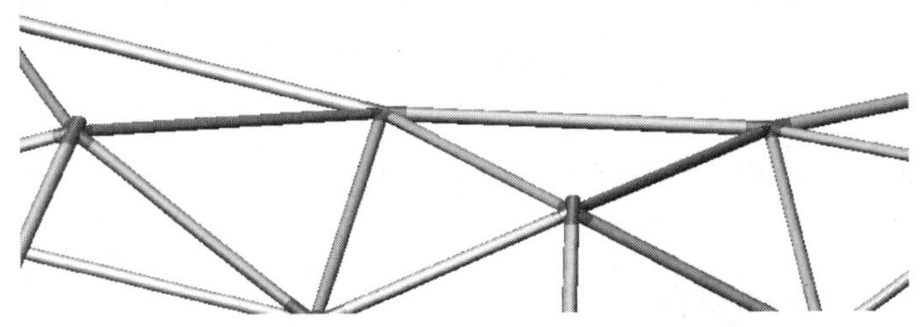

图 5.4-35　体育场主结构局部

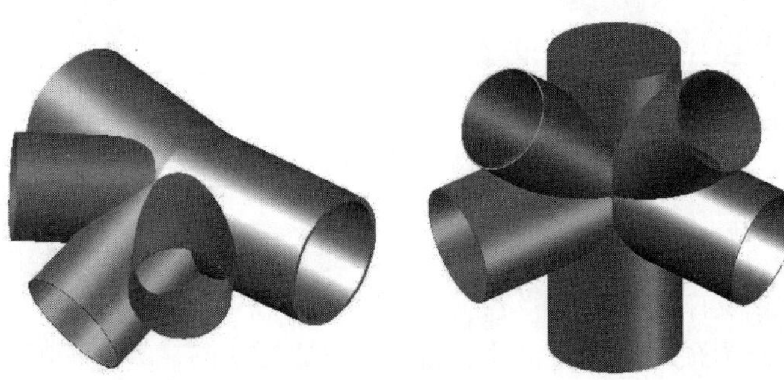

图 5.4-36　内环点焊接节点　　图 5.4-37　冠峰点焊接节点

主次杆件的深化设计：

详图设计综合考虑了原材料规格、制作工艺、运输、安装方案等因素，如构件尺寸较大，运输单元与安装单元之间存在差异，详图设计应考虑长梁分段制作、运输，然后在现场拼装成整体交给安装；构件运输、安装中用到的吊耳等辅助零件应在详图设计阶段考虑，根据计算的规格和确定的位置进行设计。本工程详图设计要考虑的工艺设计内容如下：

1）施工图要充分考虑大量的现场拼装和使用的吊装设备、场地大小等实际情况，对构件的节点处理和分段要科学合理。

2）出图考虑拼接顺序，保证工厂、现场拼装复杂节点的顺利实施。

3）详图设计人员与工艺设计人员紧密配合，对焊缝收缩量计算。

主杆件构件：

主杆件采用焊接圆钢管，直径 700～140mm，壁厚 12～140mm，主要材质为 Q390B，部分铸钢管材质为 LX420。

主杆件分段的基本原则：

根据施工方案及结构特点：考虑制作运输主杆件分段，次杆件牛腿与主杆件净距不小于 0.3m，同时，牛腿杆件之间的最小间离不小于 0.3m，现场拼接处设置临时连接板。

设计图例如图 5.4-38、图 5.4-39 所示。

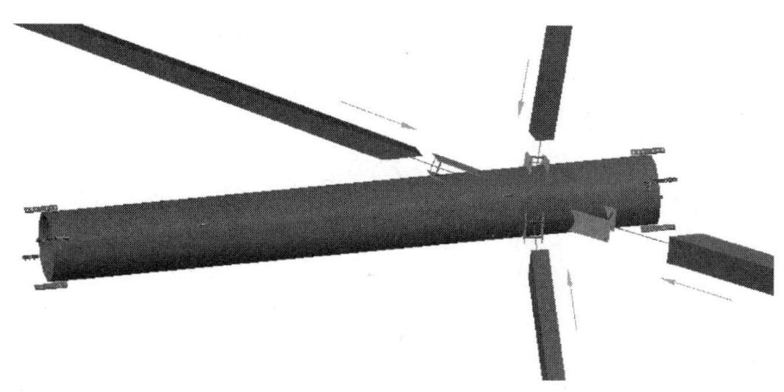

图 5.4-38 主杆件轴测图一

次杆件构件：

次杆件为焊接箱形，宽度 150～300mm，高度 450～600mm，壁厚 10～50mm，钢号为 Q345B。

次杆件分段的基本原则：

根据吊车性能及结构特点：次杆件均按“米”字节点或带牛腿的原则分段，现场分片组装，拼接节点处均设置安装临时连接板，梁面设吊耳。

设计图例如图 5.4-40、图 5.4-41 所示。

马道与楼梯的深化设计：

马道的制作运输分段考虑不大于 15m（图 5.4-42～图 5.4-46）。

5.4.2 膜结构深化

膜结构深化设计，根据招标文件要求，钢结构完成卸载，屋面、墙面幕墙安装之后开始膜结构安装，膜结构深化设计如下。

膜材经纬向收缩及裁剪设计：

由于膜结构各向异性的特点，经向和纬向的伸缩率差异较大，这是膜材的生产工艺造成的。PTFE 膜材的经向伸缩率为 0.3%～0.7%，纬向为 3%～4%。

膜结构深化设计时，考虑膜面裁剪下料、强度和张拉位移。一旦膜材经纬向拼接错误，由于经、纬向伸缩率的不同，张拉后产生褶皱，且无法通过现场施工调整而消除。

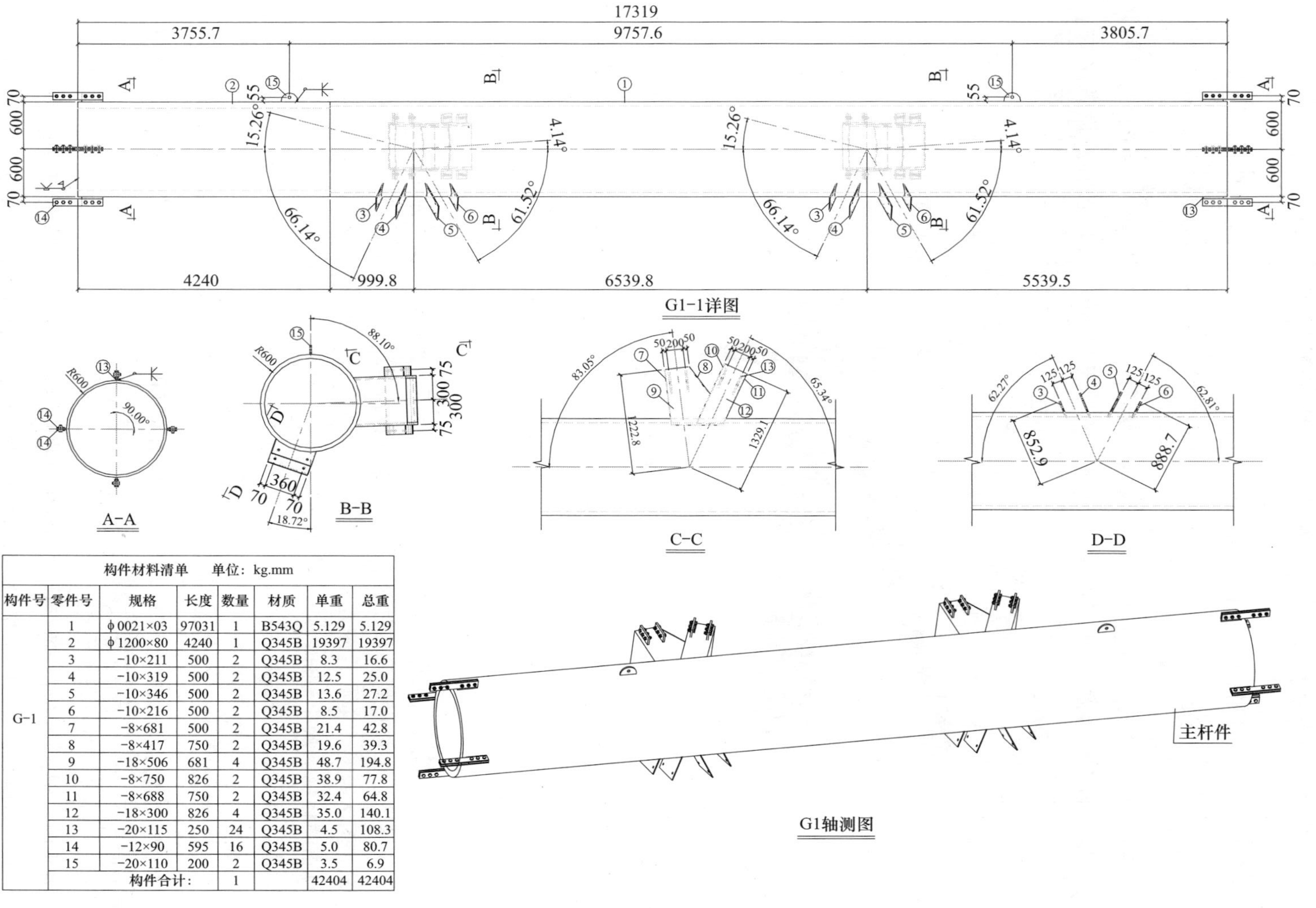

构件材料清单	单位：kg.mm						
构件号	零件号	规格	长度	数量	材质	单重	总重
G-1	1	φ0021×03	97031	1	B543Q	5.129	5.129
	2	φ1200×80	4240	1	Q345B	19397	19397
	3	−10×211	500	2	Q345B	8.3	16.6
	4	−10×319	500	2	Q345B	12.5	25.0
	5	−10×346	500	2	Q345B	13.6	27.2
	6	−10×216	500	2	Q345B	8.5	17.0
	7	−8×681	500	2	Q345B	21.4	42.8
	8	−8×417	750	2	Q345B	19.6	39.3
	9	−18×506	681	4	Q345B	48.7	194.8
	10	−8×750	826	2	Q345B	38.9	77.8
	11	−8×688	750	2	Q345B	32.4	64.8
	12	−18×300	826	4	Q345B	35.0	140.1
	13	−20×115	250	24	Q345B	4.5	108.3
	14	−12×90	595	16	Q345B	5.0	80.7
	15	−20×110	200	2	Q345B	3.5	6.9
	构件合计：			1		42404	42404

图5.4-39　主杆件深化详图一示意

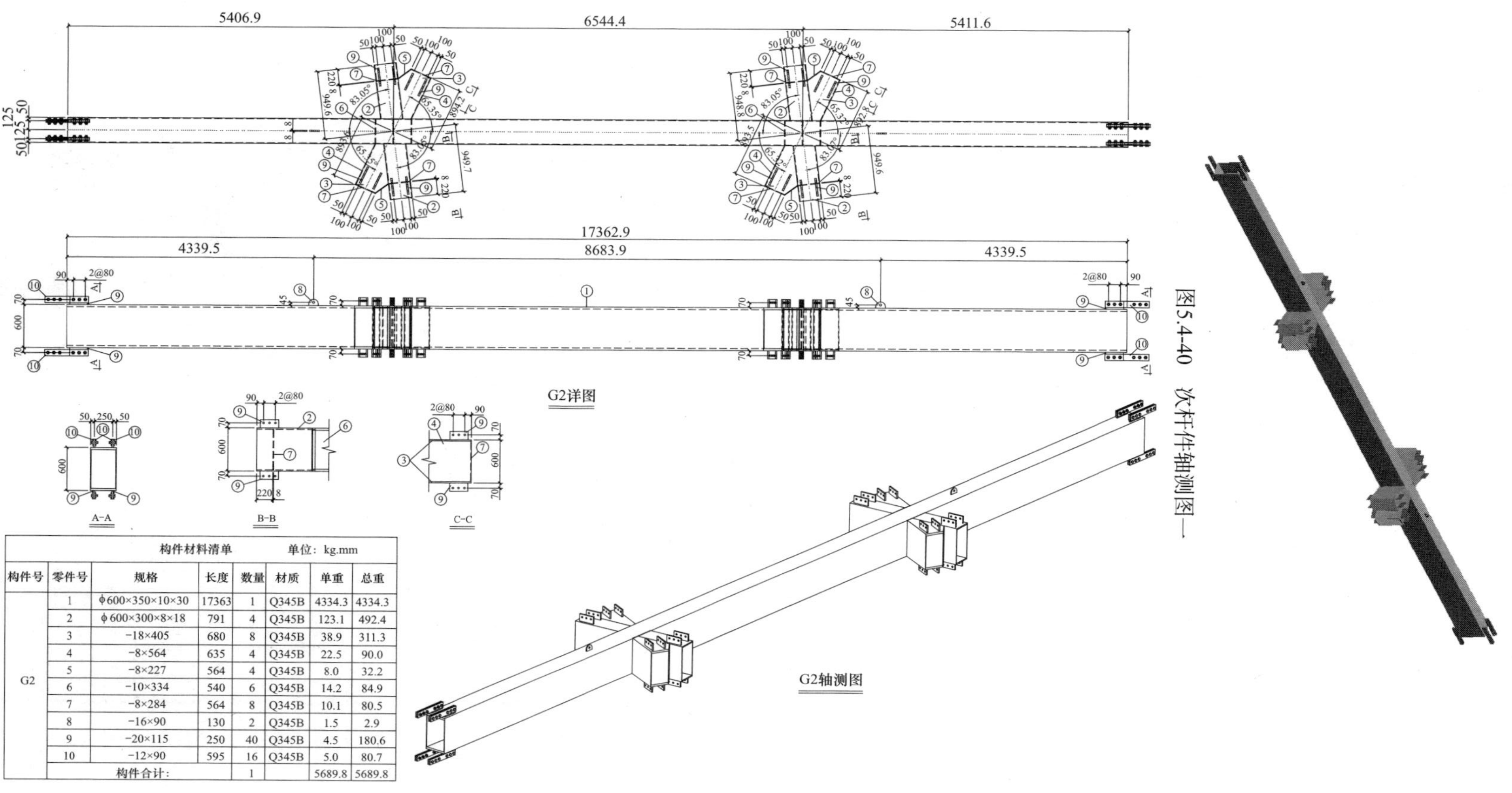

图5.4-40 次杆件轴测图一

构件材料清单					单位：kg.mm		
构件号	零件号	规格	长度	数量	材质	单重	总重
G2	1	ϕ600×350×10×30	17363	1	Q345B	4334.3	4334.3
	2	ϕ600×300×8×18	791	4	Q345B	123.1	492.4
	3	−18×405	680	8	Q345B	38.9	311.3
	4	−8×564	635	4	Q345B	22.5	90.0
	5	−8×227	564	4	Q345B	8.0	32.2
	6	−10×334	540	6	Q345B	14.2	84.9
	7	−8×284	564	8	Q345B	10.1	80.5
	8	−16×90	130	2	Q345B	1.5	2.9
	9	−20×115	250	40	Q345B	4.5	180.6
	10	−12×90	595	16	Q345B	5.0	80.7
	构件合计：			1		5689.8	5689.8

图5.4-41 次杆件深化详图一示意

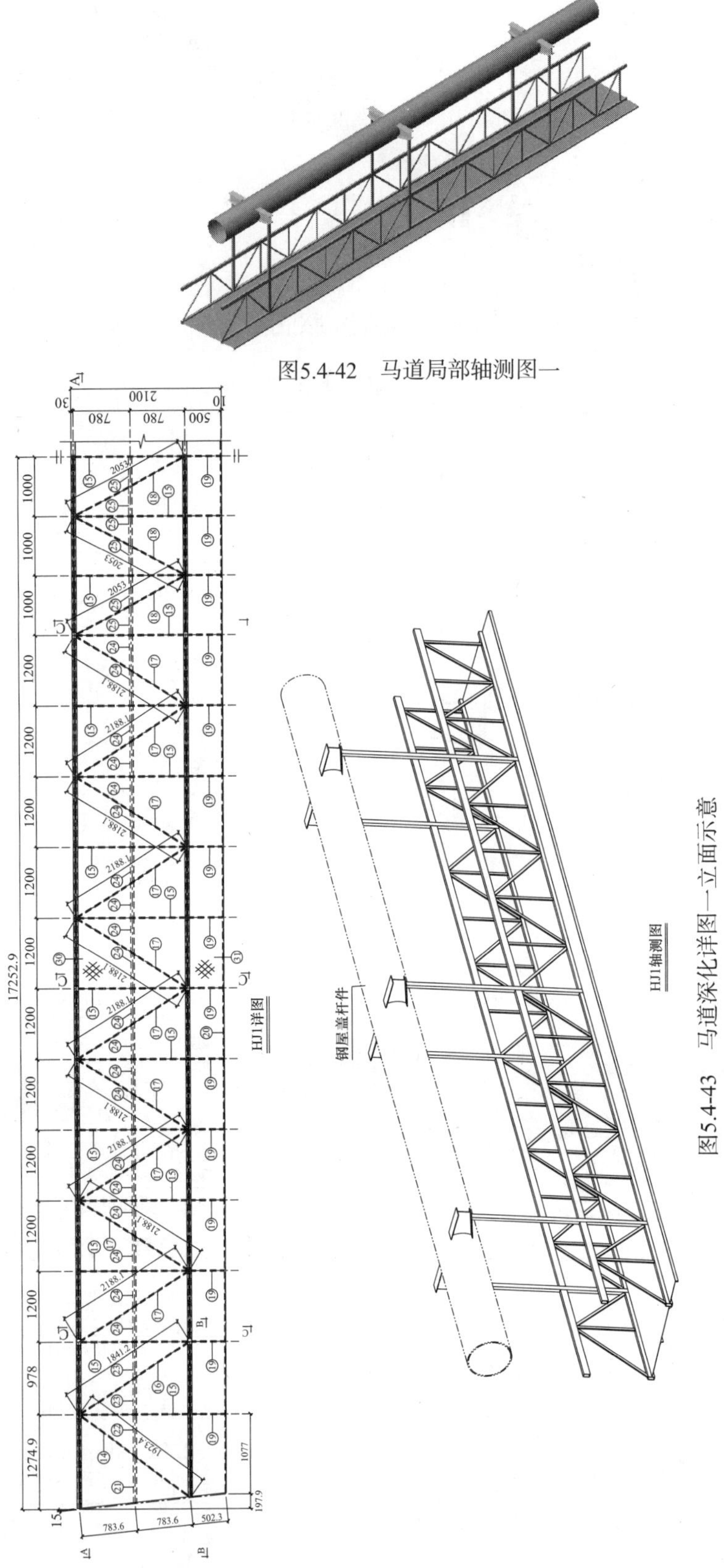

图5.4-42　马道局部轴测图一

图5.4-43　马道深化详图—立面示意

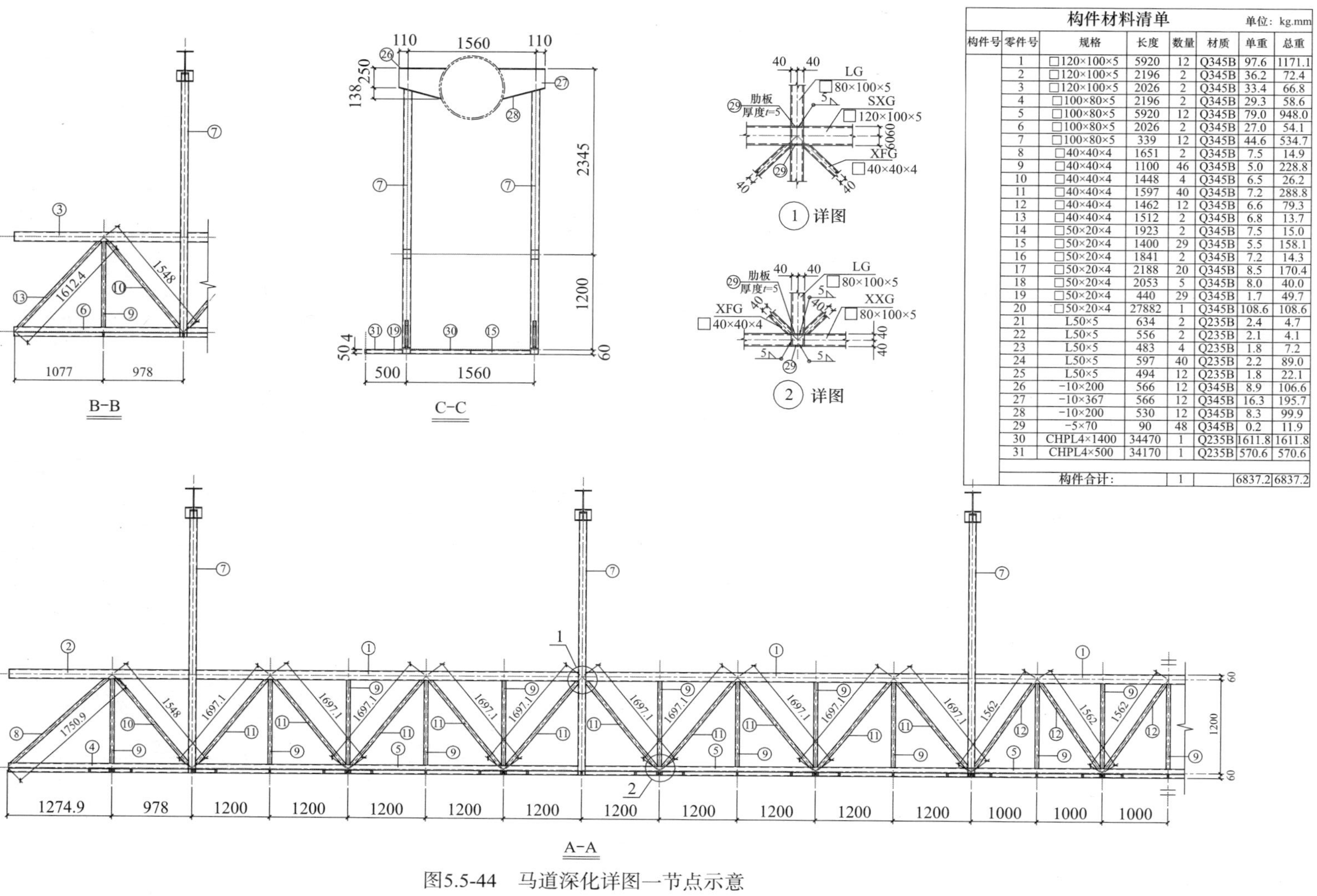

构件材料清单　　单位：kg.mm

构件号	零件号	规格	长度	数量	材质	单重	总重
	1	□120×100×5	5920	12	Q345B	97.6	1171.1
	2	□120×100×5	2196	2	Q345B	36.2	72.4
	3	□120×100×5	2026	2	Q345B	33.4	66.8
	4	□100×80×5	2196	2	Q345B	29.3	58.6
	5	□100×80×5	5920	12	Q345B	79.0	948.0
	6	□100×80×5	2026	2	Q345B	27.0	54.1
	7	□100×80×5	339	12	Q345B	44.6	534.7
	8	□40×40×4	1651	2	Q345B	7.5	14.9
	9	□40×40×4	1100	46	Q345B	5.0	228.8
	10	□40×40×4	1448	4	Q345B	6.5	26.2
	11	□40×40×4	1597	40	Q345B	7.2	288.8
	12	□40×40×4	1462	12	Q345B	6.6	79.3
	13	□40×40×4	1512	2	Q345B	6.8	13.7
	14	□50×20×4	1923	2	Q345B	7.5	15.0
	15	□50×20×4	1400	29	Q345B	5.5	158.1
	16	□50×20×4	1841	2	Q345B	7.2	14.3
	17	□50×20×4	2188	20	Q345B	8.5	170.4
	18	□50×20×4	2053	5	Q345B	8.0	40.0
	19	□50×20×4	440	29	Q345B	1.7	49.7
	20	□50×20×4	27882	1	Q345B	108.6	108.6
	21	L50×5	634	2	Q235B	2.4	4.7
	22	L50×5	556	2	Q235B	2.1	4.1
	23	L50×5	483	4	Q235B	1.8	7.2
	24	L50×5	597	40	Q235B	2.2	89.0
	25	L50×5	494	12	Q235B	1.8	22.1
	26	−10×200	566	12	Q345B	8.9	106.6
	27	−10×367	566	12	Q345B	16.3	195.7
	28	−10×200	530	12	Q345B	8.3	99.9
	29	−5×70	90	48	Q345B	0.2	11.9
	30	CHPL4×1400	34470	1	Q235B	1611.8	1611.8
	31	CHPL4×500	34170	1	Q235B	570.6	570.6
构件合计:				1		6837.2	6837.2

图5.5-44　马道深化详图一节点示意

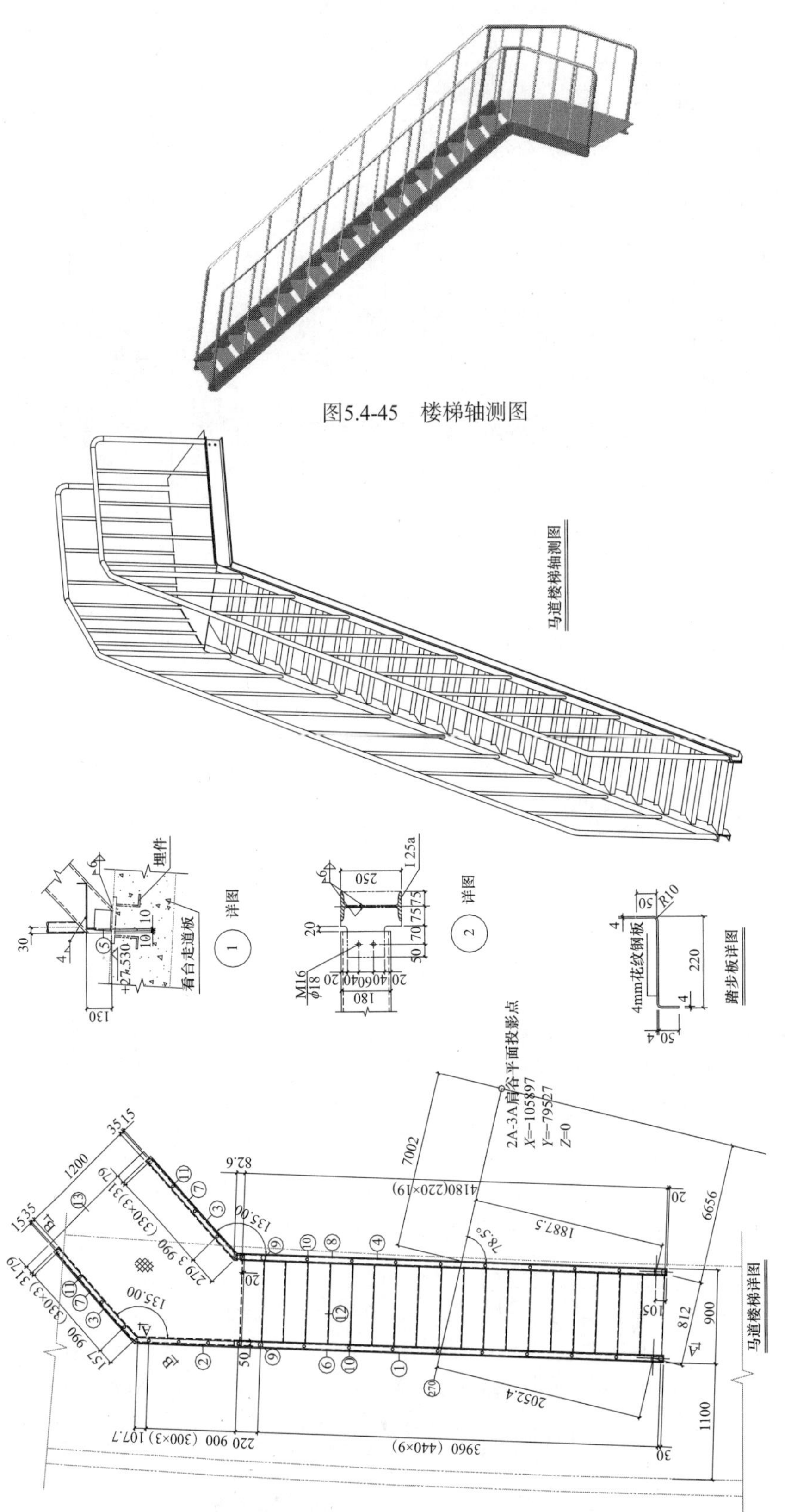

图5.4-45　楼梯轴测图

图5.4-46　楼梯深化详图一示意

膜面裁剪设计主要控制膜材接缝两侧受力性能相同，使用膜材裁剪的全自动化系统，设定排版控制程序，主电脑控制裁剪机，实现从设计到裁剪的无缝连接，避免了人工排版可能出现的误操作。

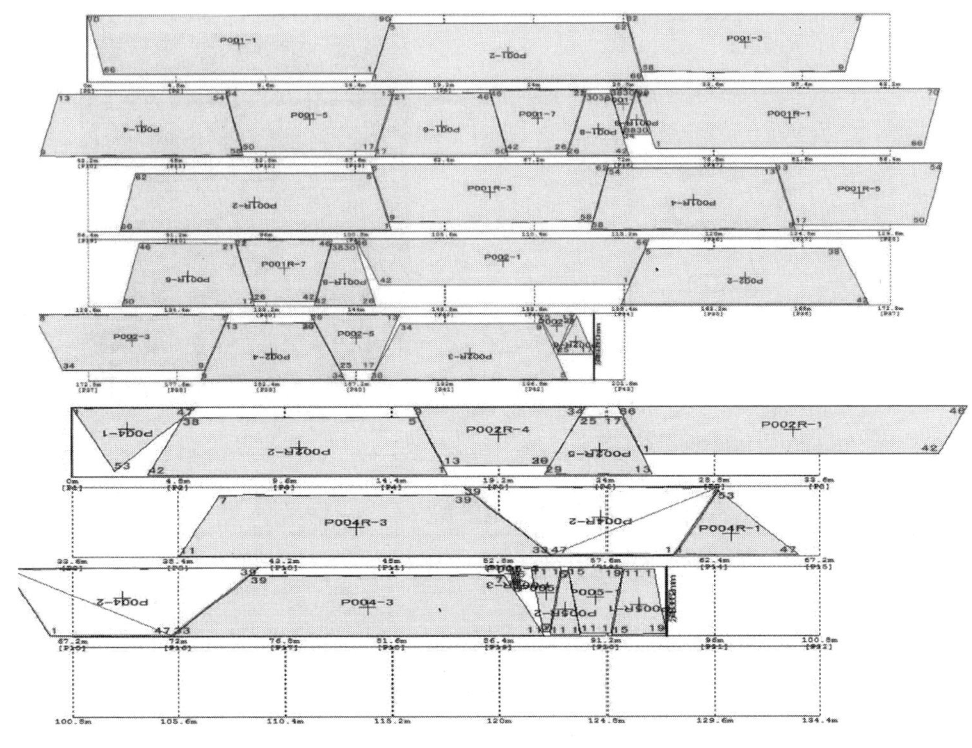

图 5.4-47 体育场膜单元裁剪排版示意图

膜面接缝的布置：

由于膜结构单元都是三角形，最大边长为 42.1m，次构件下槽钢最大间距 11.5m，而膜布的最大幅宽为 3.8～4.0m，需对膜布进行裁剪设计和拼接。

裁剪设计要注意膜面经纬向和接缝性能对建筑外观产生的效果，接缝环向沿次构件下的槽钢长向布置，使接缝均匀连续，外形美观，有良好的建筑效果。

由于膜的三角单元大小不一，平面夹角也不同，相邻两个三角单元的膜片必然不等宽，为了整体效果，适当考虑增加膜材裁剪损耗，图 5.4-48、图 5.4-49 为膜片整体拼接示意。

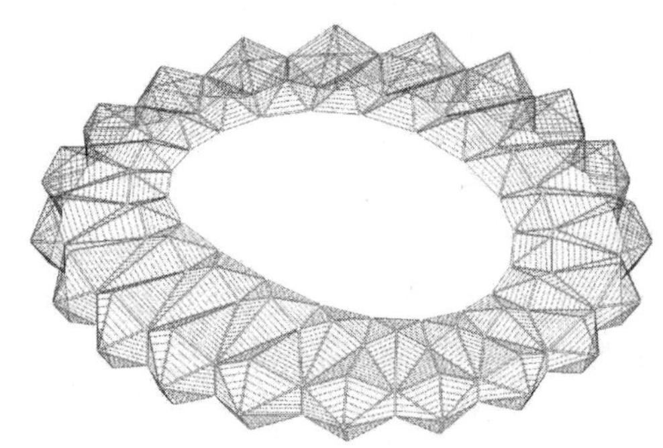

图 5.4-48 膜面拼接轴侧图（虚线为拼缝线，也是膜材经向）

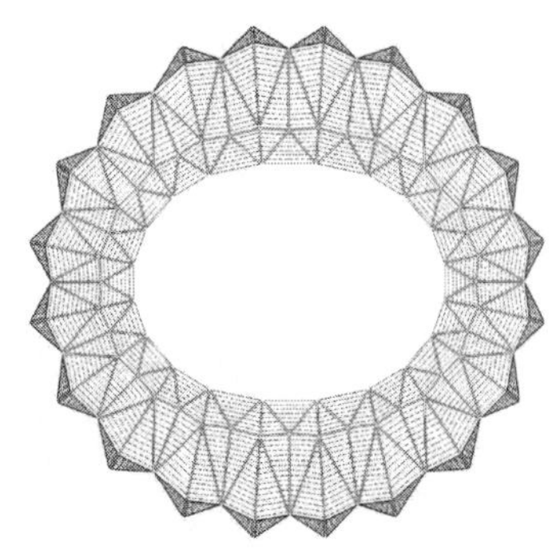

图 5.4-49 膜面接缝平面图

膜焊接拼接部典型节点：

为了确保膜材焊缝的强度，确定典型节点的焊接宽度，我们对膜材搭接的典型节点进行了分组试验。

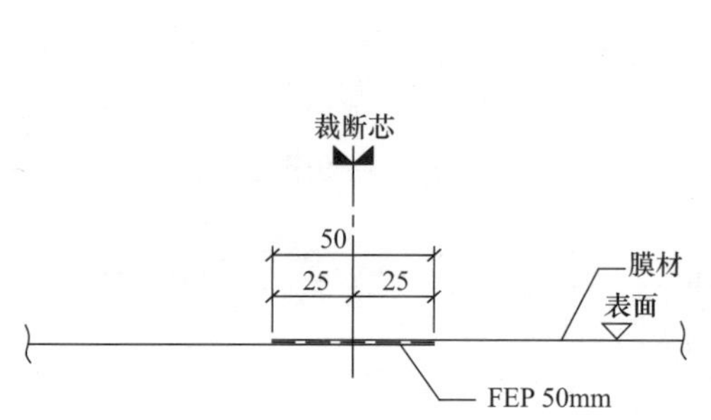

图 5.4-50　膜焊接拼接部节点图

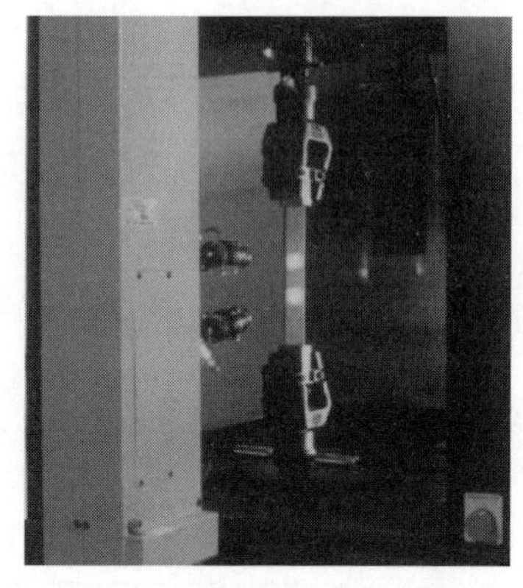

图 5.4-51　膜材焊接部抗拉试验图

抗拉强度表　　**表 5.4-1**

	经向抗拉强度（N/5cm）				纬向（N/5cm）			
热合宽度	试件 1	试件 2	试件 3	均值	试件 1	试件 2	试件 3	均值
50mm	3123.3	3534.5	3439.8	3369.5	2765.2	2840.4	2873.1	2826.2

由表中试验可以得知，焊缝处的抗拉强度均大于技术要求中的经向 3100N/5cm，纬向 2700N/5cm 的强度要求。参照欧美和日本规范对膜结构焊缝的规定，焊缝处的安全系数与本体膜相比，还可放松约 20%。因此焊缝处还有足够的强度储备来满足结构设计要求。

防水膜的处理：

防水膜安装是在主钢构卸载，屋面阳光板和墙面幕墙及主膜安装之后进行。由于主杆件下方通长布置有加劲板，只能是由下往上仰视安装，操作空间极其有限，膜面绷紧困难，极易造成膜面褶皱，影响建筑外观效果。为此，对原连接节点进行深化。

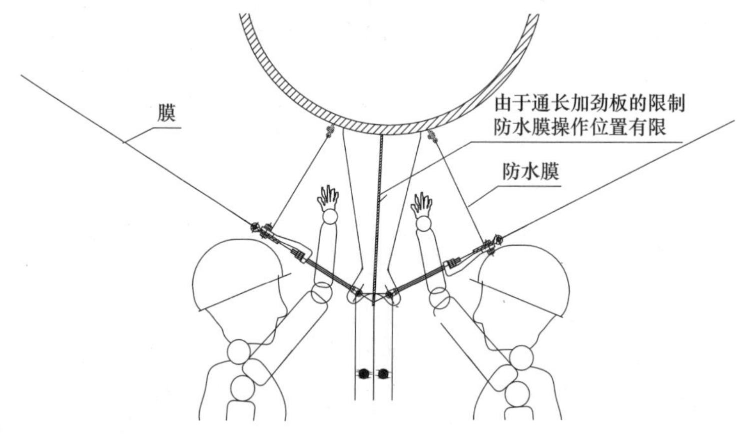

图 5.4-52　防水膜安装示意图

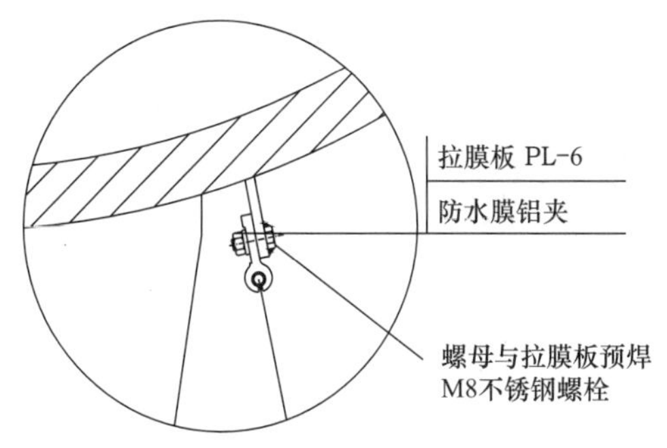

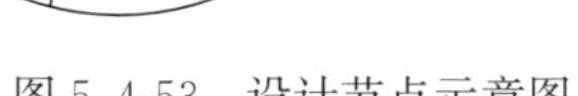
图 5.4-53　设计节点示意图

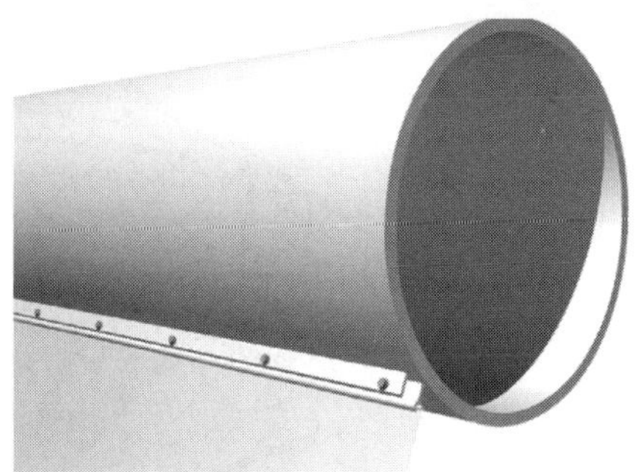
图 5.4-54　防水膜细部节点效果图

深化将防水膜铝夹由拉膜板外侧移到拉膜板内侧，同时将不锈钢螺杆与拉膜板预焊，这样，施工人员可单手伸入主膜内安装防水膜铝夹扣上的螺栓。

次杆件槽钢与膜面刚性接触节点处理：

原设计膜面与次杆件槽钢的连接节点采用上下铝板夹紧，使用过程中受到室内微风引起的晃动影响，易造成膜面磨损或损坏，影响正常使用年限。

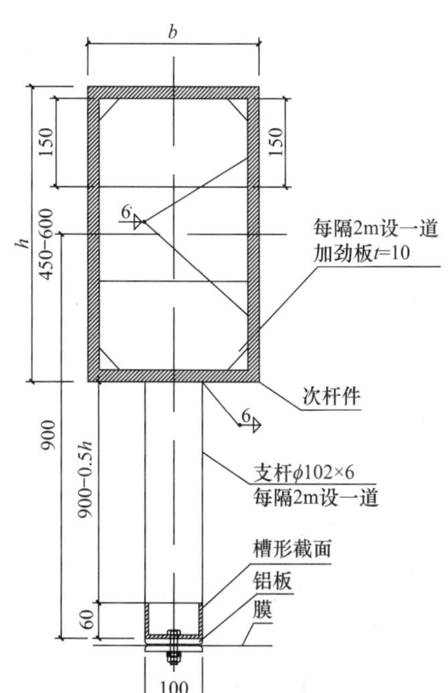

图 5.4-55　深化设计膜节点图

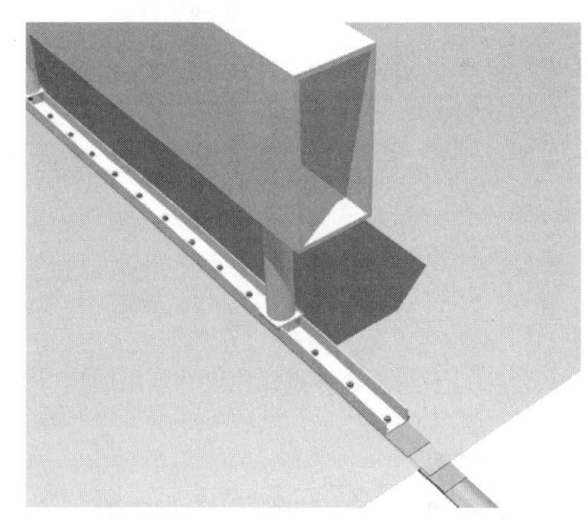
图 5.4-56　次构件支杆膜结构节点轴侧图

深化在膜面上下各设一道 2mm 厚 EPDM 橡胶垫，保证膜材柔性过渡，下方的铝合金压条正好遮挡了膜片接缝，美观实用。

杆件 G15 穿越膜面的处理：

深化设计过程发现，原设计每个结构单元的 G15 杆件穿越膜面。深化设计在 G15 杆件上增加焊接节点板，这样，膜面可固定到节点板上，而且 G15 杆件下方有马道遮挡，不影响仰视效果，既方便施工又保持外形美观。

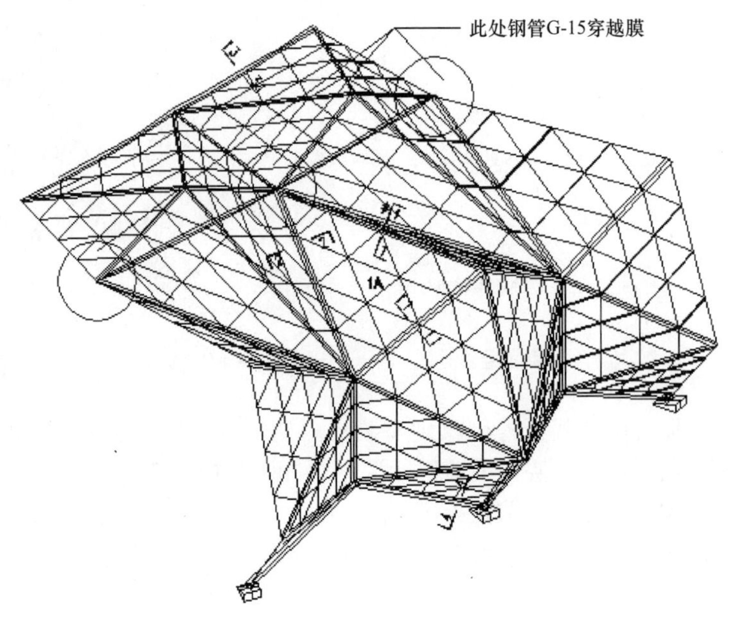

图 5.4-57　穿膜节点位置示意图

主膜连接件及夹具的深化：

主膜连接件吊钩和铝夹具为非标五金件，对此连接节点细部深化和计算，处理后的节点效果如图 5.4-59 所示。

图 5.4-58　G15 杆件穿膜节点深化设计效果图

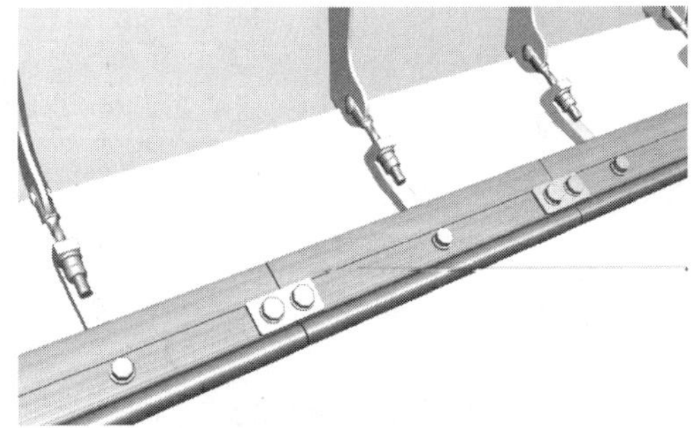

图 5.4-59　主膜连接吊钩及铝夹细部节点效果图

节点详图深化：

根据原设计节点按实际大小布置膜单元连接板，本次投标已基本完成施工详图设计，为加工、备料、计价提供了依据。各类型节点效果图如图 5.4-60 所示。

膜结构深化设计计算书：

结构设计荷载及材料规格

恒载

膜材自重：0.010kN/m^2，恒载以下简称 DL（即 Dead Load）

风荷载

按原设计院数据计算，风荷载以下简称 WL（即 Wind Load）

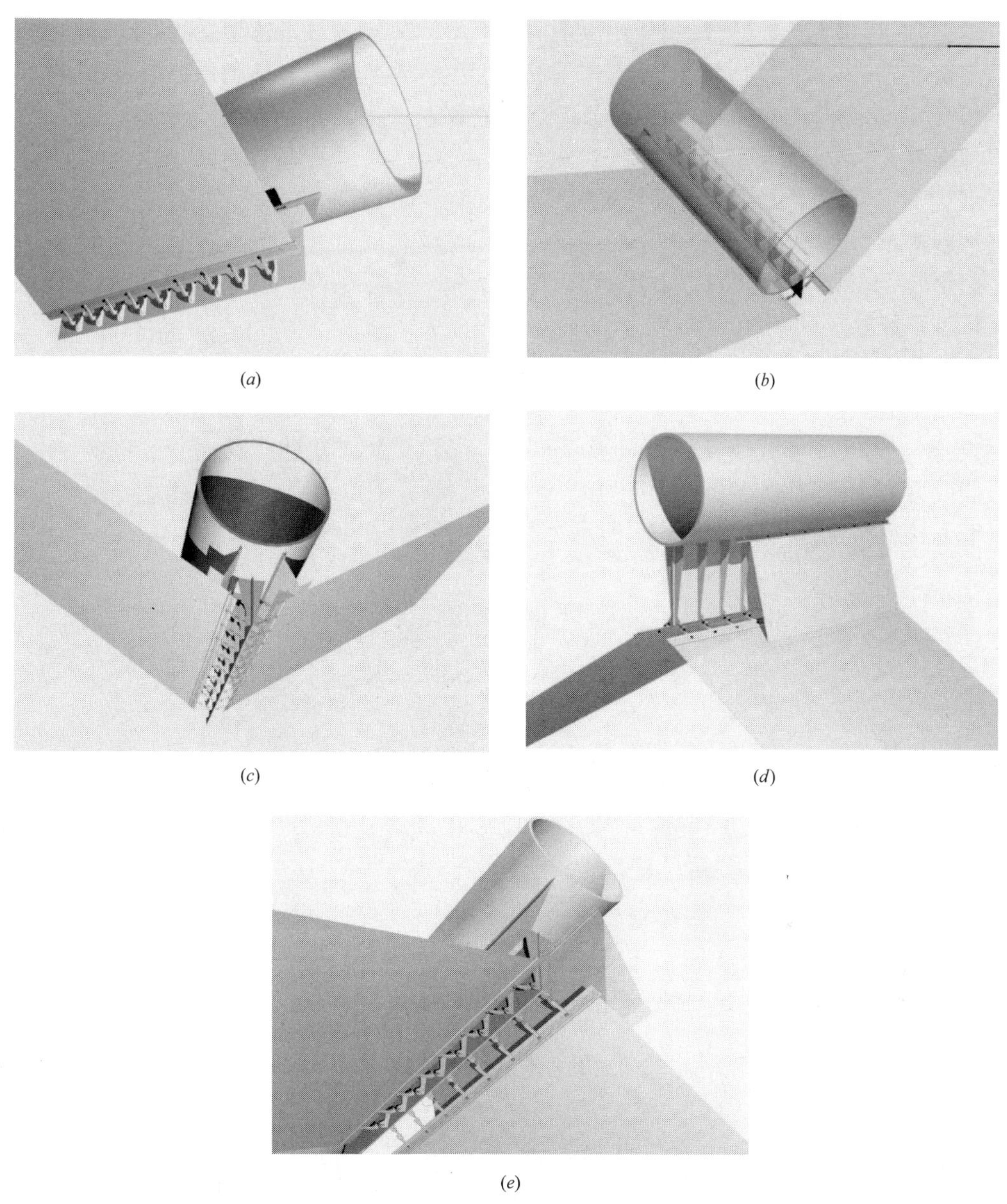

(a)　(b)　(c)　(d)　(e)

图 5.4-60　各类型节点效果图

(a) 边界单侧膜连接节点图；(b) 谷部膜结构节点轴侧图；(c) 谷部膜结构节点仰视图；(d) 脊部膜结构节点轴侧图；(e) 脊部膜结构节点仰视图

活荷载

0.3kN/m^2，以下简称 LL（即 Live Load）

膜预张力

膜经、纬向均设为 2.5kN/m，其作用包含在恒载之内。

荷载组合

基本组合

组合 1：1.2DL+1.4LL，以下简称 CA1（case 1），长期荷载；活载均布；

组合 2：0.9DL＋1.4WL　UP，以下简称 CA2，短期荷载；体型系数取－1，均布；
组合 3：1.2DL＋1.4WL　DN，以下简称 CA3，短期荷载；体型系数取＋1，均布；
组合 4：1.2DL＋1.4WL　DN＋1.4×0.7×LL，简称 CA4，短期荷载；
标准组合
组合 5：1.0DL＋1.0LL，以下简称 CA5（case 5），长期荷载；
活载均布
组合 6：1.0DL＋1.0WL　UP，以下简称 CA6，短期荷载；
体型系数取－1，均布
组合 7：1.0DL＋1.0WL　DN，以下简称 CA7，短期荷载；
体型系数取＋1，均布
组合 8：1.0DL＋1.0WL　DN＋0.7×LL，简称 CA8，短期荷载。
膜应力表、应力图
膜面接缝布置方向如图 5.4-61 所示。

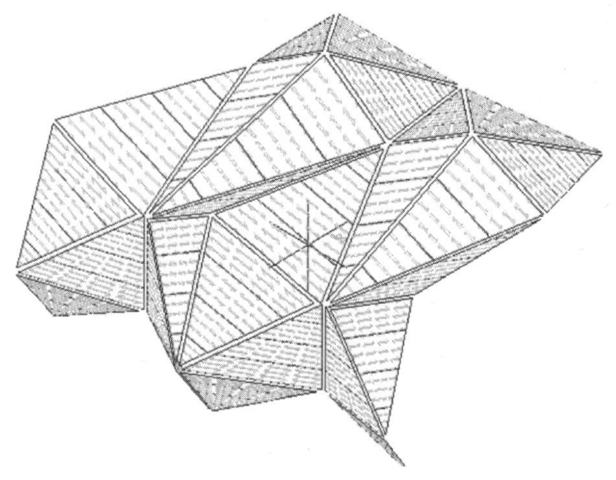

图 5.4-61　膜面环状接缝（虚线、膜材经向）布置图

各组合膜应力表（表 5.4-2）

根据《膜结构技术规程》5.3.3 条规定，D 类膜材经向 2800N/3cm（相当于 93.3kN/m），纬向 2200N/3cm（相当于 73.3kN/m）。

膜材应力表　　表 5.4-2

组合	单元号	最大膜应力（N/m）		抗力系数	膜材应力比	
CA1	771	经向	7821	5	经向	0.419
	389	纬向	10391	5	纬向	0.708
CA2	509	经向	12243	2.5	经向	0.328
	389	纬向	18021	2.5	纬向	0.614
CA3	509	经向	12537	2.5	经向	0.336
	389	纬向	18021	2.5	纬向	0.614
CA4	509	经向	14733	2.5	经向	0.395
	389	纬向	21293	2.5	纬向	0.726

CA1 膜应力如图 5.4-62、图 5.4-63 所示。

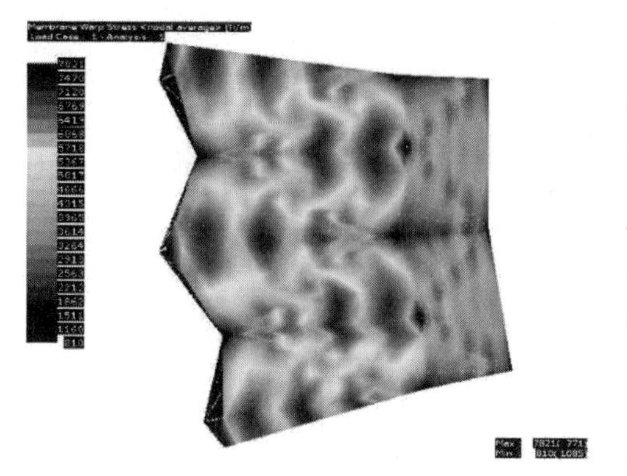

图 5.4-62　CA1 经向应力图

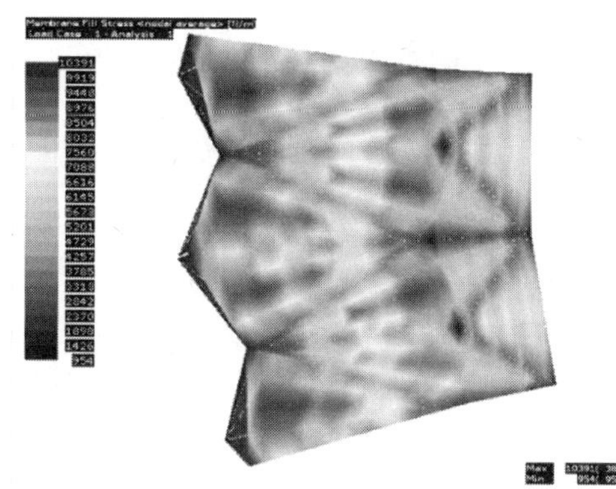

图 5.4-63　CA1 纬向应力图

各组合膜面位移计算（表 5.4-3）

各组合膜面位移值

根据《膜结构技术规程》5.3.4 条规定，结构中各膜单元内膜面的相对法向位移，不应大于单元名义尺寸的 1/15。

膜面单元最大跨度 11.15～11.8m 不等，统一取膜单元跨度为 11m 进行验算。

膜面位移表　　**表 5.4-3**

组合	单元号	Dx（cm）	Dy（cm）	Dz（cm）	Dv（cm）	单元跨度 L（cm）	Dv/L
CA5	667	11.9	−13.8	−33.8	38.4	1100	1/29
	548	−6.2	−21.3	−35.3	41.7	1100	1/26
	386	−6.2	21.3	−35.3	41.7	1100	1/26
	386	−6.2	21.3	−35.3	41.7	1100	1/26
CA6	845	−25.6	−9.8	8.0	28.5	1100	1/39
	548	8.3	29.0	46.1	55.1	1100	1/20
	386	8.3	−29.0	46.1	55.1	1100	1/20
	386	8.3	−29.0	46.1	55.1	1100	1/20
CA7	845	25.7	9.8	−8.1	28.7	1100	1/38
	548	−8.6	−29.5	−47.0	56.1	1100	1/20
	386	−8.6	29.5	−47.0	56.1	1100	1/20
	386	−8.6	29.5	−47.0	56.1	1100	1/20
CA8	845	26	9.8	−8.3	29.0	1100	1/38
	548	−9.3	−31.8	−51.6	61.3	1100	1/18
	386	−9.3	31.8	−51.6	61.3	1100	1/18
	386	−9.3	31.8	−51.6	61.3	1100	1/18

由表 5.4-3 可知，膜面位移均满足规范要求。

各组合膜面位移图（图 5.4-64）。

膜面焊缝布置及裁切片设计：

由于招标文件技术条件中特别对膜材的焊缝布置和经纬方向做了明确规定。根据招标文件技术要求，进行了膜材的裁剪深化设计。为了详细表达实际的情况和达到建筑要求的

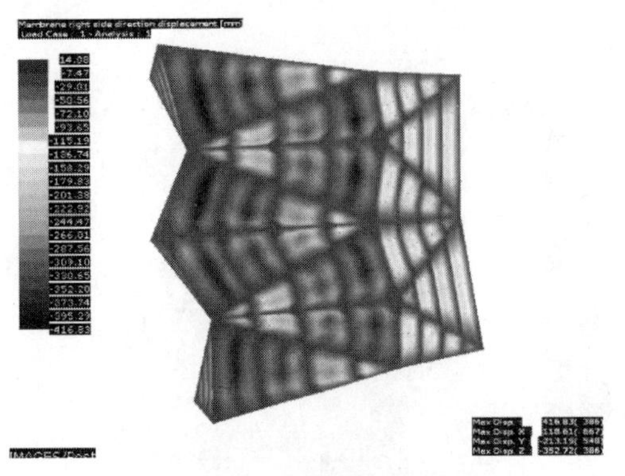

图 5.4-64　CA5 膜面位移图

焊缝效果，我们将全部 260 片膜单元都进行了裁切，并将裁切后的每一片裁切片进行三维拼接，形成膜面焊缝的空间三维模型。这样不仅得到了准确的三维模型，也能够准确控制和计算出膜材的损耗率，为加工、备料控制提供了准确的指导依据。本工程膜结构布置为双轴对称形式，共有 20 个构造类似的结构单元，取（300）轴-（320）轴结构单元为标准单元示意如图 5.4-65～图 5.4-68 所示。

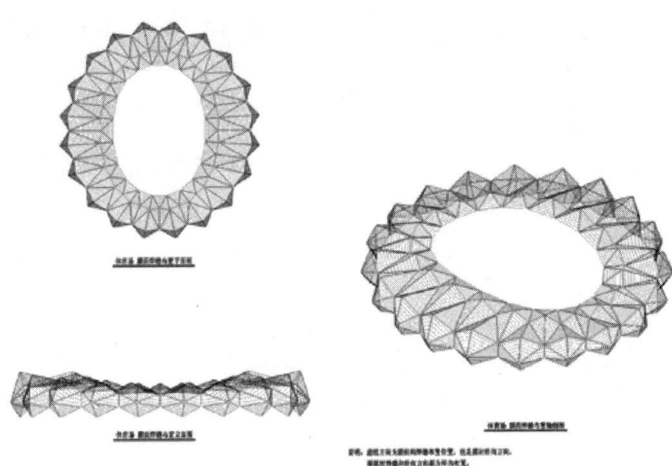

图 5.4-65　体育场焊缝布置三面图

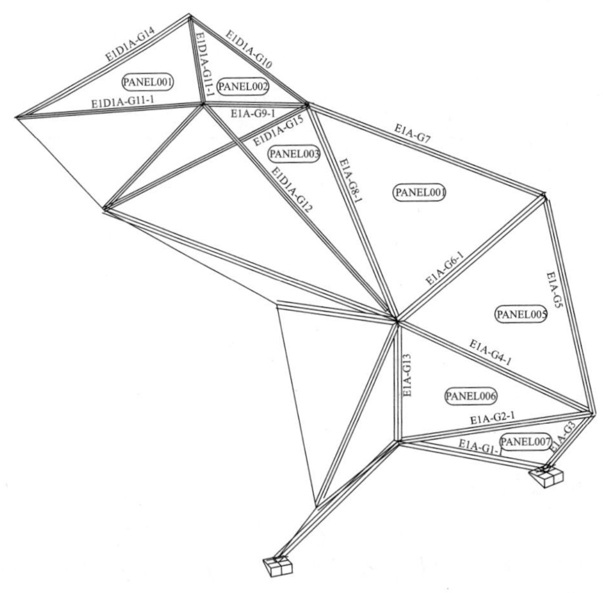

图 5.4-66　单个结构单元膜材分布位置示意图

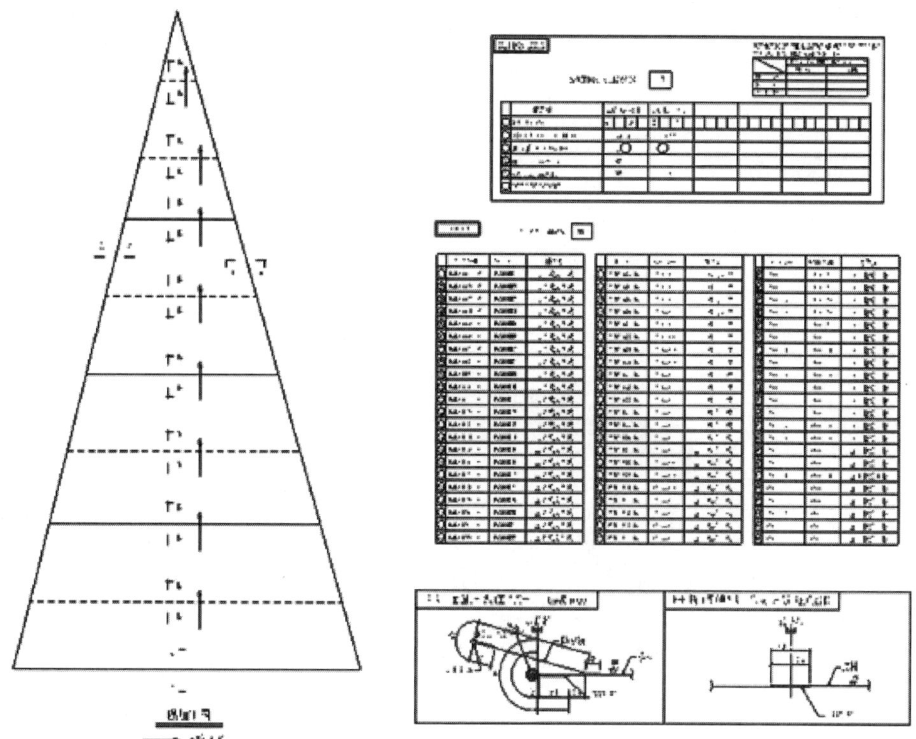

图 5.4-67　体育场膜加工图

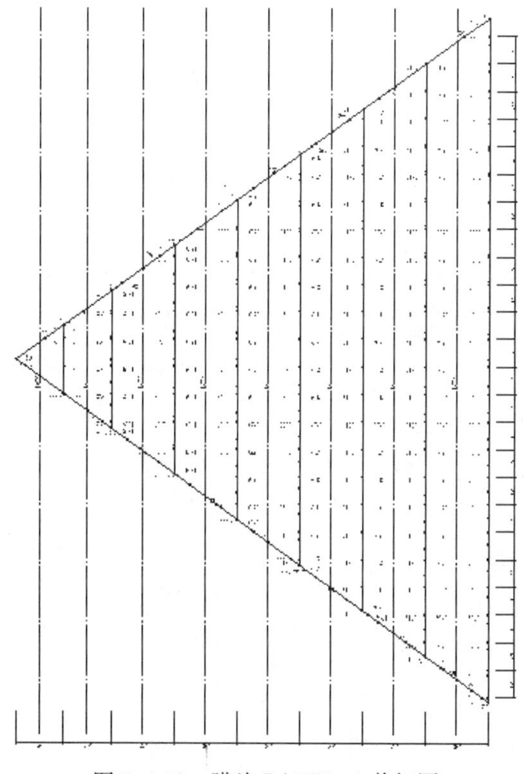

图 5.4-68　膜片 PANEL01 裁切图

5.5 装配施工组织

5.5.1 装配施工部署

1. 吊装条件分析

结构形式与建筑尺寸：马鞍形单层折面空间网格结构屋顶离支座最大高度：44.1m，平面尺寸：285m×270m（图5.5-1）。

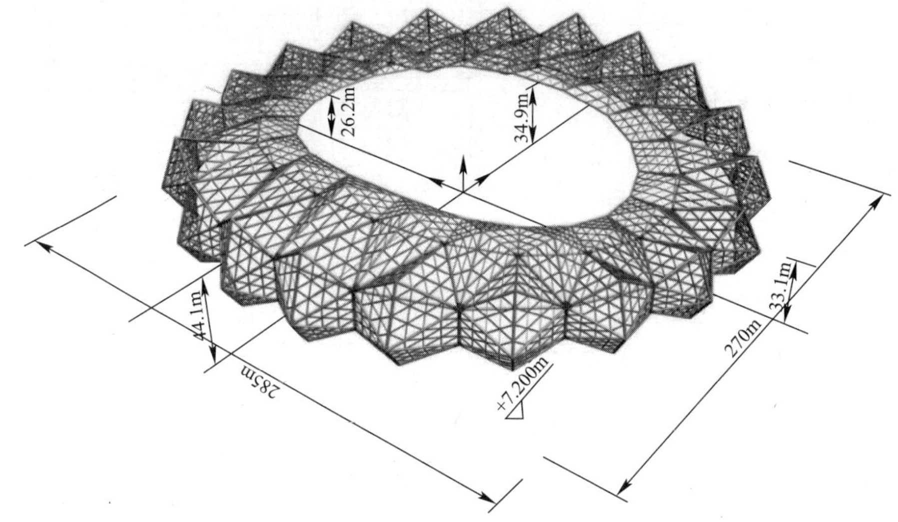

图5.5-1 结构形式与建筑尺寸图

场地状况（图5.5-2）：现场已有土建施工用的场内外两条3m宽的临时环形道路，F2广场层楼板上设有消防通道。F2层混凝土楼面与室外地坪高差6m，高区看台与场内地面高差达到34m。钢结构安装时土建场内临时设施已清理。

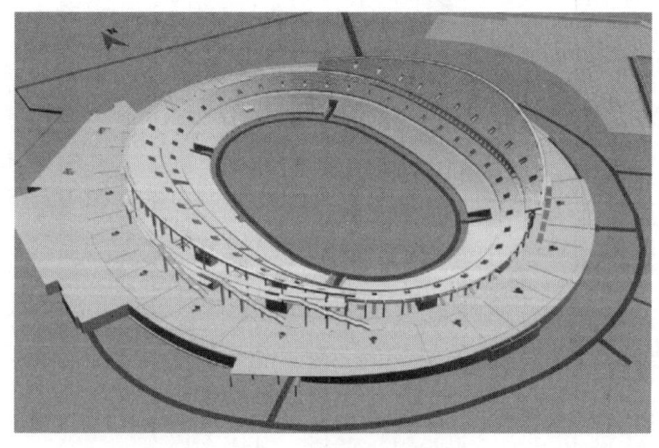

图5.5-2 场地状况图

最不利吊装工况（图5.5-3）：马鞍形结构东西两侧的内外圈高点区域的构件与其他区域构件比较：构件最重、相互距离最远、离地面的高度最高，该区域是选择吊装设备的关键因素，是整个结构的最不利吊装条件。

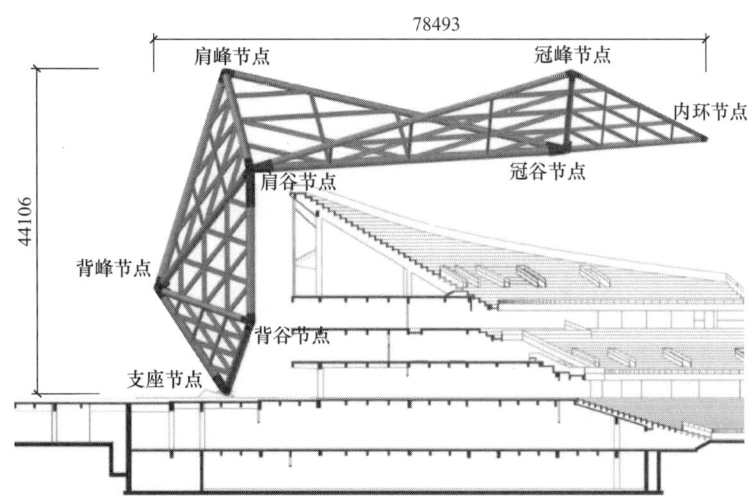

图 5.5-3　最不利吊装工况图

2. 吊装方案

（1）方案一：大型履带吊跨内外吊装

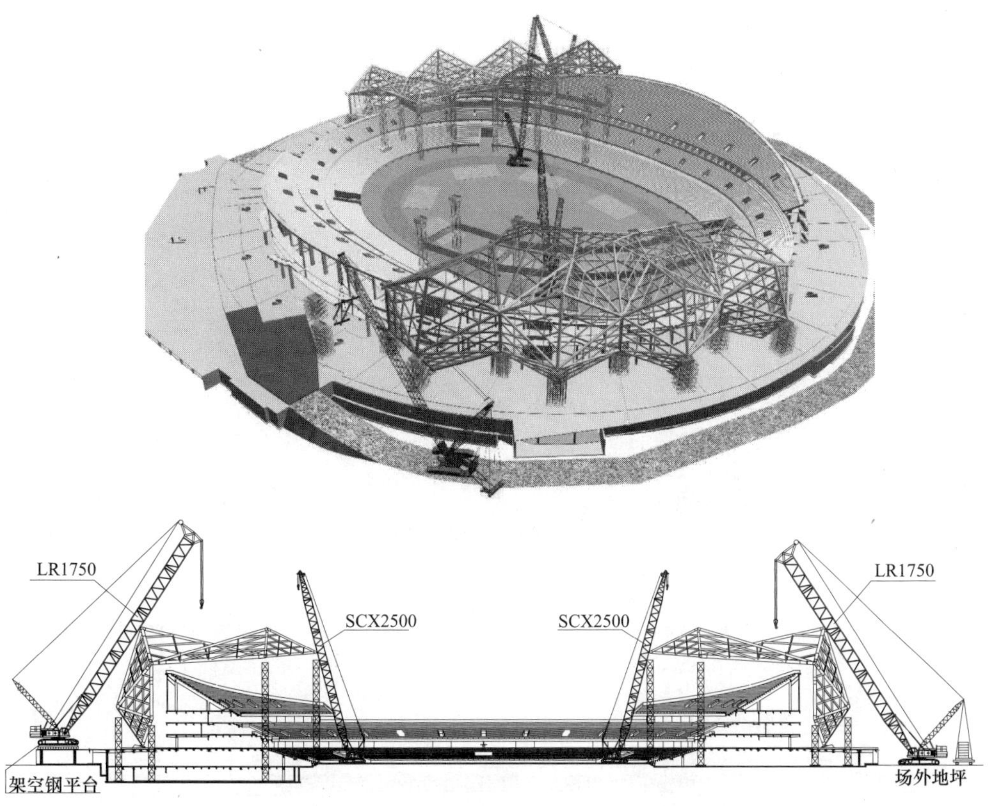

图 5.5-4　大型履带吊跨内外吊装图

（2）方案二：行走式塔吊跨外吊装

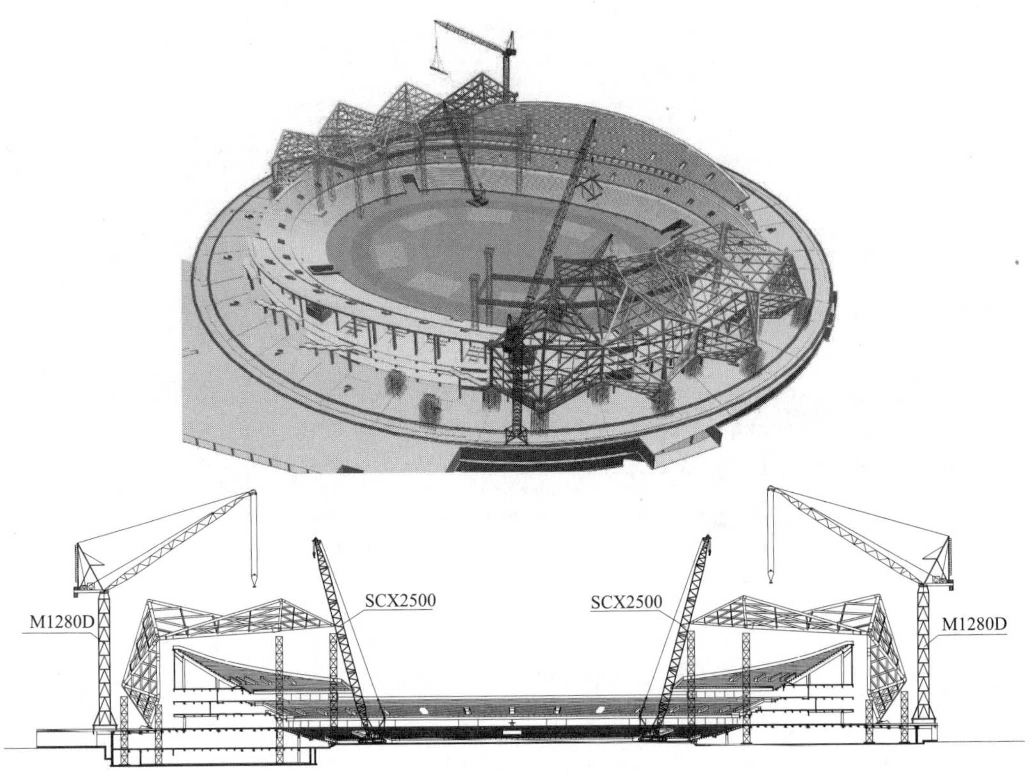

图 5.5-5　行走式塔吊跨外吊装图

（3）方案三：旋转龙门吊吊装

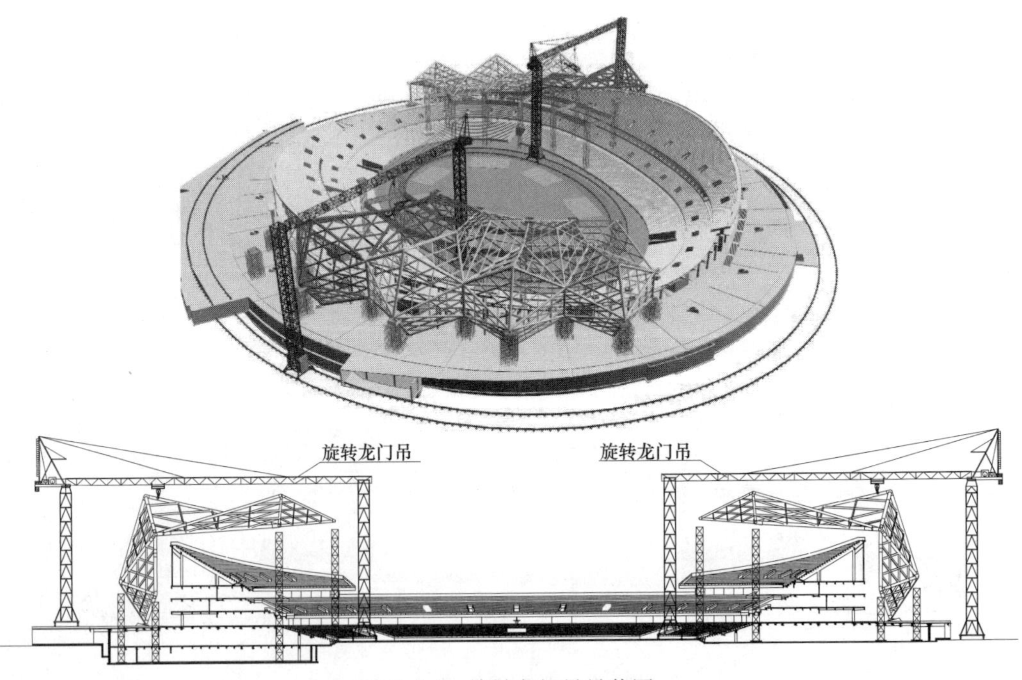

图 5.5-6　旋转龙门吊吊装图

(4) 方案选定：根据上述吊装方案的优、缺点，从安全性、经济性以及质量工期的保障力度考虑，选择方案一：履带吊跨内外吊装方案作为本工程的实施方案。

典型施工工况流程如图 5.5-7 所示。

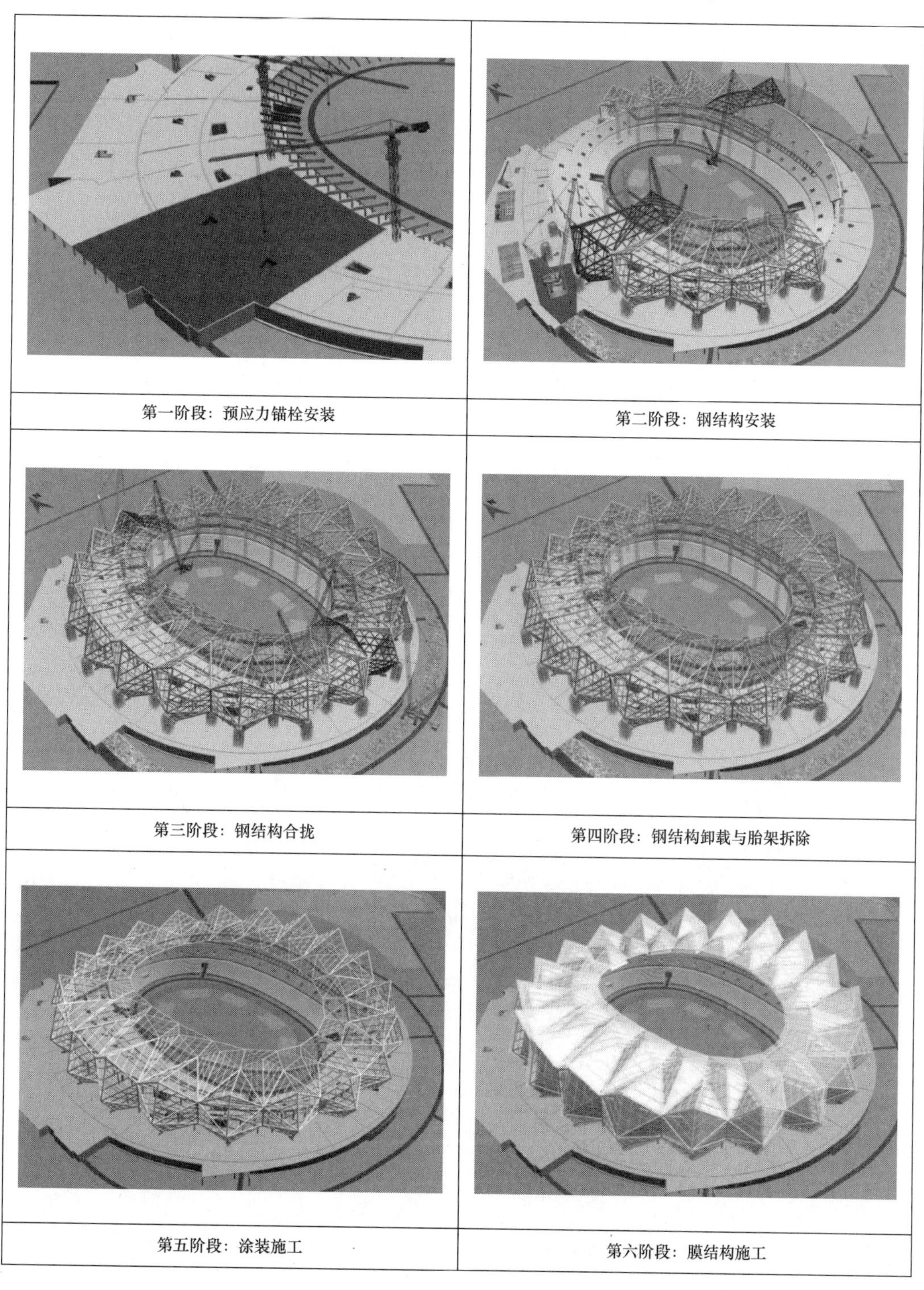

图 5.5-7　施工工况流程

5.5.2 现场平面布置

1. 生产、生活设施布置

根据项目总承包单位的规划，钢结构生活区、办公区布置在施工现场的西南角。钢结构现场共布置两处大门，其中现场的东北处为办公区大门，东南处为生活区大门。

办公区布置钢结构办公室和专业分包办公室各1栋，里面设施包括：钢结构现场管理人员办公室、专业分包现场管理人员办公室、会议室、卫生间、医务室等临建设施，办公区用房为二层轻质彩钢板结构活动板房。

生活区布置1栋管理人员宿舍和4栋工人生活宿舍、食堂、厕所、浴室等临建设施，采用二层钢架彩钢板结构活动板房。详细布置见图5.5-8钢结构办公、生活区平面布置图。

2. 堆场及拼装场地平面布置图

在建筑物西南角设置1个宽76m、长78m的钢结构拼装与堆放场地；在体育场内的地坪上设置8个宽15m、长25m的临时堆场和拼装场地；在吊机行走道路外侧设置2个宽20m、长40m的移动式型钢平台，周转使用。

具体详见图5.5-9堆场及拼装场地平面布置图和图5.5-10起吊区（移动式钢平台）平面布置图。

3. 施工临时用电布置

本工程用电高峰期将出现于钢结构主体施工期内，施工用电主要是生产机械和照明等。

施工用电由总承包分配的供电变压器配电柜自行驳接临时用电的线路并负责维护正常使用，同时配备足够功率的发电机，以备临时停电时正常使用。

根据现场配电柜设置的位置：东北方向两个500kVA配电柜，西南方向三个400kVA配电柜，钢结构施工时，使用一个500kVA配电柜和两个400kVA配电柜，每个配电柜下分设一个二级配电箱到工程施工场地，再由这些二级配电箱连接至各用电区域的三级配电箱。具体布置参见图5.5-11施工现场临电平面布置图。

4. 吊装设备与运输车辆进出场路线平面布置图

钢结构施工阶段，土建主体已经施工完毕，充分利用原有交通道路，合理布置吊装设备与运输车辆的进场和出场路线，具体路线安排见图5.5-12吊装设备与运输车辆进出场路线平面布置图。

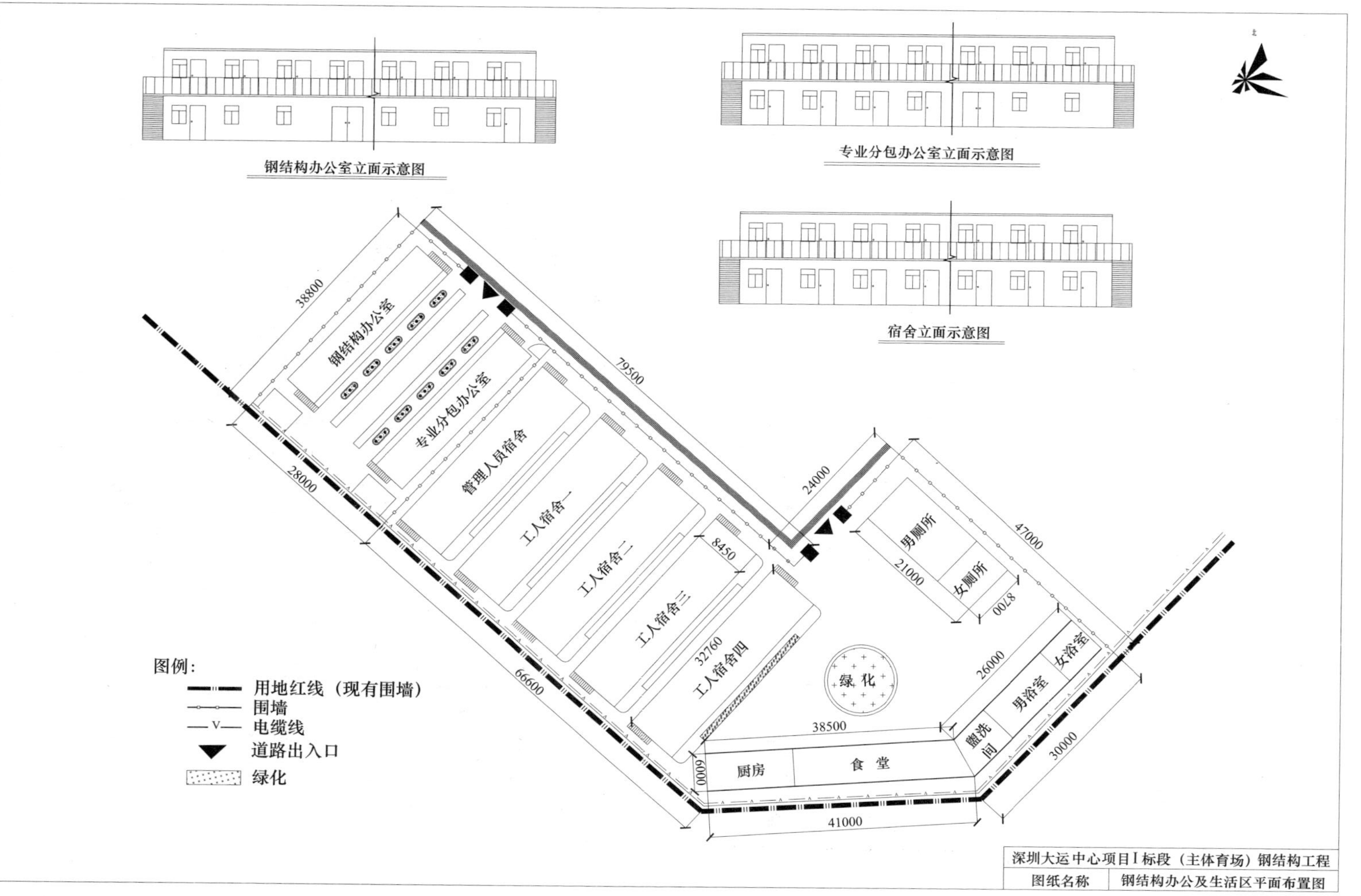

图5.5-8　生产、生活设施布置图

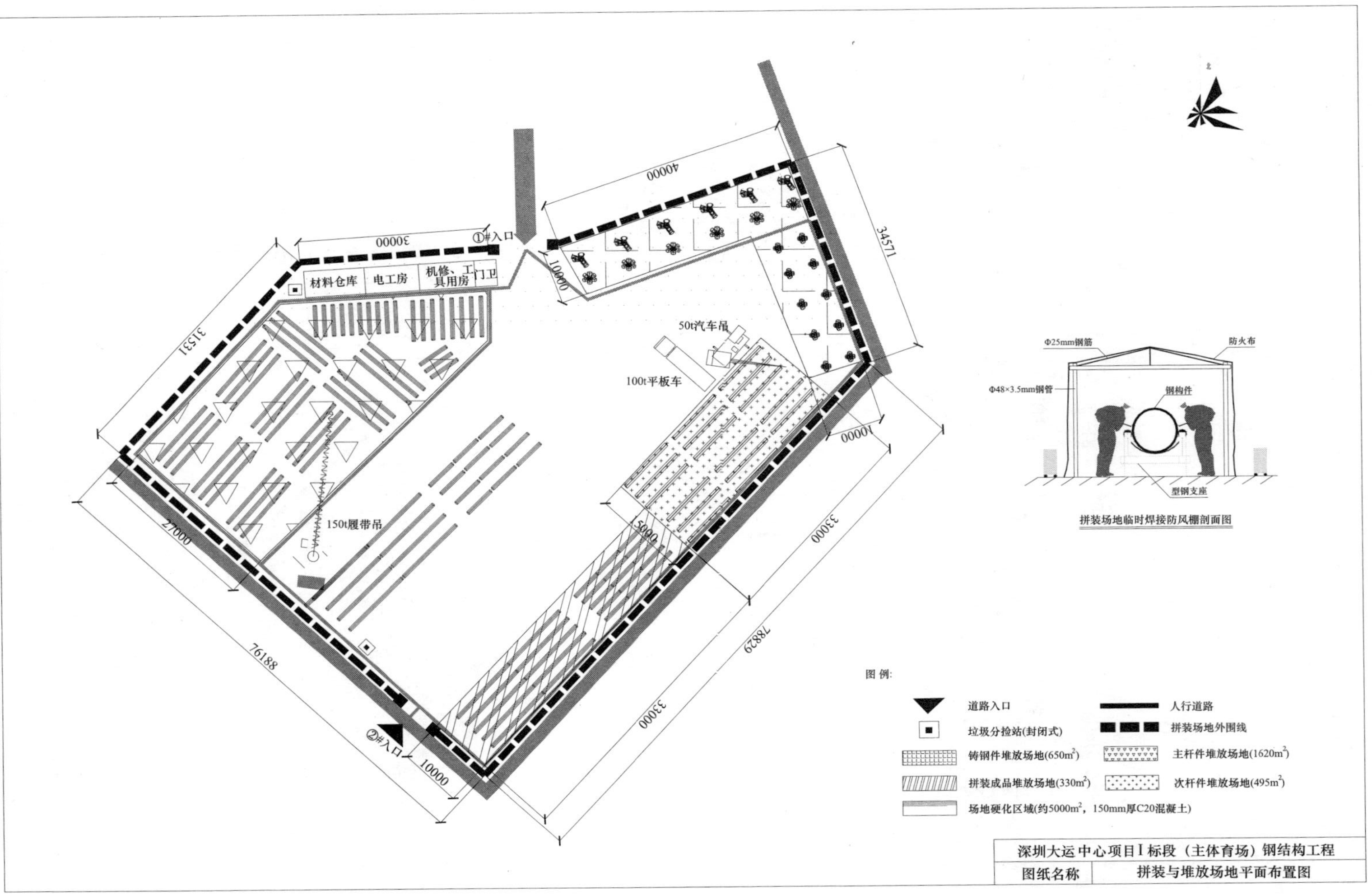

图5.5-9　堆场及拼装场地平面布置图

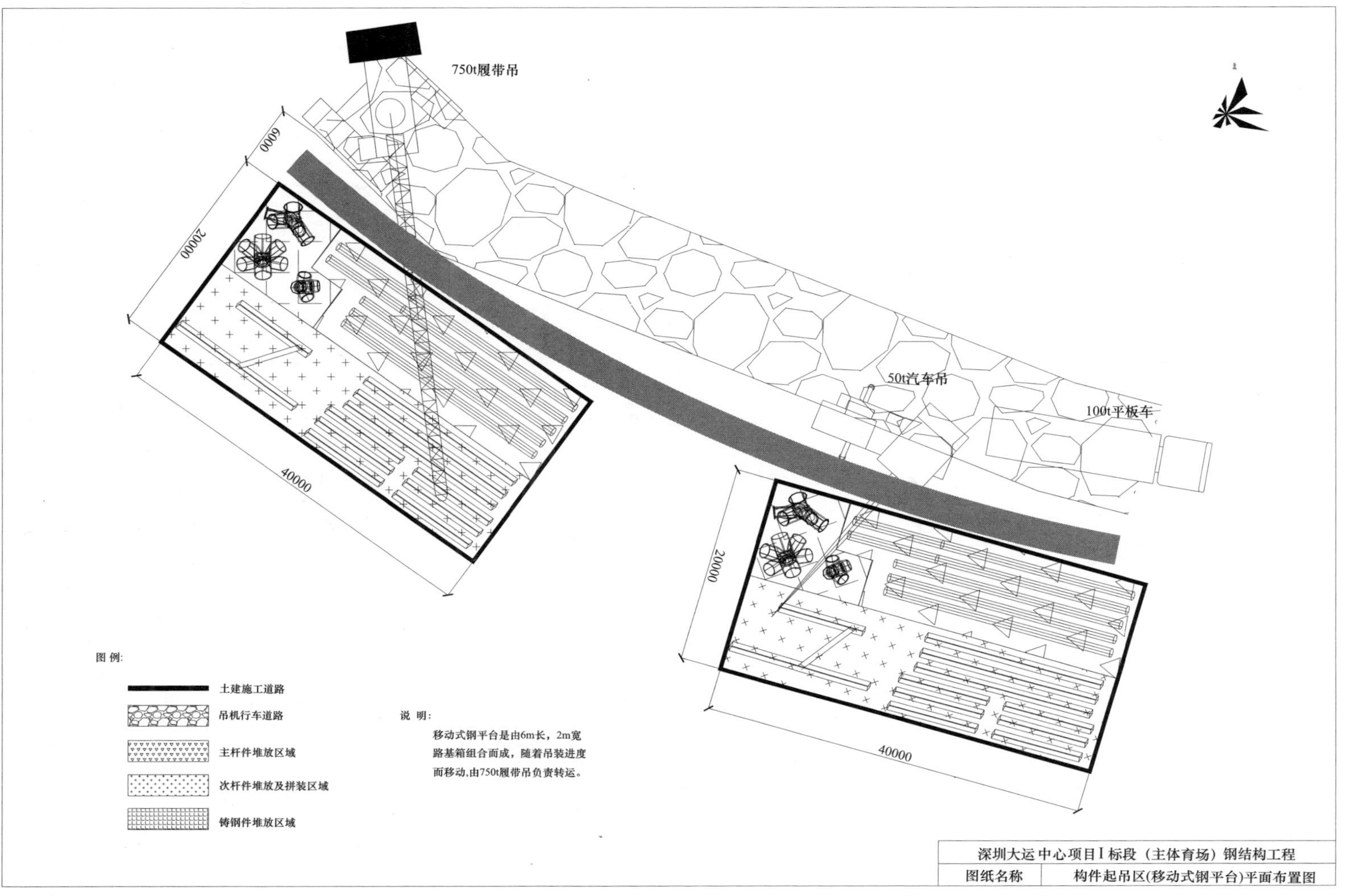

图5.5-10　堆场及拼装场地平面布置图

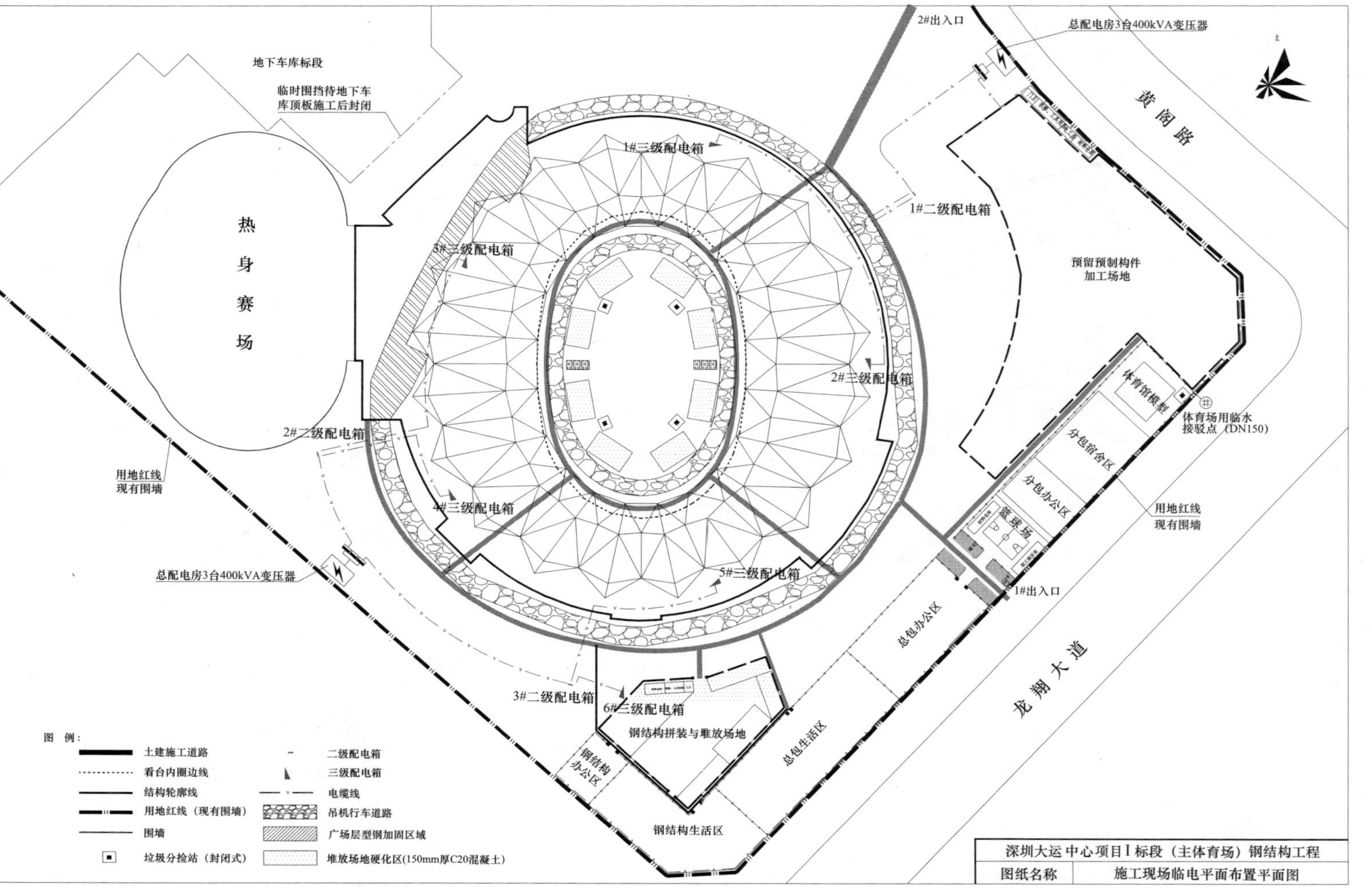

图5.5-11　施工临时用电布置图

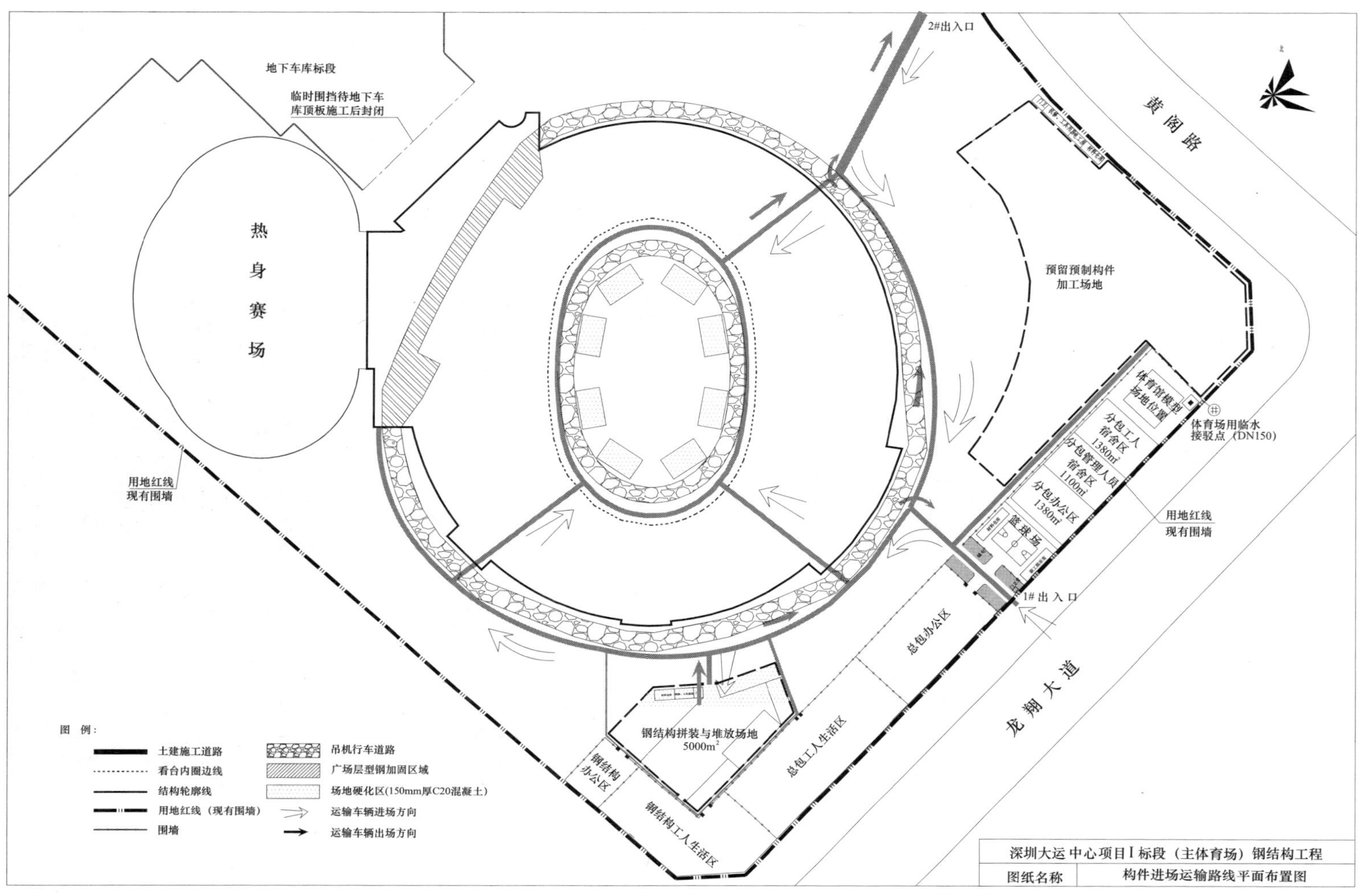

图5.5-12　吊装设备与运输车辆进出场路线平面布置图

5.5.3 施工进度计划

1. 里程碑计划形象示意表

里程碑计划形象示意　　表 5.5-1

里程碑计划名称	里程碑计划形象示意图	主要工作内容说明
预应力锚栓安装	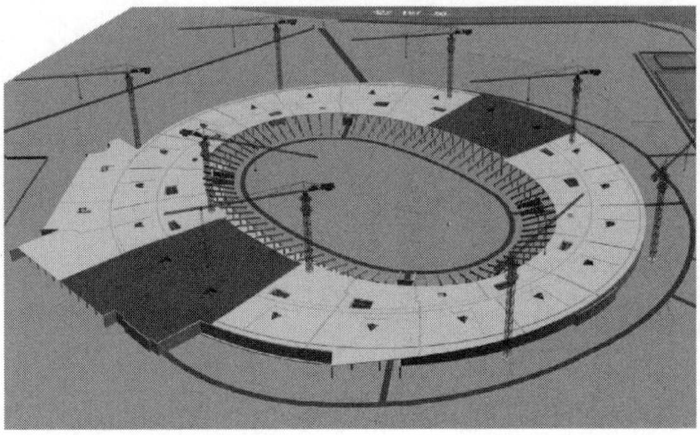	2008 年 9 月 1 日开始预应力锚栓安装，2008 年 9 月 10 日结束
球铰支座底板安装	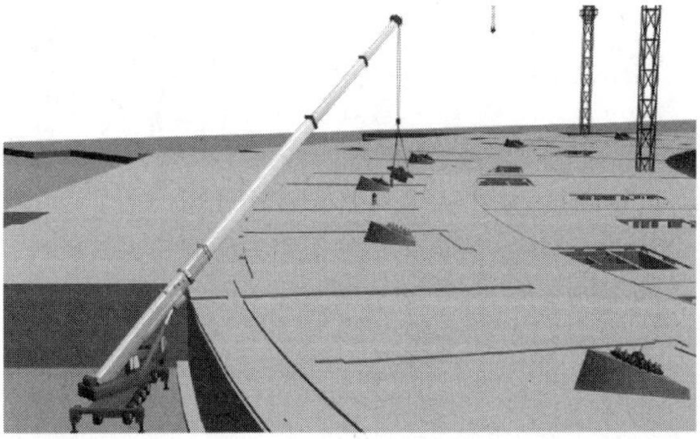	2008 年 9 月 26 日开始球铰支座底板的安装，2008 年 10 月 1 日结束
钢结构主体结构安装开始		钢结构主体结构第一单元 2009 年 1 月 30 日开始安装

续表

里程碑计划名称	里程碑计划形象示意图	主要工作内容说明
钢结构主体结构合拢		钢结构主体结构 2009 年 7 月 13 日安装完成结构合拢
钢结构卸载		2009 年 7 月 30 日钢结构全部焊接完成并卸载
楼梯、马道安装插入	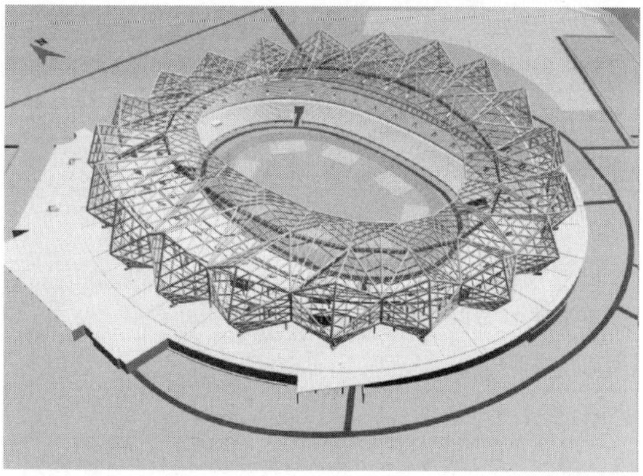	胎架拆除及马道安装 2009 年 7 月 31 日开始，于 2009 年 10 月 25 日结束
膜结构安装开始	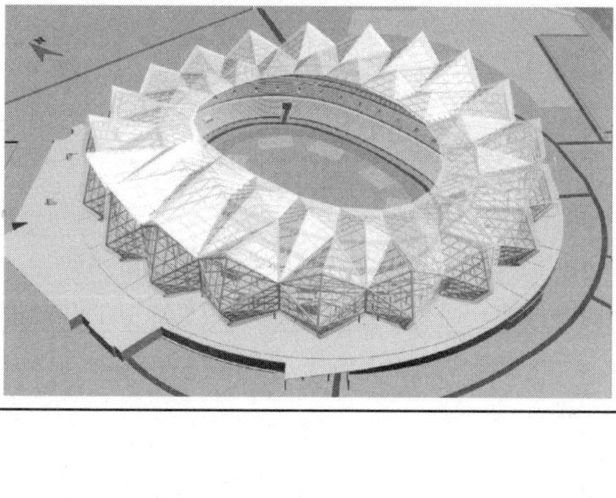	2010 年 1 月 5 日，膜结构安装开始

续表

里程碑计划名称	里程碑计划形象示意图	主要工作内容说明
膜结构 安装完成		2010年4月30日膜结构安装完成

2. 施工进度计划表

施工进度计划表 **表 5.5-2**

编号	分部分项工程		开始时间	完成时间	工期
1	钢结构工程	球铰支座安装	2008.9.1	2008.10.9	39d
		钢结构主体结构深化设计	2008.7.30	2008.9.30	63d
		膜结构连接件深化设计	2008.7.30	2008.9.30	63d
		主体结构材料采购	2008.10.1	2009.2.14	137d
		铸钢件制作与运输	2008.10.19	2009.4.23	187d
		A、B区钢构件制作与运输	2008.10.19	2009.5.11	205d
		A、B区钢结构安装	2009.1.30	2009.7.8	160d
		次结构安装	2009.2.12	2009.7.12	151d
		合拢施工	2009.7.9	2009.7.13	5d
		钢结构监测及整体分级卸载	2009.7.14	2009.7.30	17d
		幕墙及屋面连接件焊接	2009.7.31	2010.1.4	158d
		马道钢楼梯安装	2009.8.30	2009.10.25	57d
2	防腐涂装工程		2009.7.31	2009.12.22	145d
3	电气工程	钢结构防雷接地深化设计及制作	2008.7.30	2008.8.31	33d
		钢结构防雷接地施工	2008.9.1	2009.7.22	325d
4	膜结构工程	膜材深化设计	2009.6.9	2009.8.13	66d
		裁剪图设计及图纸确认	2009.7.27	2009.9.21	57d
		膜材料订货与配件加工制作	2009.6.29	2009.10.18	112d
		膜加工制作与运输	2009.9.22	2010.3.24	184d
		膜结构安装	2010.1.5	2010.4.30	116d

3. 施工总进度计划网络图

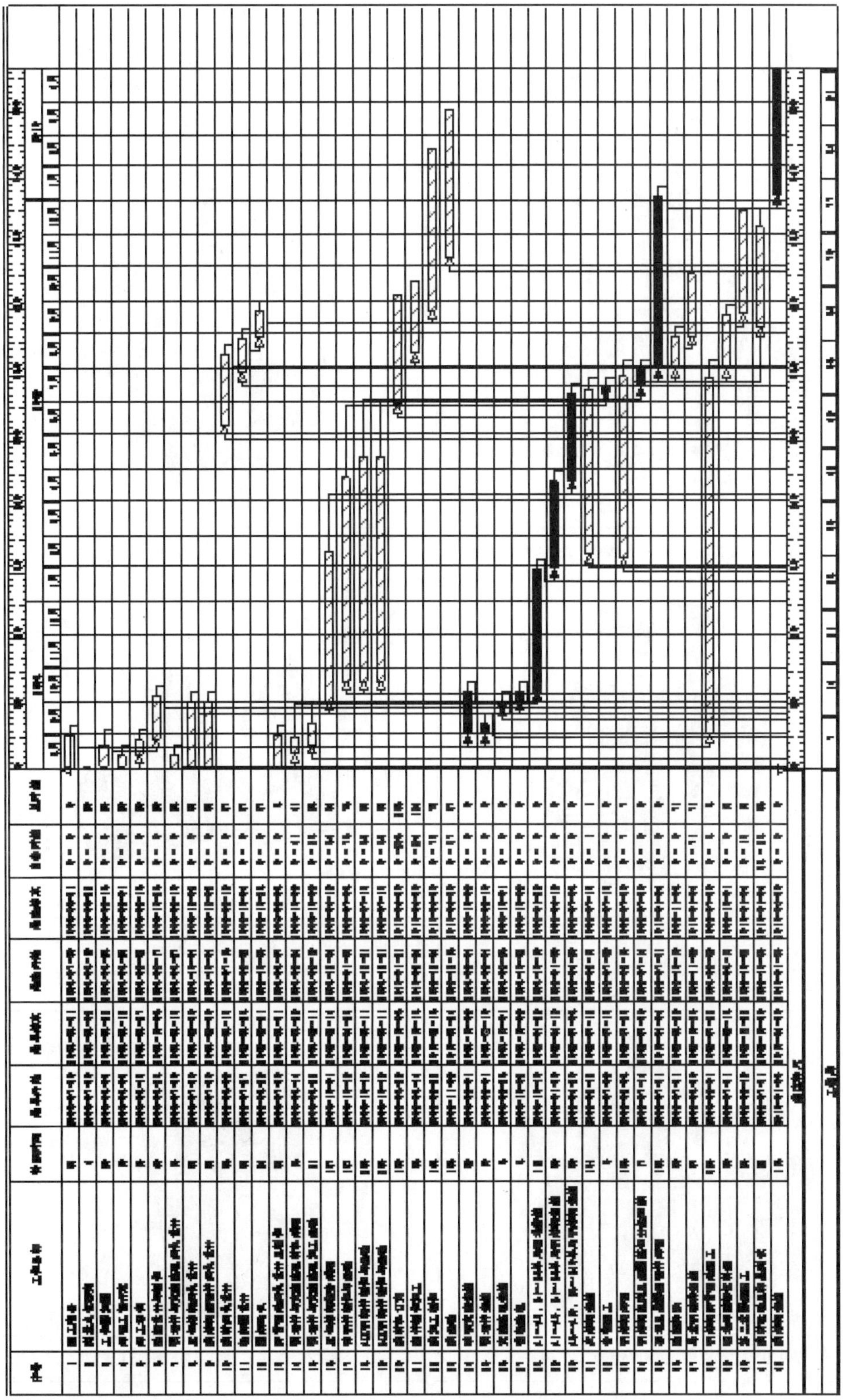

图5.5-13　施工总进度计划网络图

5.5.4 专项施工方案

1. 钢结构加工制作与运输

（1）铸钢节点铸造工艺图如图 5.5-14 所示。

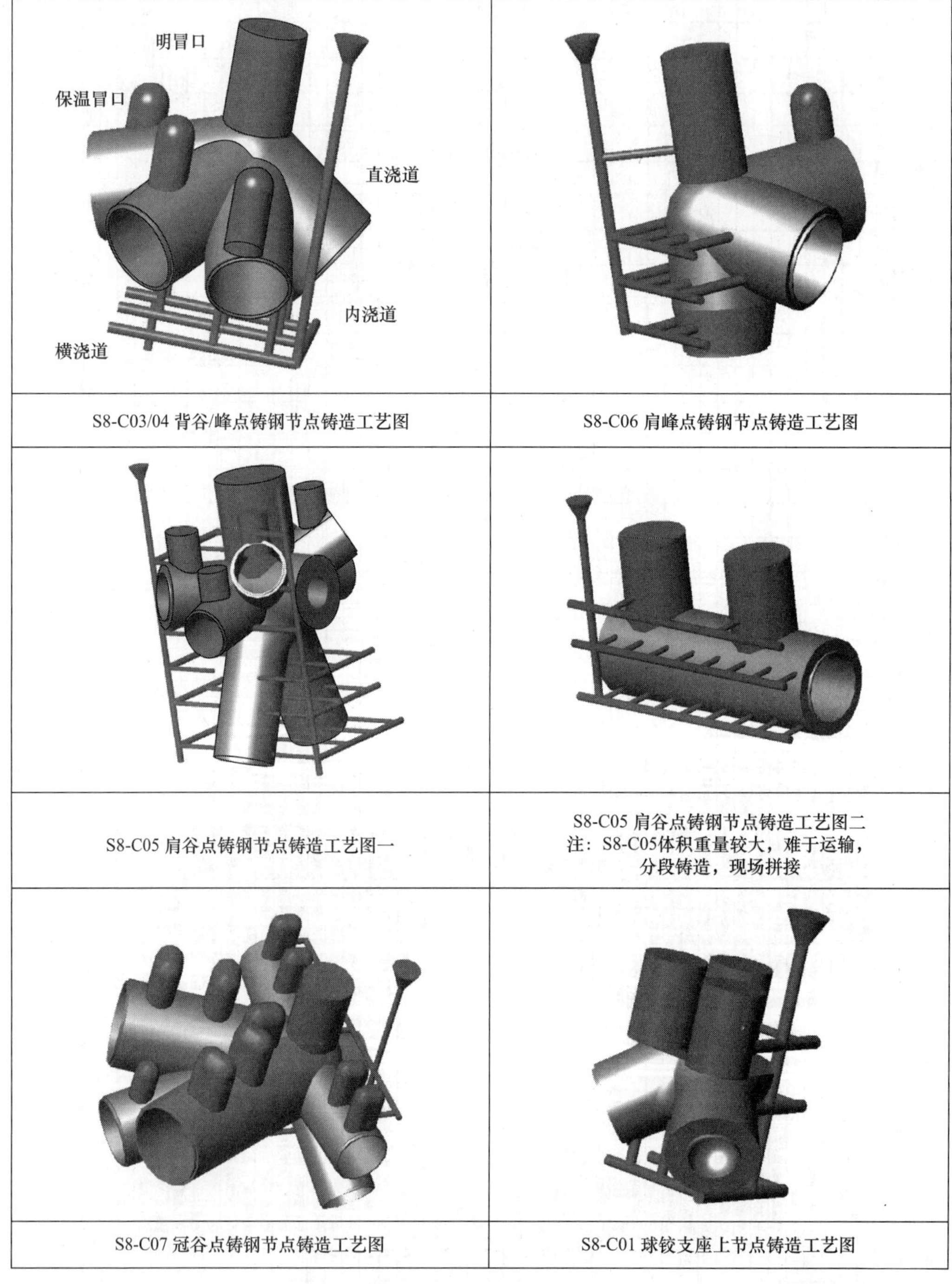

S8-C03/04 背谷/峰点铸钢节点铸造工艺图	S8-C06 肩峰点铸钢节点铸造工艺图
S8-C05 肩谷点铸钢节点铸造工艺图一	S8-C05 肩谷点铸钢节点铸造工艺图二 注：S8-C05体积重量较大，难于运输，分段铸造，现场拼接
S8-C07 冠谷点铸钢节点铸造工艺图	S8-C01 球铰支座上节点铸造工艺图

图 5.5-14　铸钢节点铸造工艺（一）

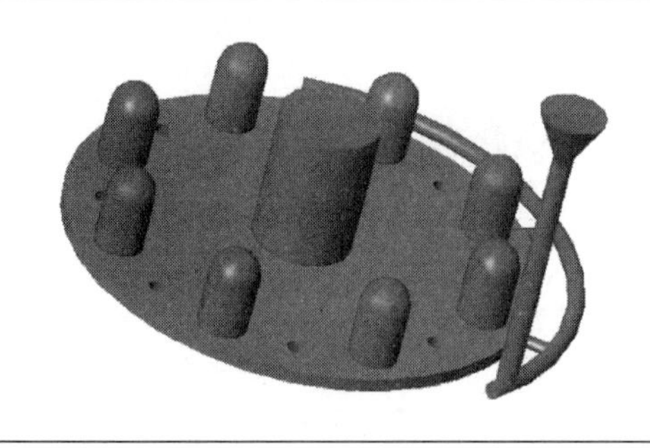	铸造技术参数 工艺参数：线收缩率1.8%；拔模斜度30′；工艺补正量+3。 采用底注式浇注系统，直浇道、横浇道、内浇道采用耐火砖管。 采用保温冒口，浇注完后在冒口表面放保温覆盖剂。 浇注温度：1540±10℃。 保温时间：在砂型内保温96h，铸件温度≥300℃时热割冒口。
S8-C01 球铰支座下节点铸造工艺图	

图 5.5-14　铸钢节点铸造工艺（二）

（2）钢管制作（图 5.5-15）

(*a*) 钢板	 (*b*) 切割下料
 (*c*) 油压机压头	 (*d*) 卷管
 (*e*) 卷管成型	 (*f*) 纵缝焊接

图 5.5-15　钢管制作（一）

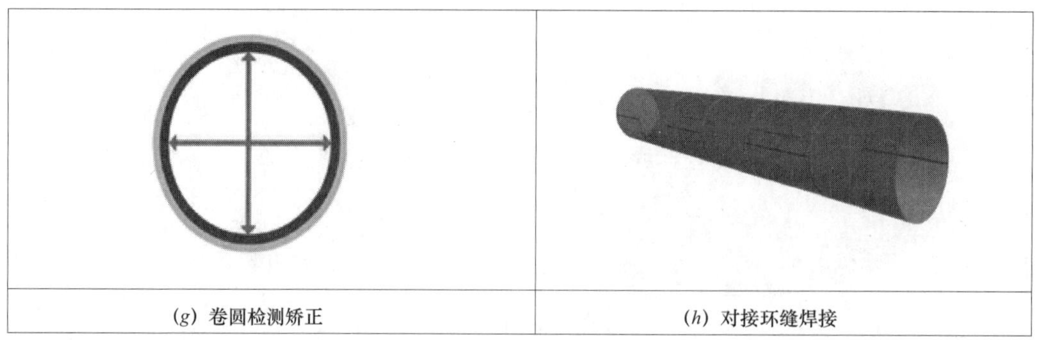

(g) 卷圆检测矫正　　(h) 对接环缝焊接

图 5.5-15　钢管制作（二）

（3）箱形梁制作（图 5.5-16）

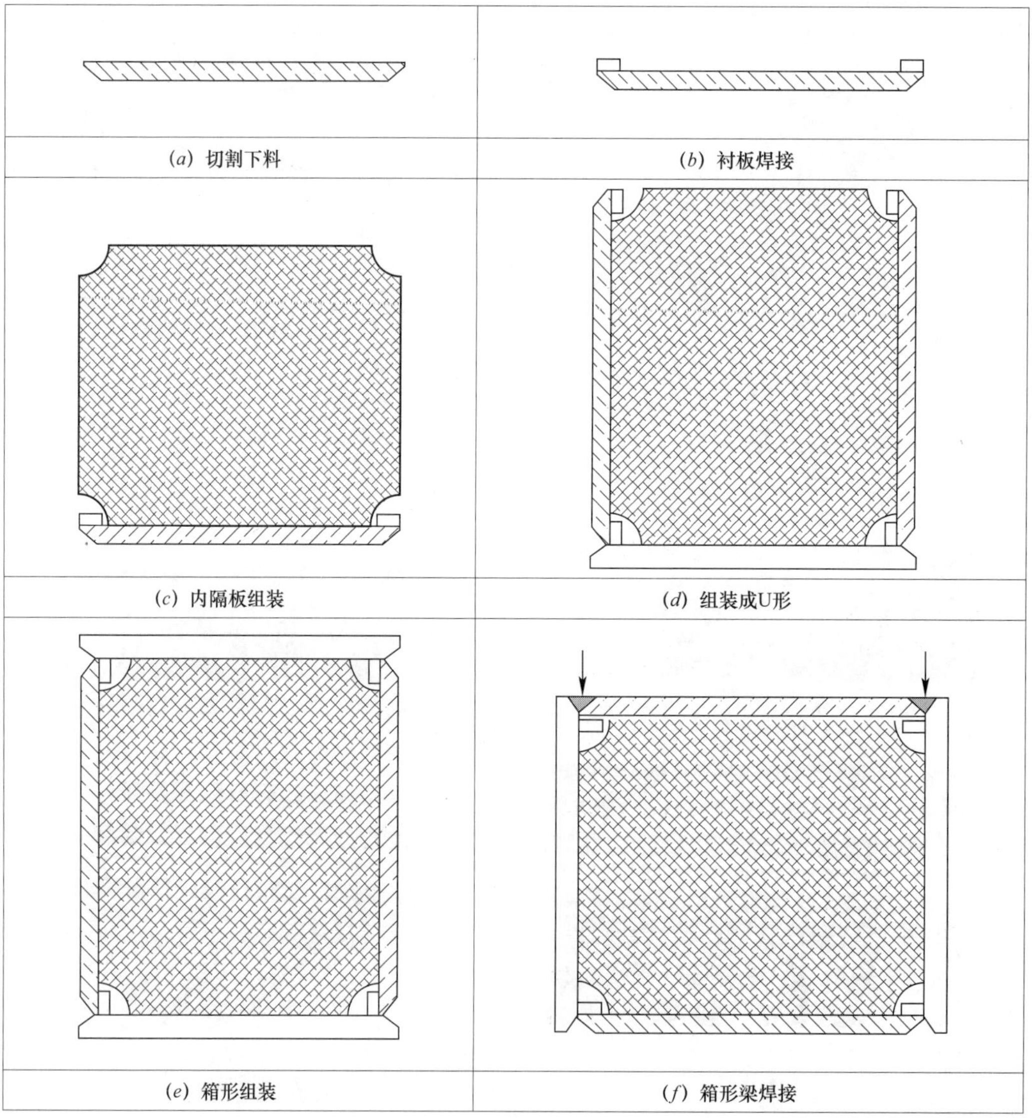

(a) 切割下料

(b) 衬板焊接

(c) 内隔板组装

(d) 组装成U形

(e) 箱形组装

(f) 箱形梁焊接

图 5.5-16　箱形梁制作（一）

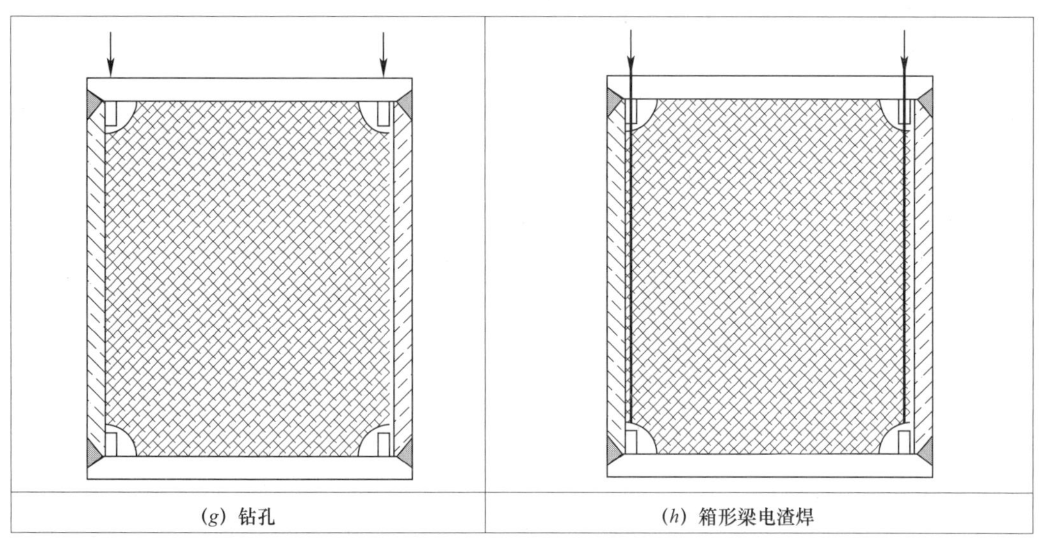

图 5.5-16　箱形梁制作（二）

(4) 工厂地面循环预拼装

单元拼装顺序平面布置、节点坐标转换如图 5.5-17、图 5.5-18 所示。

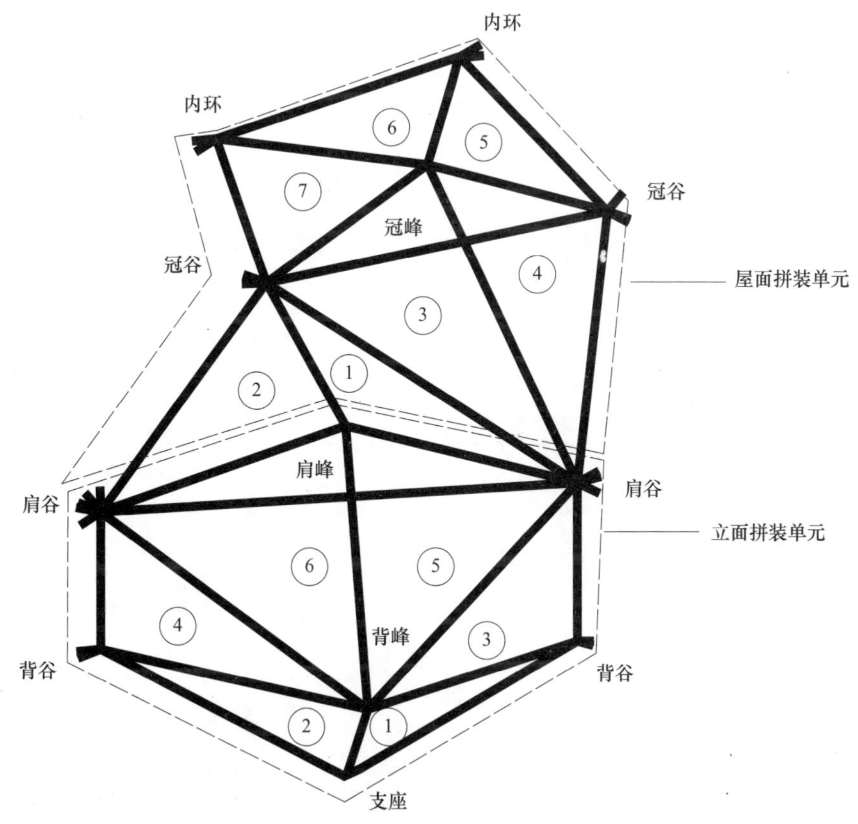

图 5.5-17　单元拼装顺序平面布置图

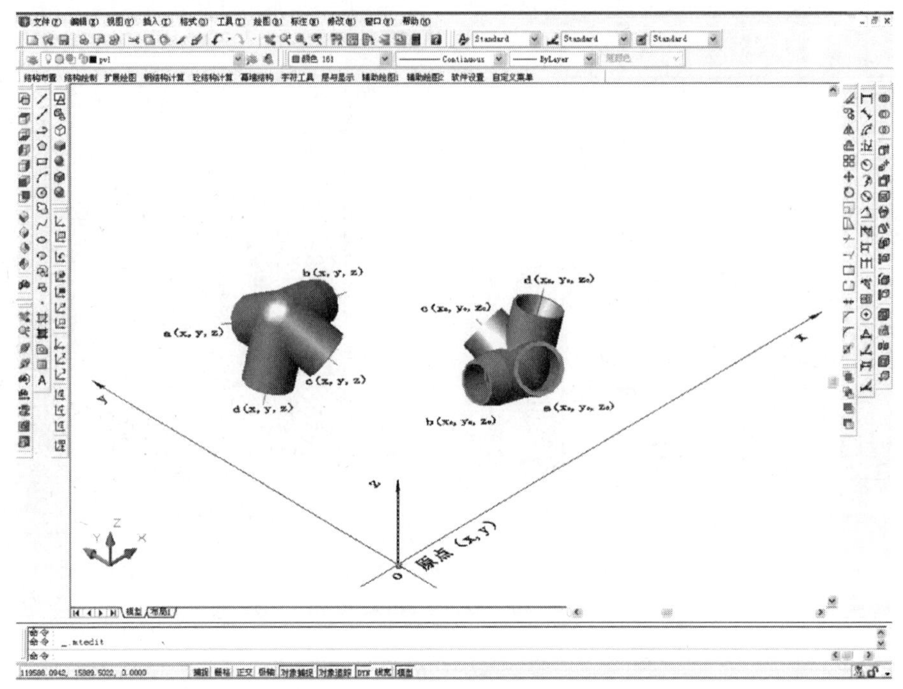

图 5.5-18　节点坐标转换图

立面 1A 单元工厂卧拼预拼装流程如图 5.5-19 所示。

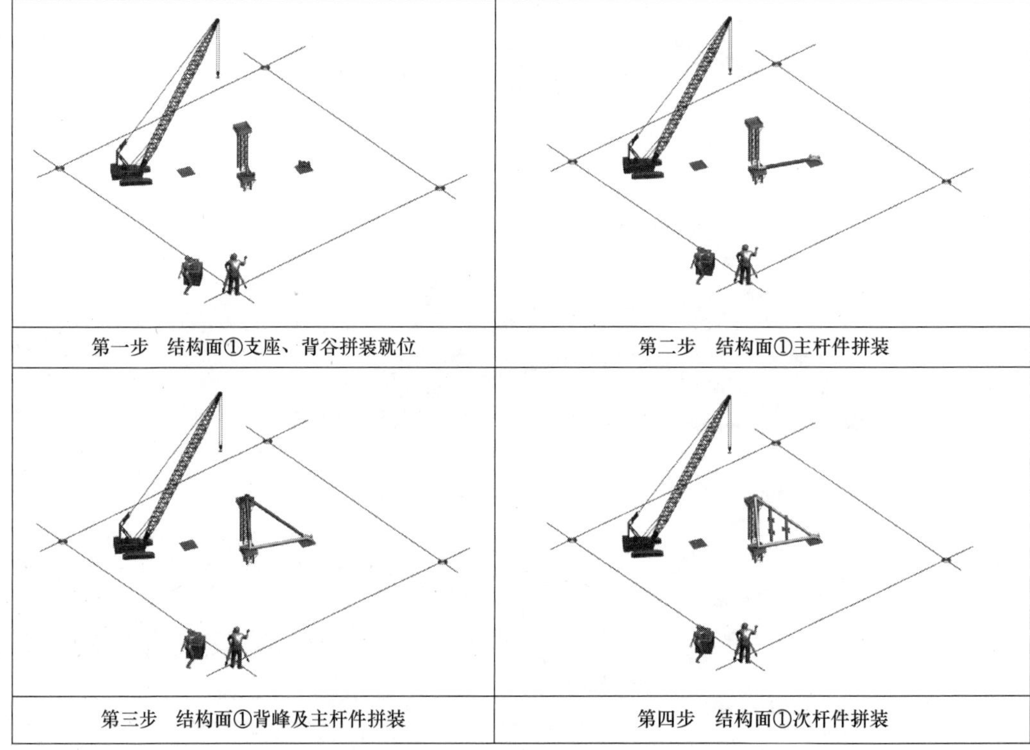

第一步　结构面①支座、背谷拼装就位
第二步　结构面①主杆件拼装
第三步　结构面①背峰及主杆件拼装
第四步　结构面①次杆件拼装

图 5.5-19　立面 1A 单元工厂卧拼预拼装流程（一）

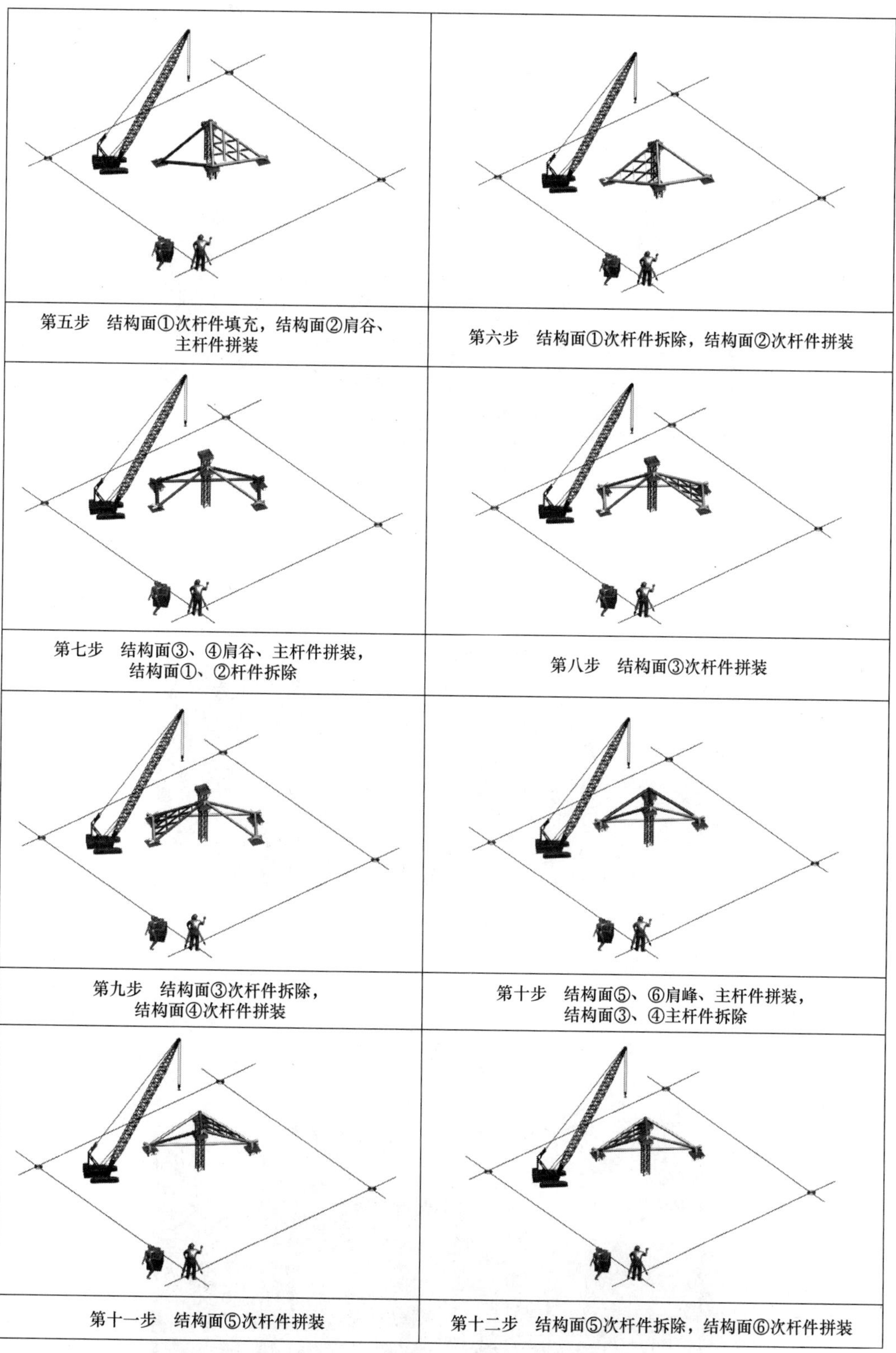

图 5.5-19　立面 1A 单元工厂卧拼预拼装流程（二）

（5）构件配套运输方法

保证现场的施工进度正常进行，构件必须按照结构面配套运输，不能因为某根构件而耽误现场的安装。铸钢节点、主杆件、次杆件等运输方法如图 5.5-20～图 5.5-23 所示。

图 5.5-20　主杆件运输示意图

图 5.5-21　次杆件运输示意图

图 5.5-22　马道运输示意图

图 5.5-23　铸钢节点运输示意图

包装箱：适用于外形尺寸较小、重量较轻、易散失的构件，如连接件、螺栓或标准件等。如本工程的第三类构件包装形式如图 5.5-24 所示。

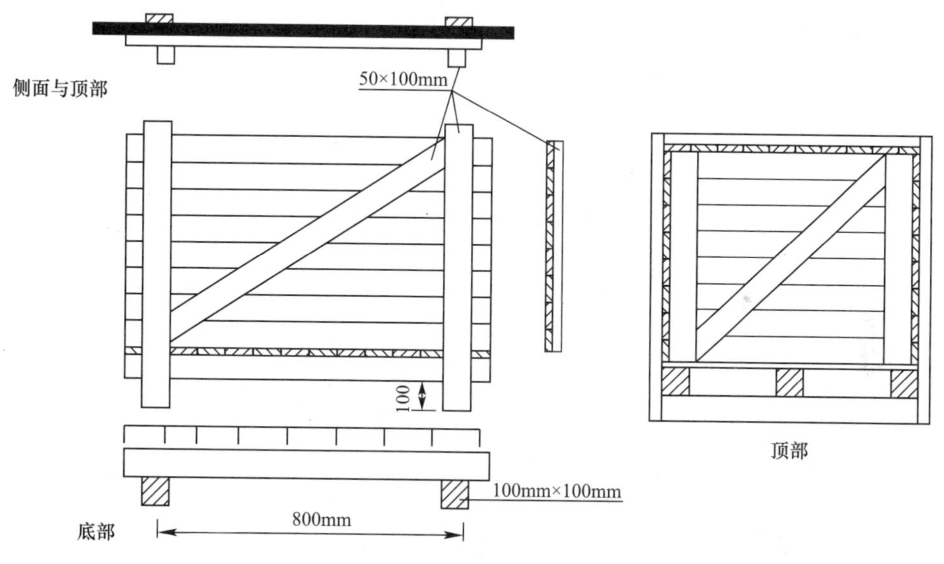

图 5.5-24　包装示意图

2. 钢结构安装

（1）本工程钢结构安装主要采用“高空原位胎架安装工艺”，利用计算机仿真模拟计算确定临时支撑胎架搭设、实时变形监测控制和逐圈同时分级卸载等关键技术。

钢结构分成两个施工区，每区 10 个结构单元，并各配备一台 LR1750 型 750t 履带吊和一台 SCX2500 型 250t 型履带吊，分别以南、北向结构单元为起点顺时针展开安装，在东、西方向形成两条合龙带（图 5.5-25）。

（2）吊机行走道路铺设与加固处理

吊机主要在场内外地坪上行走，局部行走在场外楼板上。由于土建施工铺设的内环路和外环路宽度不能满足大型吊机的行走，需要对大型吊机的场内外临时道路进行处理，其做法见图 5.5-26。

图 5.5-25　钢结构施工现场整体效果图

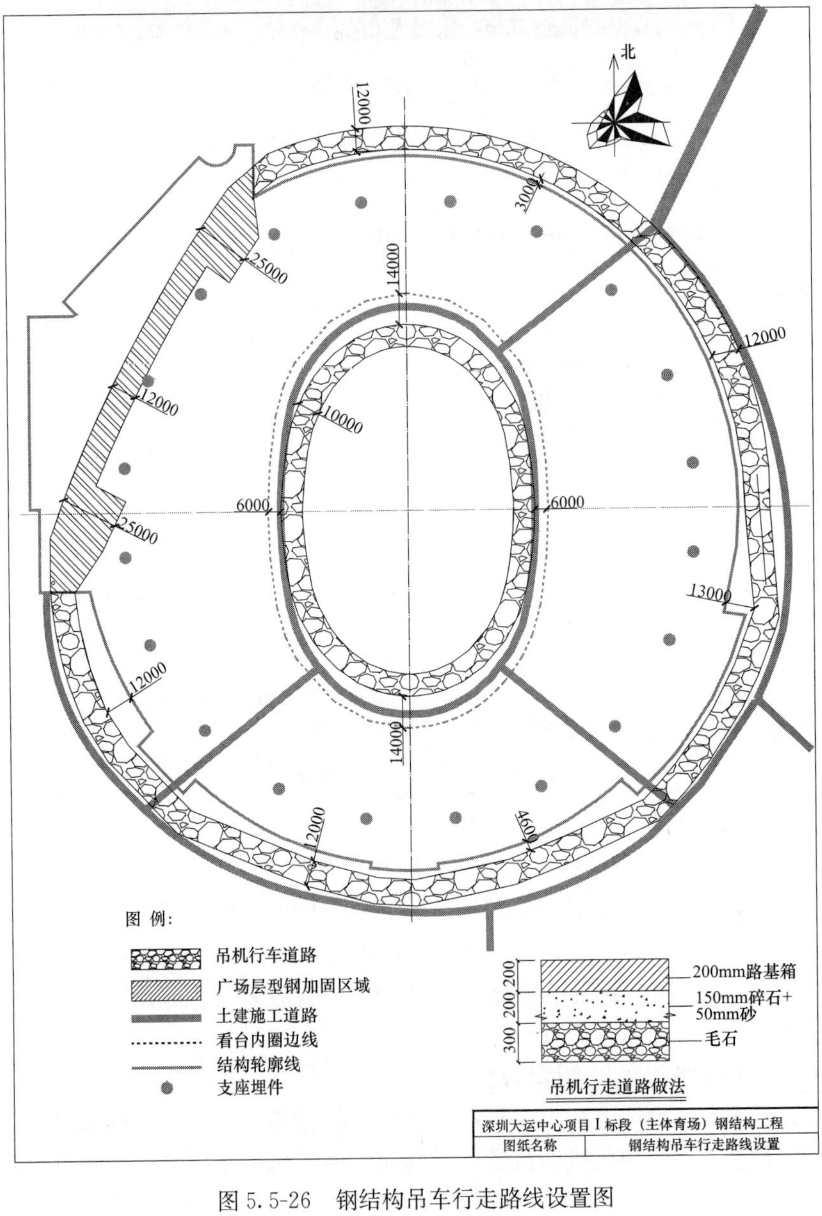

北

12000 3000 14000 25000 12000 10000 6000 6000 25000 13000 12000 14000 12000 4600

图 例:

吊机行车道路
广场层型钢加固区域
土建施工道路
看台内圈边线
结构轮廓线
支座埋件

200mm路基箱
150mm碎石+50mm砂
毛石
200 200 300

吊机行走道路做法

深圳大运中心项目Ⅰ标段（主体育场）钢结构工程	
图纸名称	钢结构吊车行走路线设置

图 5.5-26　钢结构吊车行走路线设置图

为了不影响土建施工作业，吊机行走道路单独修建，不占用外圈土建施工道路。场外地坪临时环形道路宽度为 10.12m，踾压夯实两遍。然后铺设 300mm 毛石加 150mm 碎石加 50mm 砂，吊车行走时，道路面上铺设专用路基箱并周转使用。

场外局部楼板作为吊机行走路线，其楼板的加固方法是在混凝土柱顶上设置架空钢平台，钢平台上再铺 200mm 高路基箱。根据吊机行走和作业站位范围，路基箱周转使用，具体做法见图 5.5-27、图 5.5-28。

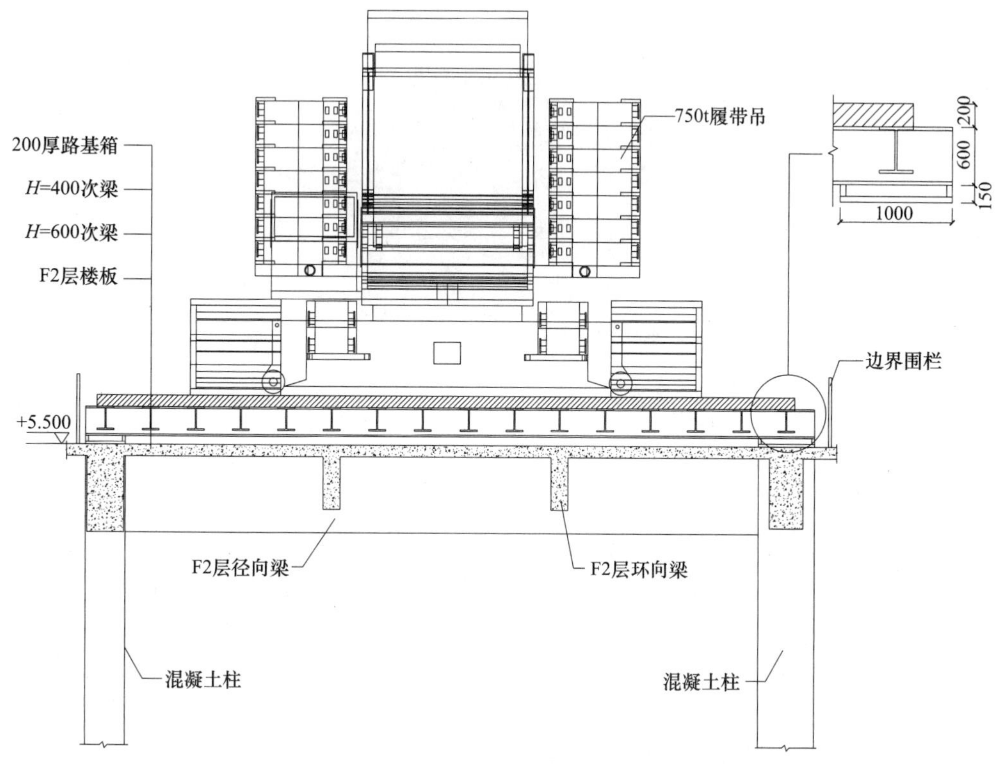

图 5.5-27　广场层吊机上楼板架空平台做法示意图

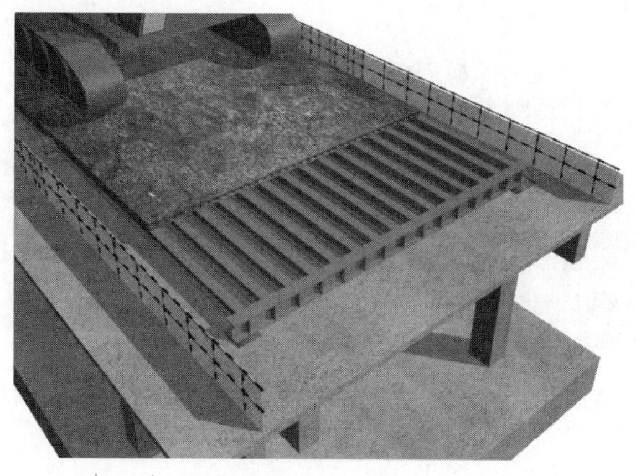

图 5.5-28　广场层吊机上楼板架空平台做法效果图

3. 钢结构锚栓预应力张拉、基座底板和球铰支座安装

钢屋盖支座埋件主要由 M36 预应力锚栓（材质 42CrMo）、基座底板（材质 GS-20Mn5V）、抗剪件（材质 Q235B）、中间固定用的 M60 螺栓几部分组成，具体形式见图 5.5-29。

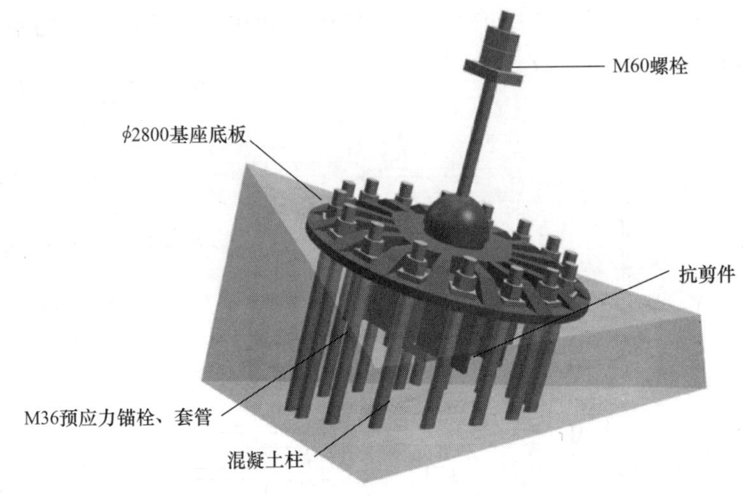

图 5.5-29　钢结构锚栓预应力张拉、基座底板和球铰支座安装图

支座埋件结构形式：

预应力锚栓进场，并与套架一起组装→按图纸尺寸进行测量放线→安装预应力锚栓→测量校正→固定→复检、验收→混凝土浇筑过程监测→复检→进入下道工序。

锚栓用套架安装固定，用土建塔吊吊装到安装位置，定位后，套架与混凝土柱内的预埋件焊接固定。具体埋设流程如图 5.5-30 所示。

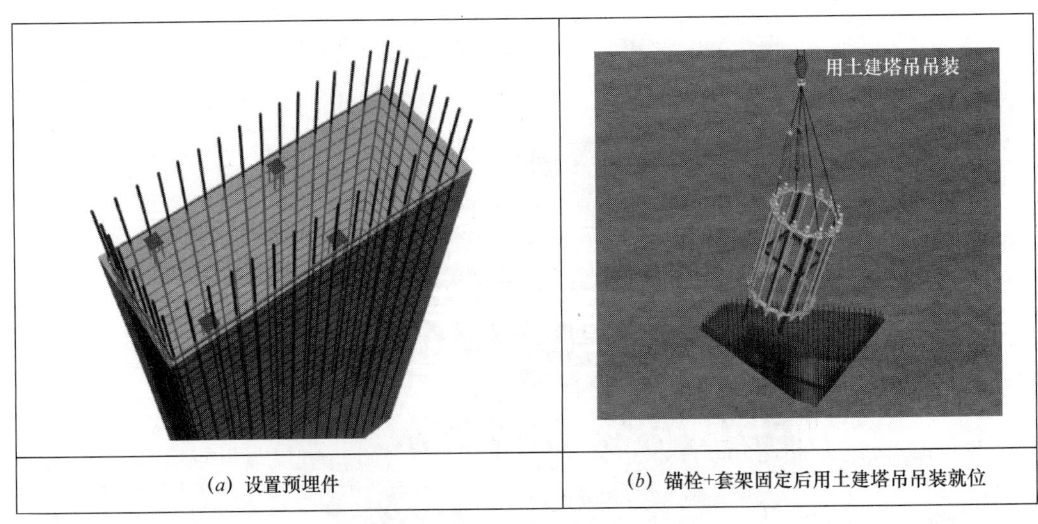

用土建塔吊吊装
(a) 设置预埋件
(b) 锚栓+套架固定后用土建塔吊吊装就位

图 5.5-30　埋没流程（一）

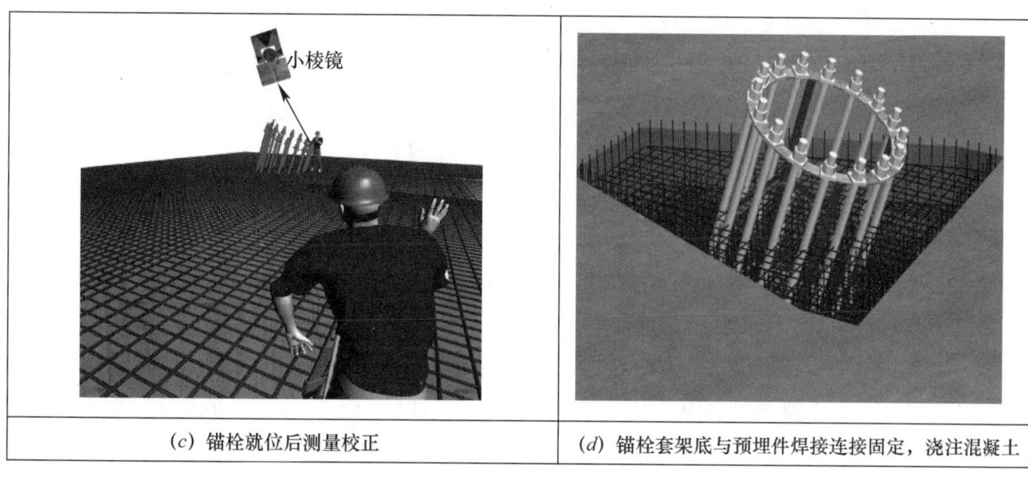

(c) 锚栓就位后测量校正

(d) 锚栓套架底与预埋件焊接连接固定，浇注混凝土

图 5.5-30　埋没流程（二）

基座底板安装流程

测量放线→基座底板安装→底板抄平→浇混凝土→锚栓张拉→套管灌浆。安装流程示意如图 5.5-31 所示。

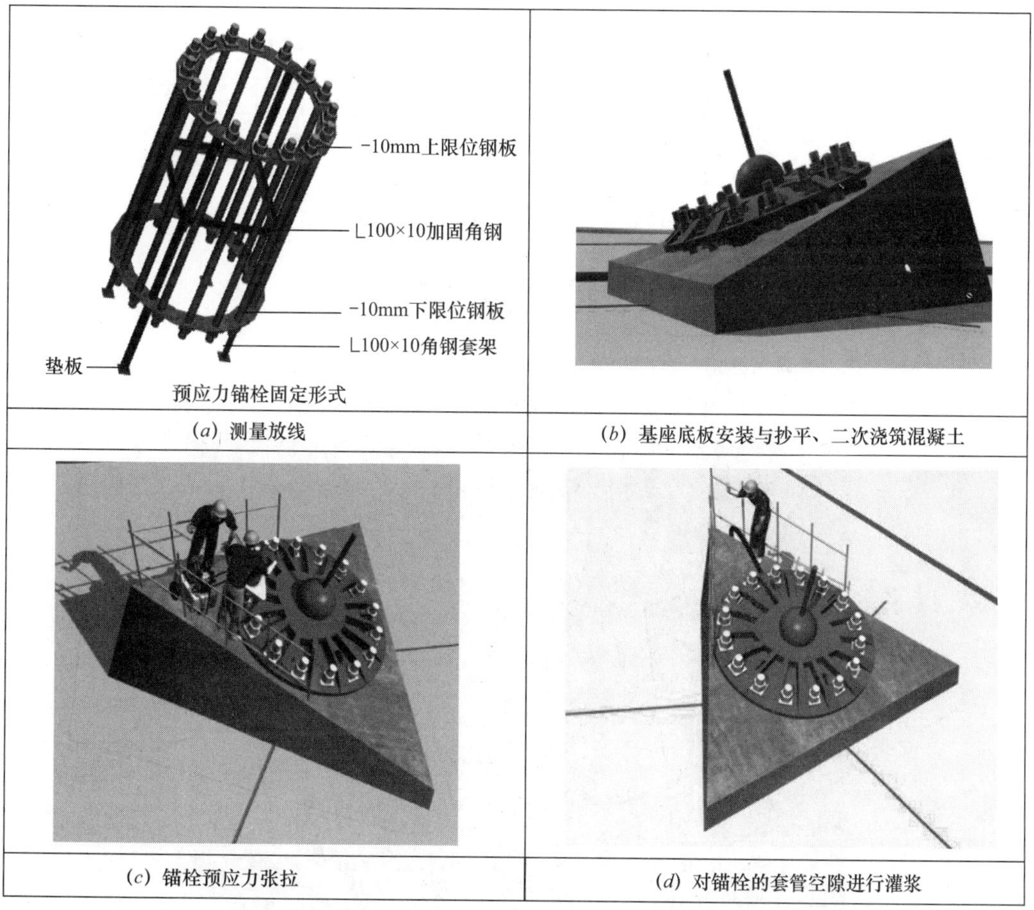

-10mm上限位钢板

L100×10加固角钢

-10mm下限位钢板

L100×10角钢套架

垫板

预应力锚栓固定形式

(a) 测量放线

(b) 基座底板安装与抄平、二次浇筑混凝土

(c) 锚栓预应力张拉

(d) 对锚栓的套管空隙进行灌浆

图 5.5-31　基座底板安装流程

4. 临时支撑胎架的设计与搭设

由于节点和主梁等构件安装的空间位置高低不一，且各种杆件在空间纵横交汇。在施工中，随着钢构件按单元结构面由主及次的展开安装，临时胎架需提前一个单元进行搭设，为铸钢节点和主梁构件安装提供临时支承和作业操作平台。

临时支撑胎架布置：

背峰、肩谷两个节点处设置型钢标准节与脚手架相组合的胎架（以下称“A 类胎架”），型钢胎架截面尺寸为 2.5m×2.5m，外包脚手架尺寸为 5.5m×5.5m；在冠谷、内环点两个节点处设置型钢标准节胎架（以下称“B类胎架”），截面尺寸为 2.5m×2.5m。

A、B类胎架的底部均坐落于混凝土结构基础底板上，胎架顶部设置千斤顶和定位校正装置；A类胎架通过脚手架加强稳定，B类胎架顶部设置连系桁架（截面尺寸为 2.5m×1.0m）进行稳固，临时支撑胎架平面布置与整体效果图分别如图 5.5-32、图 5.5-33 所示。

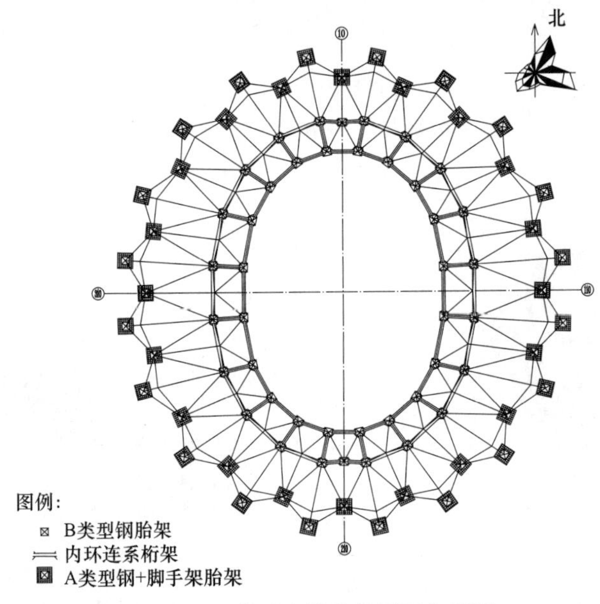

图 5.5-32　临时支撑胎架平面布置图

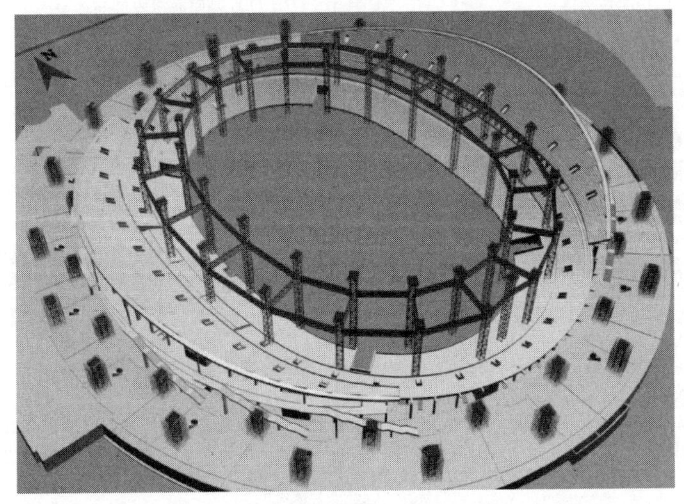

图 5.5-33　胎架设置整体效果图

胎架与楼板及钢结构相互关系如图 5.5.34 所示。

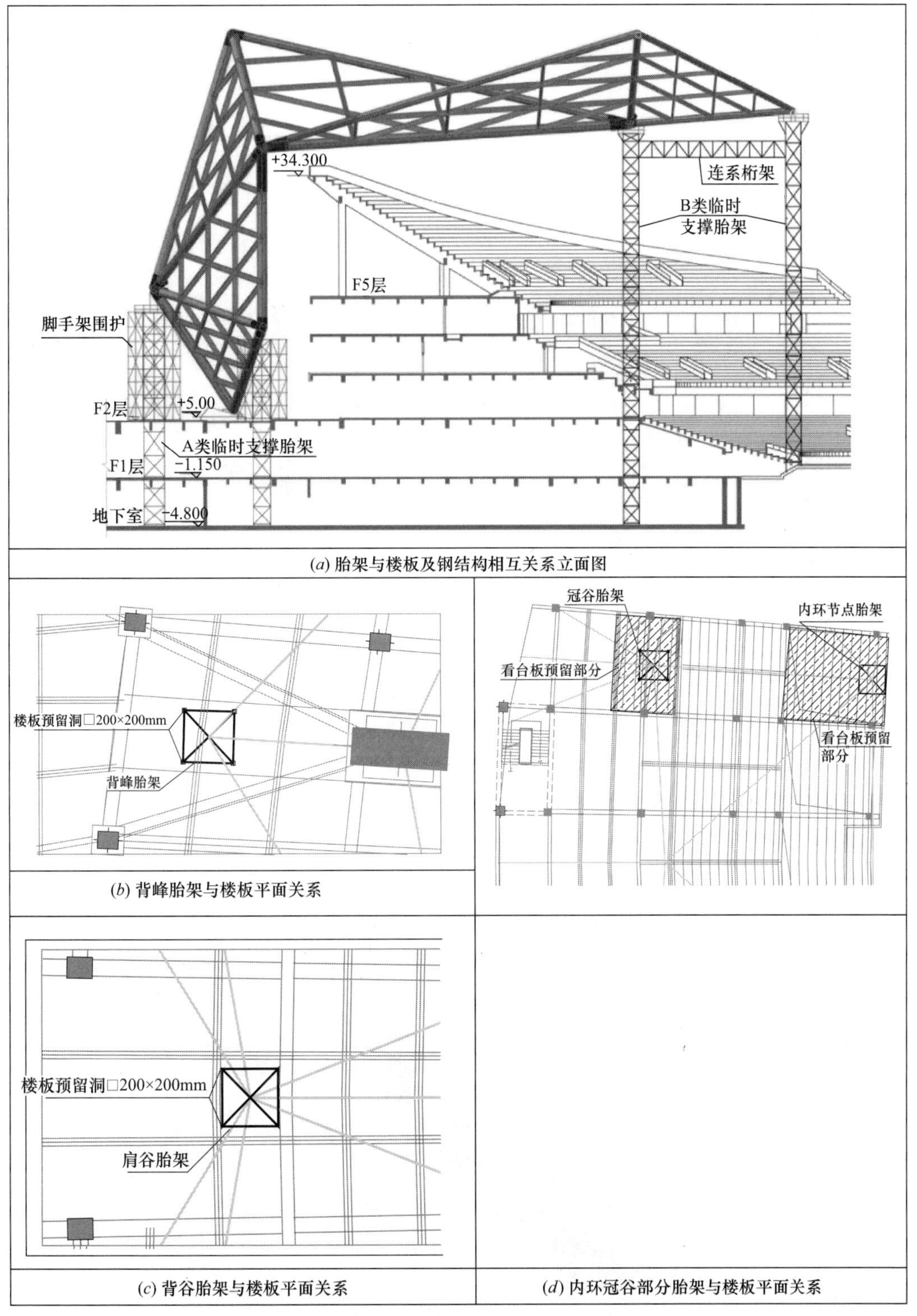

(*a*) 胎架与楼板及钢结构相互关系立面图

(*b*) 背峰胎架与楼板平面关系

(*c*) 背谷胎架与楼板平面关系

(*d*) 内环冠谷部分胎架与楼板平面关系

图 5.5.34　胎架与楼板及钢结构相互关系

胎架形式和需求

A、B类胎架的型钢标准节的结构形式为格构式，胎架立柱采用 ϕ180×14mm 无缝钢管材质 Q345B，缀条采用∟100×10 角钢，材质为 Q345B。

B类胎架间连系桁架的上下弦为[12.6 槽钢，腹杆为∟63×6 角钢，材质为 Q345B。

胎架的具体形式见图 5.5-35。

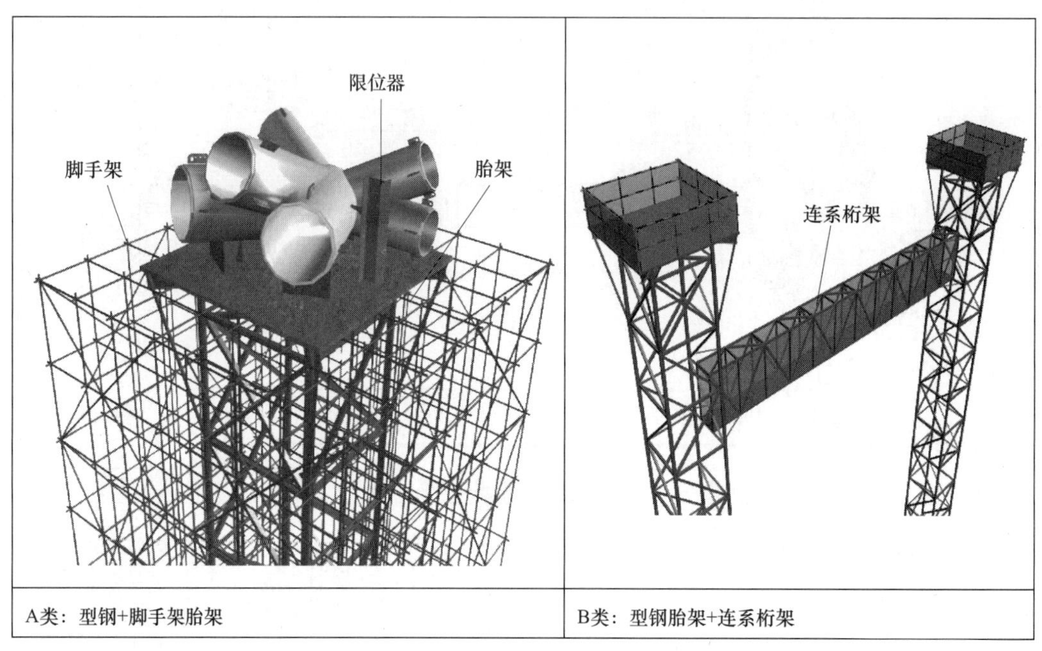

图 5.5-35　胎架的具体形式

5. 马道与楼梯的安装

钢结构马道吊挂于 ϕ800×20 的焊接钢管，均由方管焊接而成，上铺 4 mm厚花纹钢板，最长 34m，具体情况如表 5.5-3 所示。

马道与楼梯的安装　　**表 5.5-3**

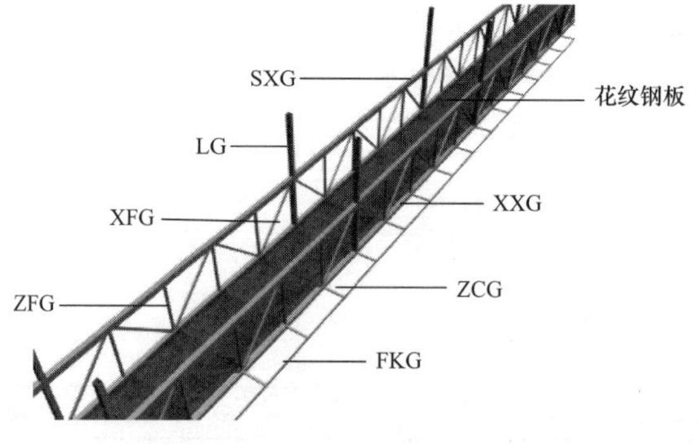

马道局部效果图

续表

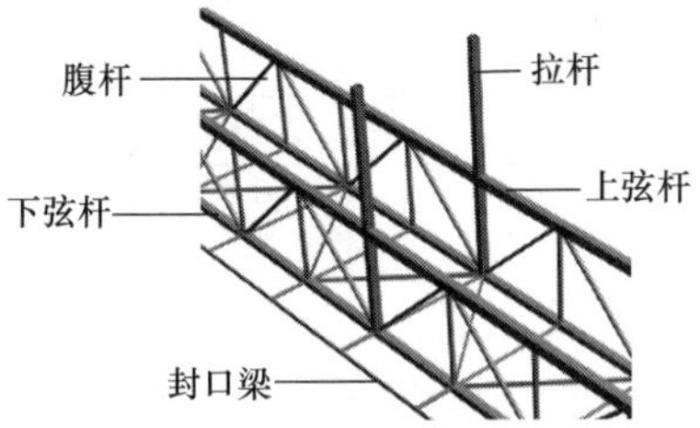 腹杆 拉杆 上弦杆 下弦杆 封口梁	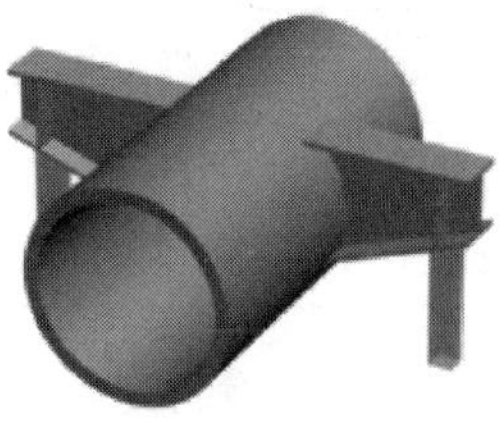
HJ1～6（HJ1a～6a）主要杆件分布示意图	拉杆与主杆连接形式
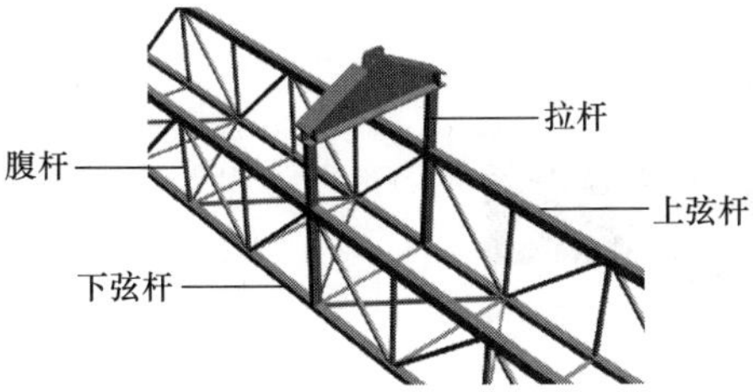 拉杆 腹杆 上弦杆 下弦杆	
HJ7（HJ7a）主要杆件分布示意图	拉杆与主杆连接形式
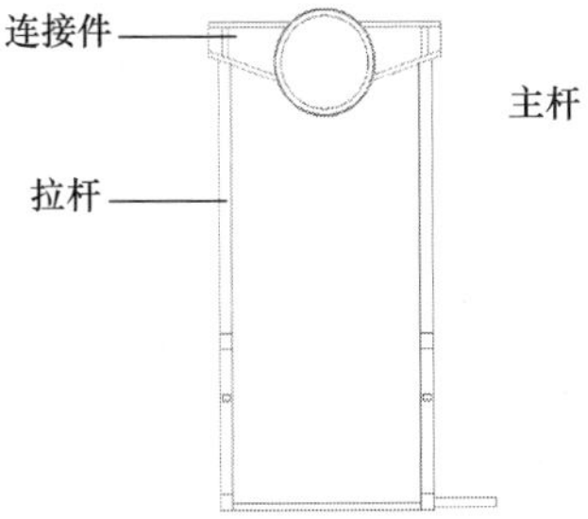 连接件 主杆 拉杆	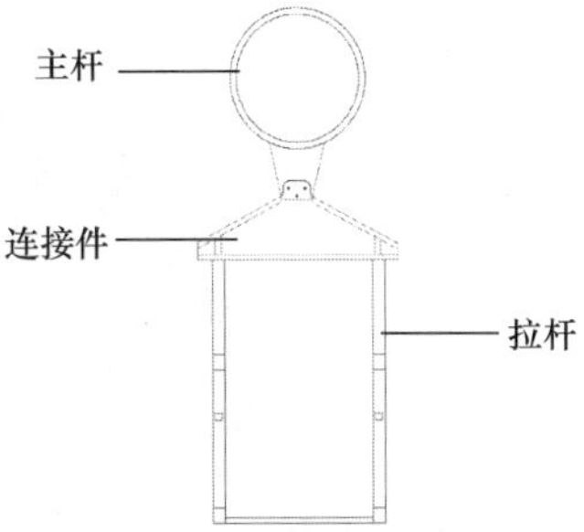 主杆 连接件 拉杆
HJ1～HJ6（HJ1a～HJ6a）剖面图	HJ7（HJ7a）剖面图
马道平面布置图	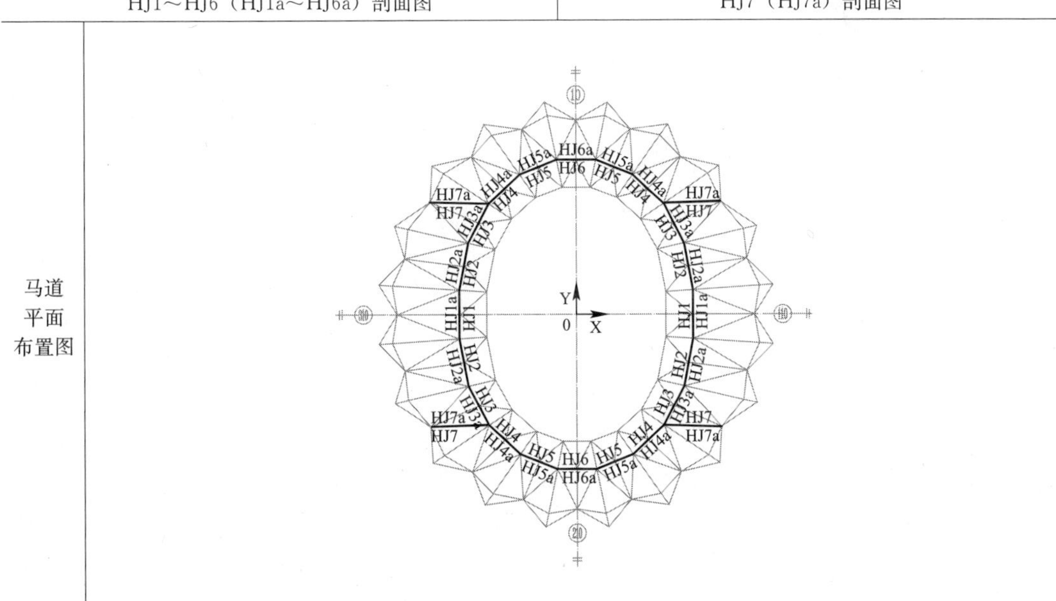

续表

编号	名称	截面（mm）	重量（m/kg）	编号	名称	截面（mm）	重量（m/kg）
LG	拉杆	□80×100×5	13.4	SXG	上弦杆	□120×100×5	15.5
XXG	下弦杆	□80×100×5	13.4	XFG	斜腹杆	□40×40×4	4.5
ZFG	直腹杆	□40×40×4	4.5	ZCG	直撑杆	□50×20×4	3.9
XCG	斜撑杆	□50×20×4	3.9	FKG	封口边梁	□50×20×4	3.9

钢楼梯落地端在看台走道板上，焊接于预埋在看台走道板的埋件，上端部与马道 HJ7（HJ7a）连接，无支撑柱，共四个，呈双轴对称分布，具体情况如图 5.5-36 所示。

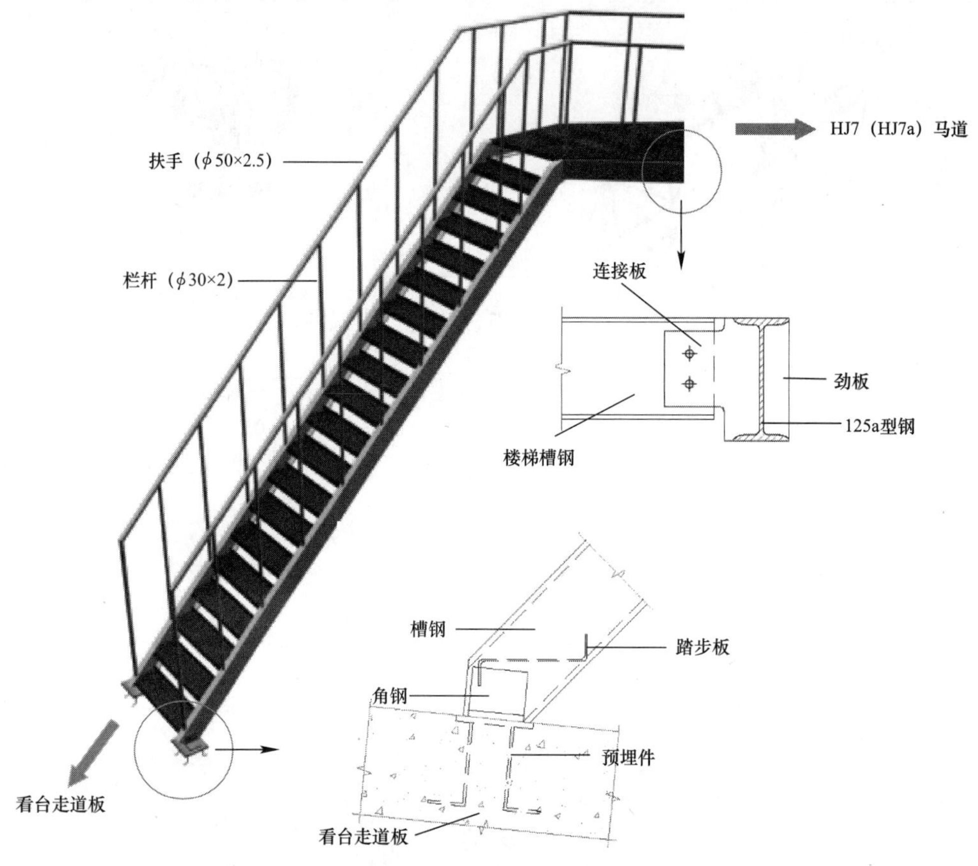

图 5.5-36　钢楼梯连接固定示意图

参 考 文 献

［1］ 国务院. 中国制造 2025，2015

［2］ 美：斯蒂芬·基兰. 再造建筑：如何用制造业的方法改造建筑业. 北京：中国建筑工业出版社，2009

［3］ 刘琼祥，张建军，郭满良，等. 深圳大运中心体育场钢屋盖设计难点与分析［J］. 建筑结构学报，2011，32（5）：39～47